人工智能

科学与技术丛书

深度学习

（R语言版）

斯沃纳·古普塔（Swarna Gupta）
[英] 雷汉·阿里·安萨里（Rehan Ali Ansari） 著
迪帕扬·萨卡尔（Dipayan Sarkar）

毛国君 林江宏 译

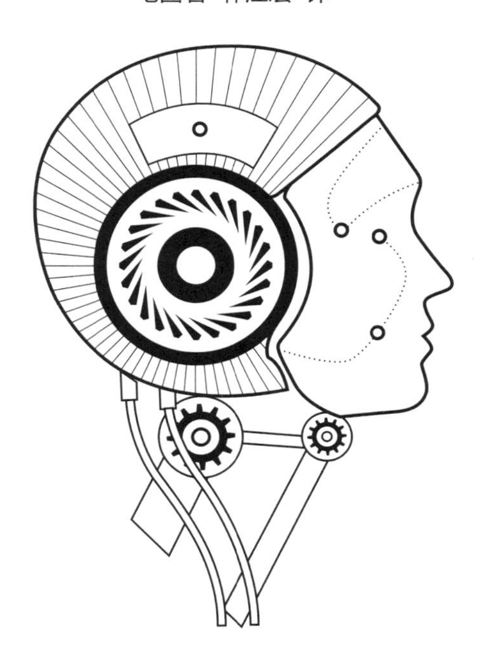

清華大學出版社
北京

北京市版权局著作权合同登记号 图字：01-2021-1795

图书在版编目(CIP)数据

深度学习：R语言版/(英)斯沃纳·古普塔(Swarna Gupta)，(英)雷汉·阿里·安萨里(Rehan Ali Ansari)，(英)迪帕扬·萨卡尔(Dipayan Sarkar)著；毛国君，林江宏译．—北京：清华大学出版社，2022.8
(人工智能科学与技术丛书)
ISBN 978-7-302-60698-7

Ⅰ．①深… Ⅱ．①斯… ②雷… ③迪… ④毛… ⑤林… Ⅲ．①机器学习 Ⅳ．①TP181

中国版本图书馆 CIP 数据核字(2022)第 069321 号

责任编辑：刘 星 李 晔
封面设计：李召霞
责任校对：韩天竹
责任印制：刘海龙

出版发行：清华大学出版社
网　　址：http://www.tup.com.cn，http://www.wqbook.com
地　　址：北京清华大学学研大厦A座　　**邮　　编**：100084
社 总 机：010-83470000　　**邮　　购**：010-62786544
投稿与读者服务：010-62776969，c-service@tup.tsinghua.edu.cn
质量反馈：010-62772015，zhiliang@tup.tsinghua.edu.cn
课件下载：http://www.tup.com.cn，010-83470236
印 刷 者：北京富博印刷有限公司
装 订 者：北京市密云县京文制本装订厂
经　　销：全国新华书店
开　　本：186mm×240mm　　**印　　张**：14.5　　**字　　数**：329千字
版　　次：2022年9月第1版　　**印　　次**：2022年9月第1次印刷
印　　数：1～2000
定　　价：79.00元

产品编号：089731-01

序

FOREWORD

数据和人工智能为解决当今世界面临的最棘手的问题带来了最大的希望。我是在为它们摇旗呐喊吗？不是的，我只是对事实进行谦虚陈述。从机器人技术到自动驾驶汽车，从智慧农业缓解世界饥饿，到寻找早期诊断疾病的解决方案——深度学习是最令人着迷的新发现和具有颠覆性的领域之一。它还推动了媒体和娱乐、保险、医疗保健、零售、教育和信息技术等众多业务的转型。

本书是想要了解深度学习概念的数据科学爱好者的完美学习材料。本书通过通俗易懂地解释 R 代码，让读者可以很容易起步。作者在深度学习算法和应用的理论和实践方面做到了完美的平衡。结果证明这是一本很好的读物——这要归功于各部分的合理流程安排，例如每个案例设置了准备工作、操作步骤和原理解析等部分。

在对如何在本地系统中设置深度学习环境有了一些很好的理解之后，作者介绍了如何利用各种云平台（例如，AWS、Microsoft Azure 和 Google Cloud）来扩展深度学习应用程序。如果读者正在寻找有关任何深度学习主题的知识，那么可以单独阅读本书的任何章节，而不必被章节的先后顺序所约束。

关于这本书的一个有趣事实是，它不仅涵盖了深度学习的通用算法，如 CNN、RNN、GAN、自动编码器，还讲解了一些先进技术，如迁移学习和强化学习。我喜欢卷积神经网络实战、深度生成模型、自然语言处理等章节中的实例。这些章节可以激发读者进一步挖掘图像和文本数据中的知识的想法。并且，本书为实战案例选择了非常恰当的数据集。

总体来说，这本书是一本引人入胜且鼓舞人心的读物。我要感谢斯沃纳・古普塔、雷汉・阿里・安萨里和迪帕扬・萨卡尔 3 位作者对这一研究领域的贡献，我期待着他们出版更多这样的作品。

Pradeep Jayaraman

阿达尼港口经济特区首席数据分析师

前言
PREFACE

近年来，随着生成对抗网络(GAN)、变分自动编码器和深度强化学习等技术的发展，深度学习取得了巨大进展。本书是读者采用R语言实现深度学习技术的操作手册。

本书引导读者通过R语言编程实现各种深度学习技术。本书提供的一套实例将帮助读者解决回归、二项分类和多项分类问题，并详细探索超参数优化等问题。读者将通过实战案例实现卷积神经网络(CNN)、循环神经网络(RNN)、长短时记忆网络(LSTM)、序列到序列模型、生成对抗网络(GAN)和强化学习。读者学习使用GPU进行大型数据集的高性能计算，以及R语言中的并行计算编程，还将熟悉诸如MXNet这样的并行编程库，这些库是专为高效利用图形处理器(GPU)计算和实现最先进的深度学习算法而设计的。读者将学习如何解决NLP中常见和不那么常见的问题，如目标检测和动作识别，还将在深度学习应用程序中利用预先训练好的模型进行迁移学习。

阅读完本书，读者将对深度学习算法和不同的深度学习编程库有一个深刻的理解，并将能够为要解决的问题构建最合适的解决方案。

读者对象

本书为数据科学家、机器学习实践者、深度学习研究人员和AI爱好者提供了学习深度学习领域关键算法的实战案例。读者可能会在研究工作或项目中面临实现深度学习技术和算法的问题。要更好地阅读本书，必须具备机器学习基础知识和R语言的编程知识。

内容结构

第1章 理解人工神经网络和深度神经网络，将向读者展示如何建立一个深度学习环境来训练模型。然后向读者介绍人工神经网络，从人工神经网络如何工作、什么是隐藏层、什么是误差反向传播、什么是激活函数等概念开始讲解。本章使用Keras库来演示实战案例。

第2章 卷积神经网络实战，将向读者展示卷积神经网络(CNN)模型，并讲解如何训练CNN模型，以进行图像识别和完成自然语言处理的任务。本章还介绍了CNN中使用的各种超参数和优化器。

第3章 循环神经网络实战，将向读者展示循环神经网络(RNN)的理论知识与案例实现。本章还将介绍长短时记忆网络(LSTM)和门控循环单元(GRU)等 RNN 的改进模型，并对 LSTM 的超参数进行详细的探讨。除此之外，读者将学习如何使用 Keras 建立一个双向 RNN 模型。

第 4 章 使用 Keras 实现自动编码器，将介绍使用 Keras 库实现各种类型的自动编码器。读者还将了解自动编码器的各种应用，如降维和图像着色。

第 5 章 深度生成模型，将向读者展示深度神经网络的另一种架构——生成对抗网络(GAN)模型。本章将演示如何训练一个由两个独立网络(生成器和鉴别器)组成的 GAN 模型。本章还将讨论变分自动编码器的实现，并将其与 GAN 进行比较。

第 6 章 使用大规模深度学习处理大数据，包含了利用 GPU 处理大数据集的高性能计算案例研究。读者还将了解为高效利用 GPU 进行并行计算和实现最先进的深度学习而设计的 R 语言并行编程库(如 MXNet)。

第 7 章 自然语言处理，涉及序列数据相关主题的案例研究，包括文本数据的自然语言处理(NLP)和语音识别。读者将使用各种深度学习库实现端到端深度学习算法。

第 8 章 深度学习之计算机视觉实战，将讲解用于目标检测和人脸识别的端到端模型实例。

第 9 章 实现强化学习，将向读者介绍强化学习的概念。读者将学习与强化学习相关的各种方法，如马尔可夫决策过程，Q-Learning 和经验回放，并在 R 中使用实例展示这些方法。读者还将使用诸如 MDPtoolbox 和 ReinforcementLearning 等 R 语言包实现端到端强化学习实例。

阅读本书的预备知识

阅读本书前，读者需要具备一定的机器学习基础知识和 R 语言编程知识。

下载示例代码文件

读者可以在登录 www. packt. com 网站后下载本书的实例代码文件，也可以访问 www. packtpub. com/support，并注册账号后下载实例代码文件。

读者可按以下步骤下载实例代码文件：登录 www. packt. com，并完成注册；选择 Support 菜单项；单击 Code Downloads 菜单项；在搜索框中输入图书的名称，然后按照网页上的说明操作。

下载文件后，请确保使用新版本的压缩软件：

- Windows 操作系统要安装 WinRAR/7-Zip 软件；
- Mac 操作系统要安装 Zipeg/iZip/UnRarX 软件；
- Linux 操作系统要安装 7-Zip/PeaZip 软件。

本书的代码包也可以从 GitHub 上获取，网址是

https://github.com/PacktPublishing/Deep-Learning-with-R-Cookbook

如果代码有更新，也将在现有的 GitHub 存储库上同步更新。Packt 出版社在 https://github.com/PacktPublishing/网站上提供出版书籍的代码程序和视频。

下载彩色图片

本书还提供了一个 PDF 文件，其中有本书中使用的插图/图表的彩色图片，访问链接是 http://www.packtpub.com/sites/default/files/downloads/9781789805673_ColorImages.pdf。

注意：为方便读者下载，请扫描下方二维码下载原书中的程序代码和彩色图片。

程序代码和彩色图片

本书内容约定

本书使用了许多文本格式约定。

CodeInText（代码字体）：该字体用于文本中的代码块、数据库表名、目录名、文件名、文件扩展名、路径名、URL、用户输入和 Twitter 句柄。例如，在步骤（1）中，使用 dataset_fashion_mnist() 函数导入了 MNIST 数据集，并查看其训练集和验证集的维度，代码段格式如下：

```
fashion <- dataset_fashion_mnist()
x_train <- fashion$train$x
y_train <- fashion$train$y
x_test <- fashion$test$x
y_test <- fashion$test$y
```

粗体：表示术语、重要单词或在屏幕上看到的单词。例如，菜单或对话框中的单词会以粗体格式出现在文本中（比如，从“**开始**”菜单中选择 **Anaconda Navigator**）。

图标表示警告或重要说明内容。

图标表示提示和技巧内容。

小节标题

在本书中，读者会发现几个经常出现的小节标题（准备工作、操作步骤、原理解析、内容拓展和参考阅读）。通过下述各小节的内容组织，清楚地讲解实战案例的实现过程。

- **准备工作**：本节告诉读者实例要实现的内容，并描述如何设置软件或实例所需的准备工作。

- **操作步骤**：本节包含实例的具体操作步骤。
- **原理解析**：本节包含对操作步骤小节内容的原理讲解。
- **内容拓展**：本节包含实例有关的拓展内容，以使读者更了解该实例。
- **参考阅读**：本节提供了与实例有关的资源链接。

关于作者

斯沃纳·古普塔(Swarna Gupta)：计算机科学学士学位，在数据科学领域拥有6年的工作经验。她目前在劳斯莱斯公司担任数据科学家，主要工作是利用深度学习和机器学习为企业创造价值。她在汽车远程信息处理和太阳能光伏制造行业广泛开展基于物联网应用的项目。她在劳斯莱斯公司工作以来，开发了应用于航空航天领域的基于深度学习技术的先进的数据分析系统。斯沃纳还会从繁忙的工作中抽出时间，定期为一些社会组织提供无偿技术服务，借助数据科学和机器学习技术帮助他们解决具体的商业问题。

雷汉·阿里·安萨里(Rehan Ali Ansari)：电子电气工程学士学位，在数据科学领域拥有5年工作经验。他目前在A.P.穆勒-马士基集团(AP Moller Maersk Group)担任数据科学家，负责数据挖掘研究工作。他在时尚/零售、物联网、可再生能源、贸易融资和供应链管理等多个领域拥有多元化的工作背景。他坚信采用敏捷方法来开发AI产品和解决方案。他对数据科学领域的最新技术有着深刻的理解。在繁忙的工作之外，他还开展机器人和人工智能的交叉领域研究。

迪帕扬·萨卡尔(Dipayan Sarkar)：经济学硕士学位，并拥有超过17年的工作经验。他曾经在预测建模领域的国际竞赛中获奖，他的研究兴趣是机器学习技术背后的数学理论。他曾在美国和欧洲的财富500强公司担任高级数据科学家，目前在多家公司和教育机构担任数据科学和机器学习领域的技术顾问和专业导师。他目前还在大湖管理学院(Great Lakes Institute of Management)担任客座教授(讲授数据分析课程)，在BML Munjal大学担任兼职教授(讲授数据分析和机器学习课程)。他还出版了技术书——《集成学习与Python实践》(*Ensemble Machine Learning with Python*)。

关于审稿人

斯雷·阿加瓦尔(Sray Agarwal)：在数据科学领域有12年的工作经验，并在金融服务与保险、电子商务、零售、电信、酒店、旅游、教育、房地产和娱乐等众多领域有数据分析工作经验。他目前在伦敦的Publicis Sapient公司担任数据科学家。他的技术专长是预报建模、预测算法和高级机器学习。他对计算机算法和高级统计学有着深刻的理解。他拥有管理学和经济学背景，并获得了数据科学与数据分析专业的硕士学位。他还是SAS认证的预测建模师。他目前的研究领域是公平(偏差缓解)和可解释的机器学习。

目录

CONTENTS

第1章 理解人工神经网络和深度神经网络

CHAPTER 1

深度学习已经改变了许多传统业务，例如网页搜索、广告投放等。传统机器学习方法面临的主要挑战在于建模之前需要花费大量时间来确定最合适的特征选择过程。此外，传统机器学习技术还需要一定程度的人工干预。与之不同，深度学习算法本身可以完成特征选择，从而可以有效避免显式特征选择的开销。深度学习算法能够对数据中隐含的复杂的、非线性的关系进行建模。本书将引导读者基于R语言建立一个深度学习生态系统。深度神经网络以一种复杂的方式使用精细的数学建模技术处理数据。本书展示了各种深度学习库的使用，比如Keras和MXNet，读者可以利用这些库的丰富功能来构建、运行多种深度学习模型。本书将以Keras库的调用为主来实现各类深度学习模型。书中所涉及的库均提供CPU和GPU实现版本，对用户友好，因此读者可以快速构建深度学习模型。

本章将展示如何在R中配置深度学习环境。读者将熟悉各种TensorFlow API，并能使用它们来运行神经网络。读者还将学习如何调试神经网络的各种参数，并了解各种激活函数及其在不同类型问题中的用法。

本章将介绍以下内容：

- 配置环境；
- 神经网络的Keras实现；
- 序贯模型API；
- 函数式API；
- TensorFlow Estimator API；
- TensorFlow Core API；
- 实现单层神经网络；
- 实现第一个深度神经网络。

1.1 配置环境

在运行深度神经网络之前，我们需要对系统进行配置，以便应用各种深度学习技术。此处假定读者已安装Anaconda。

1.1.1　准备工作

现在开始配置深度学习环境。建议读者在 Anaconda 中创建深度学习虚拟环境。如果 Anaconda 环境中已有 R 但版本较旧，需要将其更新为更高版本。

此外，读者还需要安装 CUDA 和 cuDNN 库以支持 GPU 并行计算。读者可以访问 https://tensorflow.rstudio.com/tools/local_gpu，了解使用 GPU 加速深度学习模型的更多信息。

请注意，如果计算机硬件系统中没有 NVIDIA GPU(NVIDIA 显卡)，则无法使用基于 GPU 的相关计算。

1.1.2　操作步骤

在 Anaconda 中创建一个虚拟环境(确保已安装 R 和 Python)。

(1) 从 Windows“**开始**”菜单启动 **Anaconda Navigator**；

(2) 单击 **Environments** 选项卡；

(3) 创建一个新虚拟环境并命名为 **Deep learning with R**。确保同时选中了 Python 和 R 复选框，具体操作如图 1-1 所示。

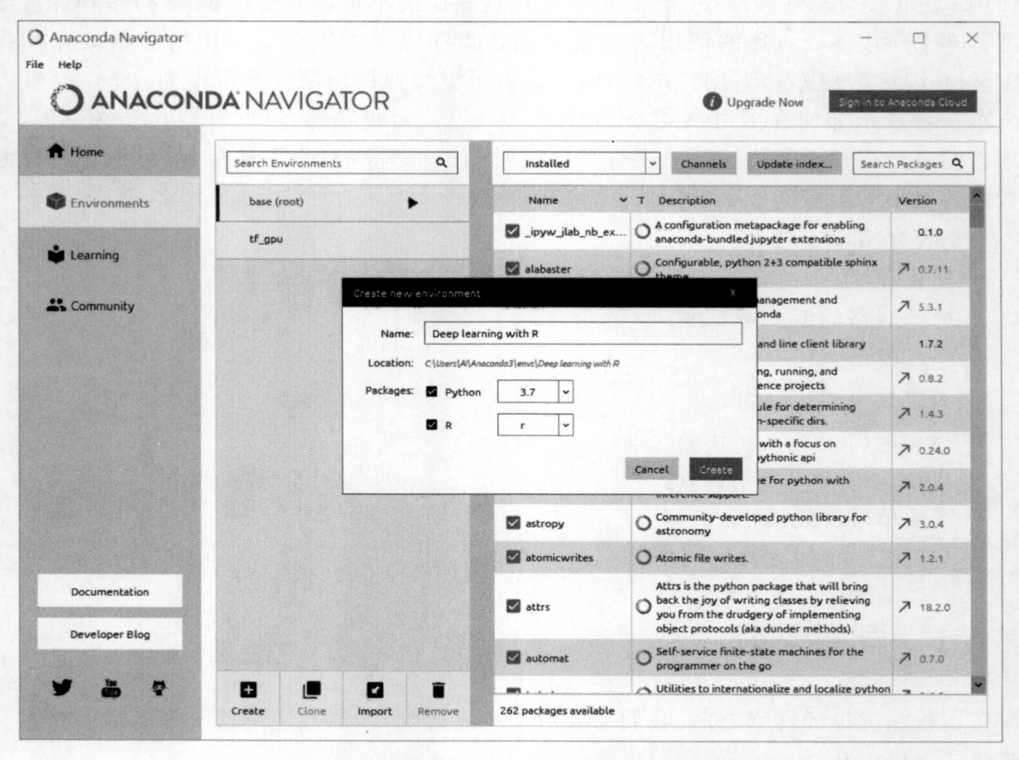

图 1-1　创建 **Deep learning with R** 虚拟环境

(4) 在 RStudio 中,安装基于 R 的 Keras 库,使用以下命令:

```
install.packages("keras")
```

(5) 以 TensorFlow 为后端引擎,在 RStudio 上配置 Keras。

Keras 库以 TensorFlow 作为默认后端引擎。Theano 和 CNTK 作为候选后端引擎,可以根据需要替代 TensorFlow。

如需安装 CPU 版本,请参考以下代码:

```
library(keras)
install_keras(method = c("auto", "virtualenv", "conda"), conda = "auto", version = "default",
tensorflow = "default",extra_packages = c("tensorflow-hub"))
```

有关 install_keras 函数的详细用法,请浏览网页:

https://keras.rstudio.com/reference/install_keras.html

如需安装 GPU 版本,请参考以下步骤:

(1) 确保满足安装的所有先决条件,包括预先安装 CUDA 和 cuDNN 库等。

(2) install_keras()函数的 tensorflow 参数赋值为"**gpu**":

```
install_keras(tensorflow = "gpu")
```

上述命令将完成 RStudio 中 GPU 版本的 Keras 库的安装。

1.1.3　原理解析

Keras 和 TensorFlow 相关程序均可在 CPU 或 GPU 上执行,通常在 GPU 上运行得更快。如果计算机硬件系统中没有配备 NVIDIA GPU,则安装 CPU 版本即可。如果系统配备有满足所有先决条件的 NVIDIA GPU 软硬件,并且用户对程序运行的性能有严格要求,则应安装 GPU 版本。要运行 TensorFlow 的 GPU 版本,读者需要配备 NVIDIA GPU,并在系统上安装相关软件组件,例如,CUDA Toolkit v9.0、NVIDIA 驱动程序和 cuDNN v7.0 等。

通过 1.1.2 节步骤(1)～步骤(3),可创建安装有 R 和 Python 的 conda 虚拟环境。通过步骤(4)和步骤(5),读者则能在创建的虚拟环境中安装 Keras 库。

1.1.4　内容拓展

Windows 操作系统唯一支持的安装方法是 conda。因此,读者在安装 Keras 之前需要在 Windows 操作系统上安装 Anaconda 3.x。注意,Keras 库默认使用 TensorFlow 作为后端引擎。如果要以 Theano 或 CNTK 作为后端引擎,请在加载 Keras 库后调用 use_backend()函数完成相关设置。

如需切换为 Theano 后端,请使用以下命令:

```
library(keras)
use_backend("theano")
```

如需切换为 CNTK 后端，请使用以下命令：

```
library(keras)
use_backend("cntk")
```

至此，深度学习的开发环境已经配置完毕。

1.1.5 参考阅读

关于 Keras 的 GPU 版本的安装及其安装所需先决条件等更多知识，读者可以访问网址 https://tensorflow.rstudio.com/installation/gpu/local_gpu/。

1.2 神经网络的 Keras 实现

TensorFlow 是谷歌开发的一个开源软件库，使用数据流图进行数值计算。TensorFlow 的 R 接口是由 RStudio 开发的，它提供了 3 个 TensorFlow API：

- Keras；
- Estimator；
- Core。

keras、tfestimators 和 tensorflow 包分别为上述 API 提供了 R 接口。Keras 和 Estimator 是高层 API，Core 则提供对 TensorFlow 核心完全访问的底层 API。本节将演示如何使用 Keras 构建并训练深度学习模型。

Keras 是一种使用 Python 编写的基于底层张量库（例如，TensorFlow、CNTK、Theano）的高层神经网络构建 API。Keras 的 R 接口使用 TensorFlow 作为默认后端引擎。keras 包为 TensorFlow Keras API 提供了一个 R 接口，具体能以两种方式构建深度学习模型：**序贯模型（sequential model）**和**函数式模型（functional model）**。后面将具体讲解两种方式。

1.3 序贯模型 API

Keras 的序贯模型 API（sequential API）易于理解和实现。读者可以按部就班地创建人工神经网络。也就是说，读者可以逐层添加神经网络层来构建人工神经网络。为此，应首先初始化一个序贯模型对象，然后在上面堆叠一系列隐藏层和输出层。

1.3.1 准备工作

在使用序贯模型 API 创建神经网络之前，先将 Keras 库加载到开发环境中，并生成一些模拟数据。

```
library(keras)
```

接下来生成本实例所需的实验数据。

```
x_data <- matrix(rnorm(1000 * 784), nrow = 1000, ncol = 784)
y_data <- matrix(rnorm(1000), nrow = 1000, ncol = 1)
```

可通过执行以下命令查看自变量 x_data 和因变量 y_data 的维度。

```
dim(x_data)
dim(y_data)
```

由结果可知，x_data 是 1000 × 784 矩阵(1000 个样本，每个样本有 784 个属性)，y_data 则是 1000×1 矩阵(1000 个样本，每个样本有 1 个类标签属性)。

1.3.2 操作步骤

现在，开始构建第一个 Keras 序贯模型，并对其进行训练。

(1) 首先创建一个序贯模型。

```
model_sequential <- keras_model_sequential()
```

(2) 在已经创建的序贯模型 model_sequential 中添加神经网络层。

```
model_sequential %>%
layer_dense(units = 16,batch_size = ,input_shape = c(784)) %>%
layer_activation('relu') %>%
layer_dense(units = 1)
```

(3) 添加完神经网络层到模型之后，需要对模型进行编译。

```
model_sequential %>% compile( loss = "mse",
optimizer = optimizer_sgd(),
metrics = list("mean_absolute_error")
)
```

(4) 查看创建的神经网络模型的摘要信息。

```
model_sequential %>% summary()
```

模型的摘要信息如图 1-2 所示。

(5) 训练模型并将训练相关统计信息存储在变量中，以绘制模型相关指标(损失函数值、平均绝对误差等)。

```
history <- model_sequential %>% fit(
x_data,
y_data, epochs = 30,
```

Layer (type)	Output Shape	Param #
dense_1 (Dense)	(None, 16)	12560
activation_1 (Activation)	(None, 16)	0
dense_2 (Dense)	(None, 1)	17

Total params: 12,577
Trainable params: 12,577
Non-trainable params: 0

图 1-2 神经网络模型的摘要信息

```
batch_size = 128,
validation_split = 0.2
)
# 绘制模型训练过程的相关指标
plot(history)
```

以上代码的运行结果如图 1-3 所示。

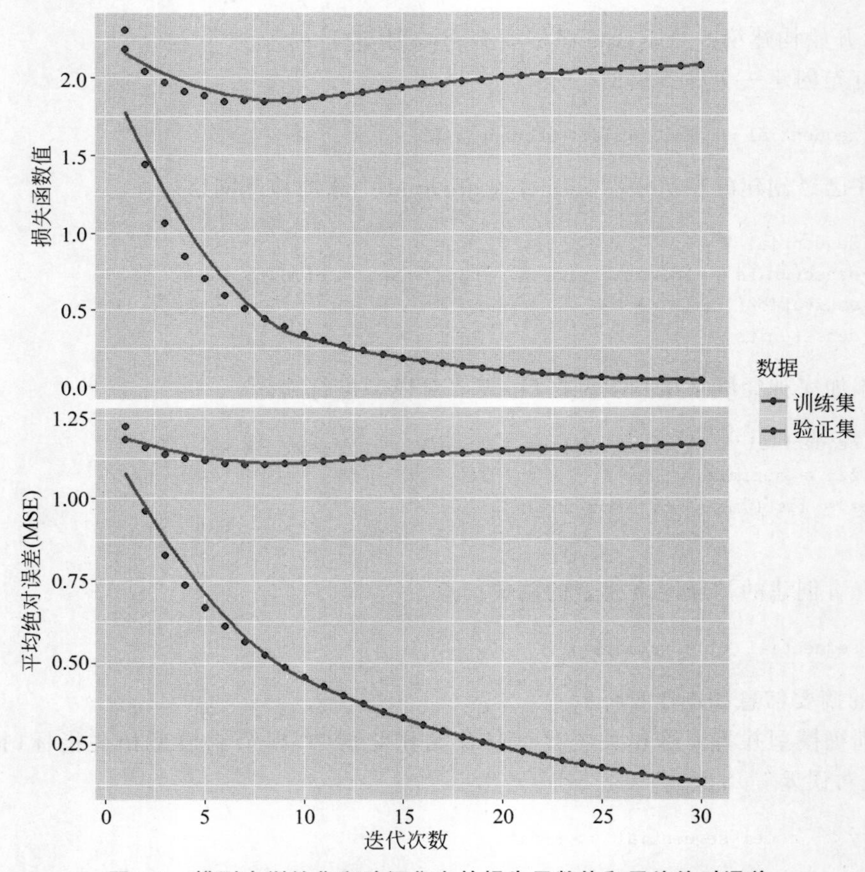

图 1-3 模型在训练集和验证集上的损失函数值和平均绝对误差

1.3.3 原理解析

在 1.3.2 节的步骤(1)中,通过调用 keras_model_sequential()函数来初始化序贯模型对象。在步骤(2)中,使用一系列层函数来堆叠神经网络隐藏层和输出层。通过 layer_dense()函数向模型中添加一个全连接层。序贯模型的第一层(输入层)需要设置期望的输入张量的尺寸(数据集的属性数或称为自变量数),通过赋值 input_shape 参数来实现。在这个例子中,输入变量个数等于数据集中的特征(属性)数量。当向 Keras 序贯模型中添加神经网络层时,模型对象被就地修改,不需要将更新后的对象赋值给原对象。Keras 对象的行为不同于大多数 R 对象(R 对象通常是不可变的)。本例中的模型使用了 ReLU 激活函数。layer_activation()函数设置的激活函数的作用是将神经元的输入通过激活函数后输出到神经网络的下一层。可以使用不同的激活函数,例如 Leaky ReLU、softmax 等(激活函数将在 1.7 节进行讨论)。本实例模型的输出层未设置激活函数。

可以为每个层设置不同的激活函数,方法是将一个值传递给 layer_dense()函数中的激活参数,而不是显式地添加激活层。应用如下操作:

```
output = activation(dot(input, kernel) + bias)
```

在这里,activation()函数指的是激活函数,而 kernel 是神经网络相邻两层的神经元之间连接的权值矩阵。bias 是给神经网络层上的每个神经元附加的偏置值。

训练神经网络模型需要定义学习算法。在 1.3.2 节的步骤(3)中使用 compile()函数进行此操作。在模型训练过程中,应用随机梯度下降优化算法来训练模型,得到神经元之间连接的权值和偏置值,以最小化目标损失函数,即均方误差(Mean Squared Error,MSE)。模型在训练和测试期间评价模型优劣的度量指标由 matrics 参数指定。

在 1.3.2 节的步骤(4)中,查看模型构建结果的摘要信息,包括模型每一层的信息,例如,每一层的神经元数量和训练的参数个数。

在步骤(5)中,调用 fit()函数对模型进行了固定次数的迭代训练。epochs 参数定义了迭代次数。validation_split 参数可以取 0 和 1 之间的值,它指定了数据集中用作验证集的比例。最后,batch_size 定义了每步迭代训练时采用的数据集规模(在数据量很大的情况下,并不是每次迭代都用到所有数据,batch_size 指定每次迭代时使用的样本数)。

1.3.4 内容拓展

训练深度学习模型是一项耗时的任务。如果模型训练过程意外停止,则会产生很大的损失。R 中的 Keras 库提供了在训练期间和训练后保存模型进度的功能。保存的模型包含权重值、模型的配置和学习算法的配置。如果训练过程因某种原因而中断,则可以从断点处继续训练过程。

以下代码块显示了训练后如何保存模型:

```
model_sequential %>% save_model_hdf5("my_model.h5")
```

如果训练时想在每次迭代后都保存模型,则需要创建一个检查点对象。使用 callback_model_checkpoint()函数来创建检查点对象。该函数的 filepath 参数定义了希望在每次迭代结束时保存的模型名称。例如,如果 filepath 参数设置为{epoch:02d}-{val_loss:.2f}.hdf5,那么模型保存的文件名会包含当前迭代步数和损失函数取值。

以下代码块演示了每次迭代之后如何保存模型:

```
checkpoint_dir <- "checkpoints"
dir.create(checkpoint_dir, showWarnings = FALSE)
filepath <- file.path(checkpoint_dir, "{epoch:02d}.hdf5")

# 创建检查点赋值给 cp_callback
cp_callback <- callback_model_checkpoint(
  filepath = filepath,
  verbose = 1
)
# 执行 fit 函数训练模型,在每个检查点保存模型
model_sequential %>% fit(
  x _data, y_data,
  epochs = 30,
  batch_size = 128,
  validation_split = 0.2,
  callbacks = list(cp_callback)
)
```

通过以上操作,了解了如何使用检查点及保存模型。

1.3.5 参考阅读

要了解更多关于在 Keras 自定义神经网络层(custom layer)的实现,读者可以访问网址 https://tensorflow.rstudio.com/guide/keras/custom_layers/。

1.4 函数式 API

在构建复杂模型时,Keras 的函数式模型比序贯模型提供了更大的灵活性。用户可以创建层与层之间非顺序(跨层)连接的模型、具有多个输入输出层的模型、具有共享层的模型或具有重用层的模型。

1.4.1 操作步骤

本节将使用 1.3 节序贯模型 API 实例中生成的模拟数据集来完成实验。本实例创建一个具有两个输出层的函数式模型。

(1) 首先导入所需的库，并创建一个输入层。

```
library(keras)
# 输入层
inputs <- layer_input(shape = c(784))
```

(2) 定义两个输出层。

```
predictions1 <- inputs %>%
  layer_dense(units = 8) %>%
  layer_activation('relu') %>%
  layer_dense(units = 1,name = "pred_1")          #模型 1

predictions2 <- inputs %>%
  layer_dense(units = 16) %>%
  layer_activation('tanh') %>%
  layer_dense(units = 1,name = "pred_2")          #模型 2
```

(3) 定义一个函数式 Keras 模型。

```
model_functional = keras_model(inputs = inputs,outputs = c(predictions1,predictions2))
```

查看模型的摘要信息。

```
summary(model_functional)
```

模型的摘要信息如图 1-4 所示。

Layer (type)	Output Shape	Param #	Connected to
input_2 (InputLayer)	[(None, 784)]	0	
dense_4 (Dense)	(None, 8)	6280	input_2[0][0]
dense_5 (Dense)	(None, 16)	12560	input_2[0][0]
activation_4 (Activation)	(None, 8)	0	dense_4[0][0]
activation_5 (Activation)	(None, 16)	0	dense_5[0][0]
pred_1 (Dense)	(None, 1)	9	activation_4[0][0]
pred_2 (Dense)	(None, 1)	17	activation_5[0][0]

Total params: 18,866
Trainable params: 18,866
Non-trainable params: 0

图 1-4　函数式模型构建结果

(4) 编译模型，设置训练的模型参数。

```
model_functional %>% compile(
  loss = "mse",
  optimizer = optimizer_rmsprop(),
  metrics = list("mean_absolute_error")
)
```

(5) 接着需要对模型进行训练,并可视化显示模型的评价指标。

```
history_functional <- model_functional %>% fit(
  x_data,
  list(y_data,y_data), epochs = 30,
  batch_size = 128,
  validation_split = 0.2
)
```

将两个输出层模型在训练集和验证集上的损失函数值依据迭代步数作图(如图 1-5 所示),代码如下:

```
# 模型 1 在训练数据集的损失函数作图
plot(history_functional$metrics$pred_1_loss, main = "Model Loss",
xlab = "epoch", ylab = "loss", col = "blue", type = "l")
# 模型 1 在验证数据集的损失函数作图
lines(history_functional$metrics$val_pred_1_loss, col = "green")
# 模型 2 在训练数据集的损失函数作图
lines(history_functional$metrics$pred_2_loss, col = "red")
# 模型 2 在验证数据集的损失函数作图
lines(history_functional$metrics$val_pred_2_loss, col = "black")
# 添加图例
legend("topright", c("training loss prediction 1","validation loss prediction 1","training
loss prediction 2","validation loss prediction 2"), col = c("blue", "green","red","black"),
lty = c(1,1))
```

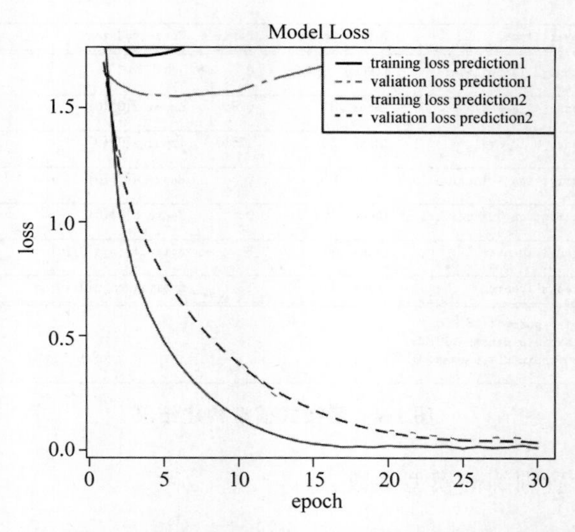

图 1-5 模型 1 和模型 2 在训练集和验证集上的损失函数值

将模型 1 和模型 2 两个输出层模型在训练集和验证集上的平均绝对误差(Mean Absolute Error,MAE)依据迭代步数作图(如图 1-6 所示),代码如下:

```
# 模型 1 在训练数据集的平均绝对误差作图
plot(history_functional$metrics$pred_1_mean_absolute_error,
main = "Mean Absolute Error", xlab = "epoch", ylab = "error", col = "blue", type = "l")
# 模型 1 在验证数据集的平均绝对误差作图
lines(history_functional$metrics$val_pred_1_mean_absolute_error, col = "green")
# 模型 2 在训练数据集的平均绝对误差作图
lines(history_functional$metrics$pred_2_mean_absolute_error, col = "red")
# 模型 2 在验证数据集的平均绝对误差作图
lines(history_functional$metrics$val_pred_2_mean_absolute_error, col = "black")
# 添加图例
legend("topright", c("training mean absolute error prediction 1","validation mean absolute
error prediction 1","training mean absolute error prediction 2","validation mean absolute
error prediction 2"), col = c("blue", "green","red","black"), lty = c(1,1))
```

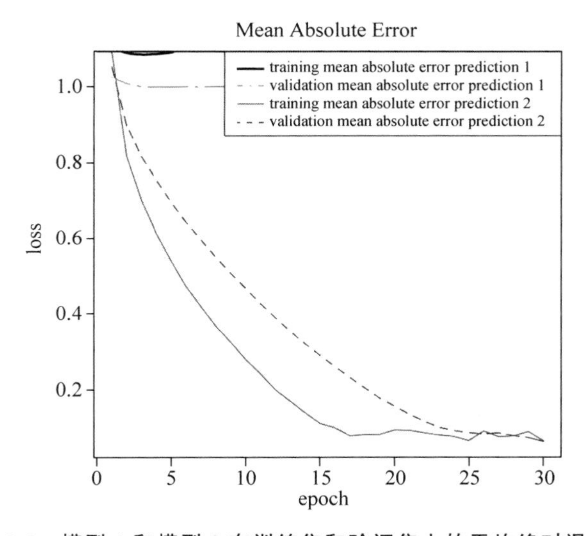

图 1-6 模型 1 和模型 2 在训练集和验证集上的平均绝对误差

1.4.2 原理解析

要使用 Keras 的函数式模型 API 创建模型，需要分别创建输入层和输出层，然后将它们传递给 keras_model()函数，以定义完整的模型。1.4.1 节中创建了一个具有两个不同输出层的模型，它们共享一个输入层和权值矩阵。

在 1.4.1 节的步骤(1)中，使用 layer_input()函数创建了一个输入张量，它是 Keras 模型生成的计算图的入口点。

在 1.4.1 节的步骤(2)中，定义了两个不同的输出层。这两个输出层有不同的配置参数，即激活函数和神经元的数量不同。输入张量通过这些神经元激活函数产生两种不同的输出。

在 1.4.1 节的步骤(3)中，使用 keras_model()函数定义了模型，它有两个参数：inputs

和 outputs。这两个参数指定哪些层作为模型的输入层和输出层。对于有多输入层或多输出层的神经模型，可以使用输入层和输出层的向量来定义，示例代码如下：

```
keras_model(inputs = c(input_layer_1, input_layer_2),
  outputs = c(output_layer_1, output_layer_2) )
```

在 1.4.1 节的步骤(4)和步骤(5)中，配置了编译模型的参数，并训练模型，可视化输出损失函数和准确性指标。compile()和 fit()函数的功能在 1.3.3 节有详细描述。

1.4.3 内容拓展

读者有时可能会遇到这样的情形：将一个模型的输出与另一个输入一起输入到其他模型中。可以使用 layer_concatenate()函数来完成这项任务。首先定义一个新的输入层，并与 1.4.1 节中模型 1 的输出层数据一起作为新模型的输入数据，构建一个新模型。

```
# 定义一个新的输入层
new_input <- layer_input(shape = c(5), name = "new_input")
# 定义模型的输出层
main_output <- layer_concatenate(c(predictions1, new_input)) %>%
  layer_dense(units = 64, activation = 'relu') %>%
  layer_dense(units = 1, activation = 'sigmoid', name = 'main_output')
# 创建拥有两个输入层和两个输出层的神经网络模型
model <- keras_model(
  inputs = c(inputs, new_input),
  outputs = c(predictions1, main_output)
)
```

可以使用 summary()函数可视化模型的摘要信息。

TIP 在处理复杂模型时，给不同的层指定唯一的名称是一种很好的方法。

1.5 TensorFlow Estimator API

Estimator 是 TensorFlow 框架中的一个高层 API，可以使深度学习模型的开发更加易于管理，可极大地简化机器学习编程。Estimator 构建了一个计算图，并提供了一个环境，可以在其中初始化变量、加载数据、处理异常和创建检查点。

tfestimators 包是 TensorFlow Estimator API 的一个 R 接口。它在 R 中实现了 TensorFlow Estimator API 的各种组件，以及许多预定义模型，如线性模型和深度神经网络(DNN 分类器和回归器)。这些被称为**预定义评估器(pre-made estimator)**。Estimator API 没有直接实现递归神经网络或卷积神经网络，但支持定义任意新模型的灵活框架，这个特性被称为**自定义评估器框架(custom estimator framework)**。

1.5.1 准备工作

本实例将演示如何使用 Estimator API 构建深度学习模型。要在 R 中使用 Estimator API,需要安装 tfestimators 包。

安装 tfestimators 包,然后将之导入开发环境中。

```
install.packages("tfestimators")
library(tfestimators)
```

接着生成实验数据。

```
x_data_df <- as.data.frame( matrix(rnorm(1000 * 784), nrow = 1000, ncol = 784))
y_data_df <- as.data.frame(matrix(rnorm(1000), nrow = 1000, ncol = 1))
```

将因变量重命名为 **target**。

```
colnames(y_data_df)<- c("target")
```

将自变量 x 和因变量 y 数据绑定在一起,作为训练数据集。

```
dummy_data_estimator <- cbind(x_data_df,y_data_df)
```

至此,输入数据集创建完成。

1.5.2 操作步骤

在本例中,使用预定义的 dnn_regression 评估器。现在开始构建并训练一个深度学习评估器模型。

(1) 在建立评估器神经网络模型之前,需要执行一些步骤。首先,需要创建特征名称的向量。

```
features_set <- setdiff(names(dummy_data_estimator), "target")
```

在这里,根据 Estimator API 构造特征列(每一列表示一个特征,或称为变量)。

feature_columns()函数是特征列的一个构造函数,它定义模型的输入数据尺寸。

```
feature_cols <- feature_columns(
column_numeric(features_set)
)
```

(2) 定义一个输入函数,以便选择自变量(特征)和因变量。

```
estimator_input_fn <- function(data_,num_epochs = 1) {
input_fn(data_, features = features_set, response =
"target",num_epochs = num_epochs )
}
```

(3) 创建一个回归模型。

```
regressor <- dnn_regressor(
  feature_columns = feature_cols,
  hidden_units = c(5, 10, 8),
  label_dimension = 1L,
  activation_fn = "relu"
)
```

(4) 训练在上一步中构建的回归模型。

```
train(regressor, input_fn = estimator_input_fn(data_ = dummy_data_estimator))
```

(5) 与生成实验数据所做的操作类似,需要生成一些测试数据用来评估模型的性能。

```
x_data_test_df <- as.data.frame( matrix(rnorm(100 * 784), nrow = 100, ncol = 784))
y_data_test_df <- as.data.frame(matrix(rnorm(100), nrow = 100, ncol= 1))
```

和对训练数据所做类似,需要更改因变量的列名。

```
colnames(y_data_test_df)<- c("target")
```

将测试数据的 x 和 y 绑定在一起。

```
dummy_data_test_df <- cbind(x_data_test_df,y_data_test_df)
```

现在,使用之前训练好的回归模型为测试数据集生成预测值。

```
predictions <- predict(regressor, input_fn =
estimator_input_fn(dummy_data_test_df), predict_keys = c("predictions"))
```

接下来,评估模型在测试数据集上的性能。

```
evaluation <- evaluate(regressor, input_fn = estimator_input_fn(dummy_data_test_df))
evaluation
```

1.5.3 节将详述实现步骤的原理。

1.5.3 原理解析

在本案例中,使用一个预定义评估器实现了一个深度学习回归模型,操作步骤中程序的详解如下。

定义特性列:在 1.5.2 节的步骤(1)中,创建了一个字符串向量,其中包含所有特性列的名称。接下来,调用 feature_columns()函数,定义输入数据(张量)的尺寸,以及在对特征建模时应该如何进行转换(数值型或离散型)。本例输入层有 784 个神经元(对应输入特征的数量),所有特征的取值都是数值型。通过 feature_columns()函数中调用 column_numeric()函数将 features_set 中对应的列转换为数值型变量。如果数据集中有诸如 category_x、category_y 等命名的离散型特征,并且希望把这些离散型特征的取值转换为整数值，如 0 或 1 等，可以调用 column_categorical_with_identity()函数来实现。

定义数据集导入函数：在 1.5.2 节的步骤(2)中，input_fn()函数定义评估器如何接收数据。input_fn()函数将原始数据转换为张量并选择特性(自变量)和目标变量(因变量)列。该函数还定义训练模型的一些参数，如数据随机打乱(shuffling)、样本批量大小(bath size)、迭代次数(epoch)等。

实例化预定义评估器：在 1.5.2 节的步骤(3)中，通过调用 dnn_regressor()函数实例化预定义的深度神经网络(DNN)评估器。函数的 hidden_units 参数值定义了神经网络中的隐藏层数和每层神经元的数量。它由全连接的前馈神经网络层组成。它以整数向量作为参数值。在本实例的模型中，有 3 个隐藏层，分别有 5、10 和 8 个神经元，使用 ReLU 激活函数。dnn_regrssor 函数的 label_dimension 参数为每个样本定义预测目标变量(因变量)的维度。

调用模型训练和评估方法：在 1.5.2 节的步骤(4)中，训练模型。在 1.5.2 节的步骤(5)中，预测测试数据集的值并评估了模型的性能。

1.5.4 内容拓展

评估器提供了一个名为运行时钩子函数(run hook)的实用方法，这样就可以跟踪模型训练过程、报告进度、请求提前终止训练等。hook_history_saver()函数就是其中一个实用的钩子函数，用于在每次训练迭代时保存训练记录。在训练评估器时，将 run hook 的定义传递给 train()函数的 hooks 参数，如下面的代码块所示，在每两步训练迭代之后保存模型记录，模型的训练参数是 train()函数的返回值。

下面的代码块显示了如何实现运行时钩子函数。

```
training_history <- train(regressor,
  input_fn = estimator_input_fn(data_ = dummy_data_estimator),
  hooks = list(hook_history_saver(every_n_step = 2))
)
```

其他预定义的运行时钩子函数由 Estimator API 提供。想要了解更多相关信息，请访问 1.5.5 节所列的链接。

1.5.5 参考阅读

- 自定义评估器(custom estimator)：
  https://tensorflow.rstudio.com/guide/tfestimators/estimator_basics/#creating-an-estimator
- 其他预定义的运行时钩子函数(run hook)：
  https://tensorflow.rstudio.com/guide/tfestimators/run_hooks/
- 数据集 API：
  https://tensorflow.rstudio.com/guide/tfestimators/dataset_api/

1.6 TensorFlow Core API

TensorFlow Core API 是一组用 Python 编写的模块。TensorFlow 中计算过程用图表示。R 语言的 tensorflow 包提供了完整的通过 R 语言访问 TensorFlow 的 API。TensorFlow 将计算表示为数据流图,其中每个节点表示一个数学操作,有向弧表示数学操作所用多维数组或张量。在这个实例中,将使用 TensorFlow Core API 的 R 接口构建和训练一个神经网络模型。

1.6.1 准备工作

若实现本案例,首先要安装 TensorFlow 库,通过以下命令安装。

```
install.packages("tensorflow")
```

安装完成后,在编程环境中加载 TensorFlow 库。

```
library(tensorflow)
```

完成这两个步骤并没有完全安装好 TensorFlow,还需要使用 install_tensorflow()函数来安装 TensorFlow。

```
install_tensorflow()
```

要在 R 中安装 TensorFlow,需要先安装一个带有 TensorFlow 库的 Python 环境。install_tensorflow()函数将创建一个默认名为 r-tensorflow 的独立的 Python 开发环境(虚拟环境),并在其中安装 TensorFlow 库。install_tensorflow()函数的不同参数取值,产生不同的安装方法。详细的安装方法可参阅链接 https://tensorflow.rstudio.com/installation/。

ℹ 在 Linux 和 OS X 操作系统上可使用 virtualenv 和 conda 命令创建虚拟环境,在 Windows 上可使用 conda 和 system 命令创建虚拟环境。

1.6.2 操作步骤

在安装完 TensorFlow 库之后,可以很容易地将 TensorFlow 库加载到 R 环境中来建立深度学习模型。

(1) 生成本实例的实验数据。

```
x_data = matrix(runif(1000 * 2),nrow = 1000,ncol = 1)
y_data = matrix(runif(1000),nrow = 1000,ncol = 1)
```

(2) 初始化 TensorFlow 参数:权值和偏置值。

```
W <- tf$Variable(tf$random_uniform(shape(1L), -1.0, 1.0))
```

```
b <- tf$Variable(tf$zeros(shape(1L)))
```

（3）定义模型。

```
y_hat <- W * x_data + b
```

（4）定义损失函数和优化器。

```
loss <- tf$reduce_mean((y_hat - y_data) ^ 2)
optimizer <- tf$train$GradientDescentOptimizer(0.5)
train <- optimizer$minimize(loss)
```

（5）启动计算图并初始化 TensorFlow 变量。

```
sess = tf$Session()
sess$run(tf$global_variables_initializer())
```

（6）训练模型来拟合实验数据。

```
for (step in 1:201) {
 sess$run(train)
 if (step %% 20 == 0)
 cat(step, " - ", sess$run(W), sess$run(b), "\n")
}
```

最后，关闭 TensorFlow 会话。

```
sess$close()
```

```
20 - 0.02961582 0.477668
40 - 0.002623167 0.4924422
60 - -0.004212872 0.4961839
80 - -0.005944134 0.4971315
100 - -0.006382558 0.4973714
120 - -0.006493592 0.4974322
140 - -0.006521734 0.4974476
160 - -0.006528848 0.4974515
180 - -0.00653068 0.4974525
200 - -0.006531124 0.4974528
```

图 1-7　每 20 次迭代的结果

图 1-7 是每 20 次迭代的结果。

TIP 关闭会话是非常重要的，因为只有关闭了会话，与会话关联的资源才会被释放。

1.6.3 原理解析

TensorFlow 程序生成一个计算图，图中的节点对应操作。这些操作将张量作为输入，执行计算并产生张量（张量是 n 维数组或列表）。TensorFlow 程序分为两个阶段：创建阶段和执行阶段。在创建阶段，配置神经网络计算图。在执行阶段，在会话的上下文中执行计算图。调用 R 中的 tensorflow 包创建 TensorFlow API 的一个入口点（tf 对象），通过入口点可以访问 TensorFlow 的主模块。tf$Variable()函数用于创建一个可通过网络训练来更新的变量。TensorFlow 变量是存储在内存缓冲区中的张量。

在 1.6.2 节的步骤（1）中，创建了一些模拟数据。在下一步中，创建初始化权重和偏置值两个 TensorFlow 变量。在 1.6.2 节的步骤（3）中，定义了计算模型。在步骤（4）中，定义了损失函数，公式如下：

$$\mathrm{MSE}=\frac{1}{n}\sum_{i=1}^{n}(Y_i-\hat{Y}_i)^2$$

reduce_mean()函数计算张量中所有元素的均值。在本实例代码中，reduce_mean()函数计算训练集的均方误差作为损失函数值。在1.6.2节的步骤(4)中还定义了训练网络所需的优化算法,采用梯度下降优化算法,学习率设置为0.5。然后,定义模型训练迭代的目标是最小化损失函数。

在1.6.2节的步骤(5)中,执行计算图,计算图为TensorFlow提供了想要执行的一系列计算操作的描述。在代码实现中,希望TensorFlow使损失函数最小化,也就是说,梯度下降算法最小化均方误差。步骤(1)~(4)只是用于定义计算图,不会执行任何计算,直到步骤(5)中TensorFlow会话被创建并调用run()函数后才会执行计算过程。启动会话后,首先初始化tf变量。

sessrun(tfrun(tfglobal_variables_initializer()))同时初始化所有变量。应该在完全构建完计算图并创建一个会话后再运行此操作。最后一个步骤,迭代执行模型训练并输出每步迭代的tf变量(权值和偏置)值。

TIP 建议读者使用高层API(如Keras或Estimator),而不是底层的TensorFlow Core API。

1.7 实现单层神经网络

人工神经网络是可以执行各种任务(如回归、分类、聚类和特征提取)的计算实体。受到人脑中生物神经网络的启发,生物神经网络的最基本单位称为神经元/感知器。神经元是一个简单的计算单元,它接收一组输入并将函数应用于这些输入以产生输出。单个神经元模型如图1-8所示。

1957年,弗兰克·罗森布拉特(Frank Rosenblatt)提出了一个经典的感知器模型,模型中每个输入值与权重相关联,他还提出了实现这些权重的方法。感知器模型是具有阈值θ的简单计算单元,可以通过以下公式定义:

$$y=\begin{cases}1, & \sum w_i * x_i \geqslant \theta \\ -1, & \sum w_i * x_i < \theta\end{cases}$$

单层感知器模型结构如图1-9所示。

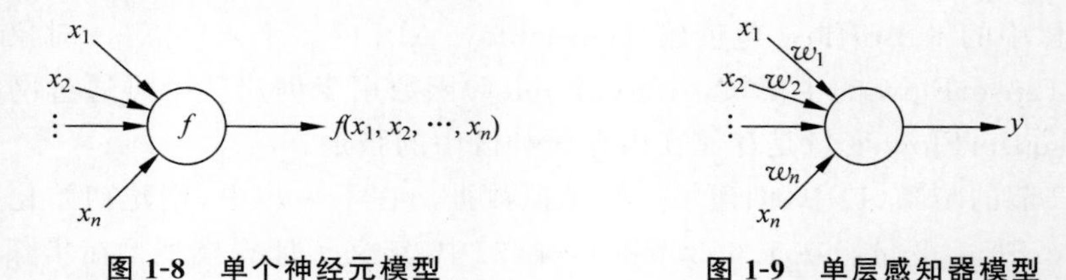

图1-8 单个神经元模型　　图1-9 单层感知器模型

感知器只能处理线性可分问题。现在使用的人工神经网络采用的是激活函数,而不是感知器中使用的阈值(θ)。与感知器不同,采用非线性激活函数的人工神经网络可以学习输入和输出之间的复杂非线性映射,从而使其更适合诸如图像识别、自然语言翻译、语音识别等更复杂的应用。最受欢迎的激活函数是 sigmoid、tanh、relu 和 softmax。

可以使用人工神经网络来实现各种机器学习算法,例如简单的线性回归、逻辑回归等。例如,可以将逻辑回归视为单层神经网络。逻辑回归神经网络使用 sigmoid(ϕ_{sigmoid})激活函数。逻辑回归神经网络模型结构如图 1-10 所示。

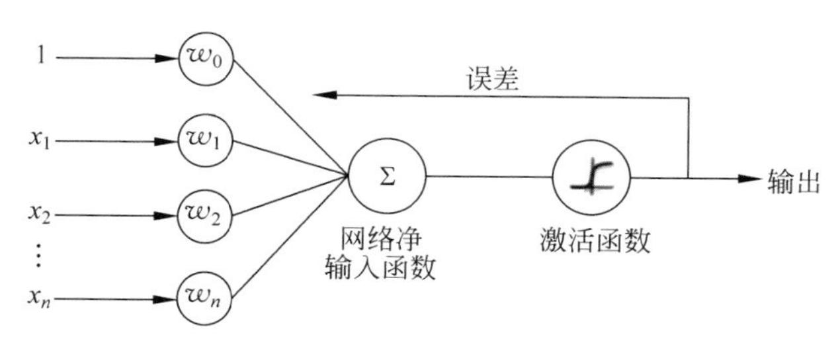

图 1-10 逻辑回归神经网络模型

网络的输出如下:

$$\phi_{\text{sigmoid}}(z)=\frac{1}{1+e^{-z}}$$

其中,网络净输入 $z=\sum_{i=1}^{n} w_i x_i$。

在使用人工神经网络实现**多类别逻辑回归(multinomial logistic regression)**问题时,将输出层神经元的激活函数设置为 softmax 激活函数。以下等式显示了类别逻辑回归神经网络的输出:

$$P(y=j \mid z)=\phi_{\text{softmax}}(z)=\frac{e_j^z}{\sum_{n=1}^{N} e_n^z}$$

其中,z 是第 j 类输入的加权和。

在神经网络中,通过将模型的实际输出与样本的期望输出进行比较来计算网络误差。误差用于指导神经网络的训练。在每次前向训练迭代之后,都会在网络中反向回传误差,用于更新网络的权重,以使误差逐步迭代减小,此过程称为**误差反向传播(error back-propagation)**。在本实例中,将使用 R 中的 Keras 库构建一个多分类人工神经网络。

1.7.1 准备工作

本实例中使用的 iris(鸢尾花)数据集是一个多属性数据集,包含 150 个样本,分为 3 个品种的鸢尾花:setosa、virginica 和 versicolor。每个样本包括 4 个属性:花瓣的长度和宽度,花萼的长度和宽度。本例使用 keras 包实现深度学习模型进行分类,并从 Keras 自带的数据集库(datasets)导入 iris 数据集。

```
library(keras)
library(datasets)
```

下面将查看数据集的详细信息。

1.7.2 操作步骤

在对数据集进行任何转换之前,先分析数据的属性,例如,数据的维度、变量和摘要信息。

(1) 从 datasets 库中加载 iris 数据集。

```
data <- datasets::iris
```

查看数据集维度信息。

```
dim(data)
```

从输出结果可以看出,数据集包括 150 行 5 列。

```
150  5
```

输出数据集前 6 行数据,如图 1-11 所示。

```
head(data)
```

Sepal.Length	Sepal.Width	Petal.Length	Petal.Width	Species
5.1	3.5	1.4	0.2	setosa
4.9	3.0	1.4	0.2	setosa
4.7	3.2	1.3	0.2	setosa
4.6	3.1	1.5	0.2	setosa
5.0	3.6	1.4	0.2	setosa
5.4	3.9	1.7	0.4	setosa

图 1-11 数据集前 6 行数据

接着查看数据集中变量(属性)的数据类型。

```
str(data)
```

从如图 1-12 所示的函数执行结果可以看到,除 Species 属性以外的其他属性(自变量)都是数值。Species 属性是本实例分类任务的类标签属性(因变量)。

```
'data.frame':   150 obs. of  5 variables:
 $ Sepal.Length: num  5.1 4.9 4.7 4.6 5 5.4 4.6 5 4.4 4.9 ...
 $ Sepal.Width : num  3.5 3 3.2 3.1 3.6 3.9 3.4 3.4 2.9 3.1 ...
 $ Petal.Length: num  1.4 1.4 1.3 1.5 1.4 1.7 1.4 1.5 1.4 1.5 ...
 $ Petal.Width : num  0.2 0.2 0.2 0.2 0.2 0.4 0.3 0.2 0.2 0.1 ...
 $ Species     : Factor w/ 3 levels "setosa","versicolor",..: 1 1 1 1 1 1 1 1 1 1 ...
```

图 1-12 查看数据集中属性的数据类型

查看各属性的描述性统计信息,结果如图 1-13 所示。

```
summary(data)
```

```
  Sepal.Length    Sepal.Width     Petal.Length    Petal.Width   
 Min.   :4.300   Min.   :2.000   Min.   :1.000   Min.   :0.100  
 1st Qu.:5.100   1st Qu.:2.800   1st Qu.:1.600   1st Qu.:0.300  
 Median :5.800   Median :3.000   Median :4.350   Median :1.300  
 Mean   :5.843   Mean   :3.057   Mean   :3.758   Mean   :1.199  
 3rd Qu.:6.400   3rd Qu.:3.300   3rd Qu.:5.100   3rd Qu.:1.800  
 Max.   :7.900   Max.   :4.400   Max.   :6.900   Max.   :2.500  
       Species  
 setosa    :50  
 versicolor:50  
 virginica :50  
```

图 1-13 查看各属性的描述性统计信息

（2）进行数据转换。使用 keras 包将数据转换为数组或矩阵，矩阵数据元素应具有相同的数据类型，但是在这里，类标签属性（Species 属性）是非数值型变量，因此需要将其数值化。

```
# 将数据转换为 Keras 可用的数值矩阵形式
data[,5] <- as.numeric(data[,5]) - 1
data <- as.matrix(data)
# 数据的列名设置为 NULL
dimnames(data) <- NULL
head(data)
```

（3）需要将数据集划分为训练集和验证集。设置随机函数的随机种子数值是为了在每次执行代码时得到相同的随机数，这样可确保每次执行这段程序都得到相同的结果。

```
set.seed(76)
# 训练数据和测试数据所占比例分别为 70% 和 30%
indexes <- sample(2,nrow(data),replace = TRUE,prob = c(0.70,0.30))
```

将数据集划分为 70%用于训练集，30%用于验证集。

```
# 将训练集和验证集中的自变量值分别存储到 data.train 和 data.test 中
data.train <- data[indexes == 1, 1:4]
data.test <- data[indexes == 2, 1:4]
# 将训练集和验证集中的因变量值分别存储到 data.trainingtarget 和 data.testtarget 中
data.trainingtarget <- data[indexes == 1, 5]
data.testtarget <- data[indexes == 2, 5]
```

（4）将训练集和验证集的类标签属性取值采用**独热编码**（**one-hot encode**）。to_categorical()函数将因变量向量（类标签属性列）采用独热编码转换为二进制分类矩阵。

```
data.trainLabels <- to_categorical(data.trainingtarget)
data.testLabels <- to_categorical(data.testtarget)
```

（5）构建模型并进行编译。首先，需要初始化 Keras 序贯模型对象。

```
# 创建序贯模型
model <- keras_model_sequential()
```

接下来，堆叠神经网络层。由于本例实现一个单层神经网络，因此只堆叠一层。

```
model %>% layer_dense(units = 3, activation = 'softmax',input_shape = ncol(data.train))
```

该层包含有 3 个神经元，激活函数为 softmax()，3 个神经元的输出值表示样本属于 3 类鸢尾花的概率，总和为 1。查看模型的摘要信息，如图 1-14 所示。

```
Layer (type)                    Output Shape                 Param #
====================================================================
dense_10 (Dense)                (None, 3)                    15
====================================================================
Total params: 15
Trainable params: 15
Non-trainable params: 0
____________________________________________________________________
```

图 1-14　查看单层神经网络模型的摘要信息

编译模型为模型训练做好准备。编译模型时,指定损失函数、优化器名称和评价指标。评价指标用于在训练和测试期间评价模型。

```
# 编译模型
model %>% compile(
loss = 'categorical_crossentropy',
optimizer = 'adam',
metrics = 'accuracy'
)
```

(6)训练模型。

```
model %>% fit(data.train,
data.trainLabels,
epochs = 200,
batch_size = 5,
validation_split = 0.2
)
```

(7)可视化显示训练模型的评价指标。

```
history <- model %>% fit(data.train,
data.trainLabels,
epochs = 200,
batch_size = 5,
validation_split = 0.2
)
#可视化输出模型的损失函数值和准确率
plot(history)
```

图 1-15 中 loss 和 acc 表示在训练集和验证集上模型的损失函数值和准确率。

(8)为验证集样本生成预测值。使用 predict_classes()函数来预测测试数据的类标签属性值。设定 batch_size 参数为 128。

```
classes <- model %>% predict_classes(data.test, batch_size = 128)
```

下列代码生成混淆矩阵(confusion matrix),展示了预测正确和不正确的样本数。

```
table(data.testtarget, classes)
```

代码输出如图 1-16 所示。

最后,评估模型在测试数据上的性能。

```
score <- model %>% evaluate(data.test, data.testLabels, batch_size = 128)
```

输出模型得分。

```
print(score)
```

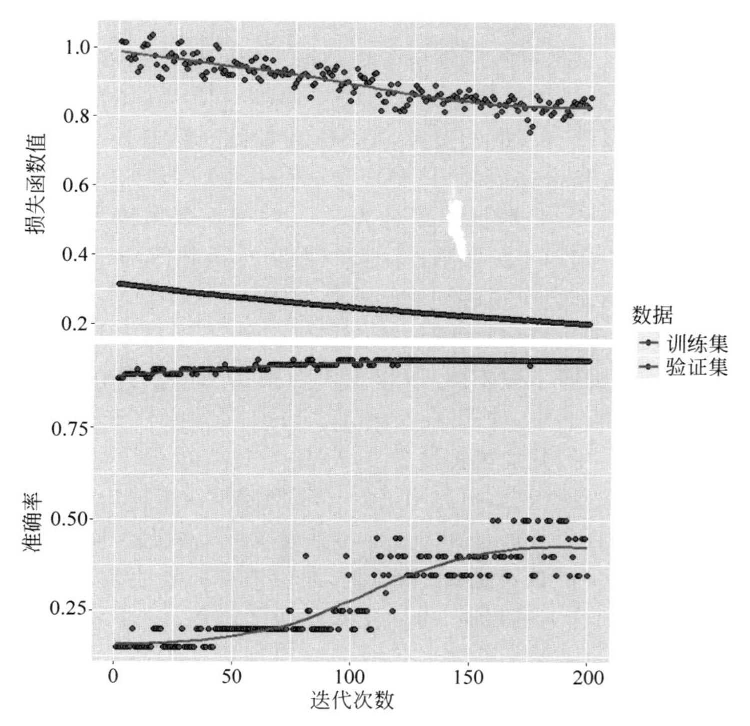

图 1-15　训练集和验证集上模型的损失函数值和准确率

模型在验证集上的损失函数值和准确率如图 1-17 所示。

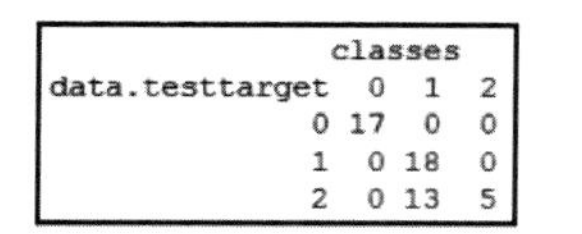

data.testtarget	classes 0	1	2
0	17	0	0
1	0	18	0
2	0	13	5

图 1-16　混淆矩阵

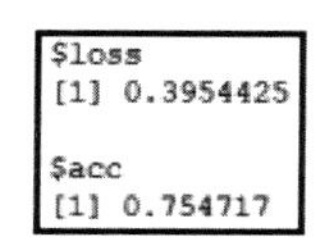

```
$loss
[1] 0.3954425

$acc
[1] 0.754717
```

图 1-17　模型在验证集上的损失函数值和准确率

可以看出模型的准确率达到 75.5%。

1.7.3　原理解析

在 1.7.2 节的步骤(1)中，从 Keras 的 datasets 库中加载 iris 数据集。在开始构建模型之前，建议先了解数据及其特征。因此，先研究数据集中变量的结构和类型。可以发现，除了 Species 属性(因变量)，其他所有变量都是数值型。然后，查看数据集的维数。

summary()函数展示了变量的数据分布以及数据集中每个变量的集中趋势度量。head()函数默认只显示数据集的前 6 行。

可以使用 head()来显示任意数量的记录。为此，需要在 head()函数中传递记录的数量作为参数。如果想查看数据集末尾的记录，可以使用 tail()函数。

在1.7.2节的步骤(2)中,对数据做变换。为了调用keras包,需要将数据集转换为数组或矩阵形式。在本例中,将类标签属性由分类数据类型转换为数值型变量,并将数据集用矩阵形式存储。从数据集的描述性统计分析信息中,可以看出,数据集不需要做规范化处理(因为数据集的4个自变量没有尺度的差异,即各变量的定义域差异不大)。

如果需要处理一些尚未规范化的数据,可以使用keras包的normalize()函数。

在1.7.2节的步骤(3)中,将数据集划分为70%的训练数据集和30%的验证数据集。在数据集划分之前,要先设定一个整数值作为随机数生成函数的随机种子。当seed()函数设定随机种子时,每次执行都会生成相同的随机数序列。

在用神经网络构建多分类模型时,建议将类标签属性从包含每个类值的向量采用独热编码转换为包含每个类值的布尔型矩阵,以指示该类别在样本中存在或不存在。为了实现这一点,在1.7.2节的步骤(4)中,使用了keras库中的to_categorical()函数。

在1.7.2节的步骤(5)中,建立模型。首先,使用keras_model_sequential()函数初始化一个序贯模型。然后,在模型中添加神经网络层。模型需要知道输入数据的尺寸,因此在序贯模型的第一层中指定输入尺寸(input_shape参数定义)。输出层神经元数量为3,是因为在该多分类问题中输出类别的数目是3。请注意,此层中神经元的激活函数是softmax。当需要以0~1的预测概率值作为输出时,可以使用此激活函数。然后,使用summary()函数获取模型的摘要信息。Keras库还提供了其他获取模型信息的函数,例如,get_config()和get_layer()。

设置好模型的架构后,便对其进行了编译。要编译模型,需要设置一些参数。

- 损失函数:度量训练期间模型的准确性,需要最小化损失函数以达到模型收敛。
- 优化算法:根据模型看到的数据及其损失函数来更新模型参数(权值和偏置值)。
- 评价指标:用于评估模型在训练集和验证集上的性能。

当前流行的优化算法有SGD、ADAM和RMSprop。依据要处理的问题来选择损失函数。对于分类问题,通常使用交叉熵(cross-entropy)作为损失函数。在二分类问题中,使用binary_crossentropy()损失函数。

在1.7.2节的步骤(6)中,使用fit()函数训练模型。一次迭代指训练数据集通过神经网络处理一次,批量值(batch size)定义了一次迭代所需的样本数量。

在1.7.2节的步骤(7)中,采用plot()函数可视化输出模型在训练集和验证集上的准确率和损失函数值。最后一步,输出验证集样本的预测值,并评估模型性能。对于分类模型,采用predict_classes()函数来预测。对于回归问题,采用predict()函数来预测。使用evaluate()函数输出模型在验证集上的准确率。从输出结果可以看出,模型准确率达到75.5%。

1.7.4 内容拓展

激活函数用于学习人工神经网络中自变量与因变量之间的非线性复杂函数映射。应注意,激活函数是可微的,以便误差反向传播实现对网络参数执行优化,即计算误差(损失值)

对于权值的梯度值来修正权值，逐步减小模型误差。目前流行的激活函数有：

1. S型函数(sigmoid)

- sigmoid 函数输出值为 0～1。
- 在二分类问题中，sigmoid 函数通常用于输出层神经元。
- 它通常比线性激活函数要好，因为 sigmoid 函数输出值处于(0,1)区间，线性函数输出值是(−∞,+∞)，所以它的输出是有界的。它将大负数输入缩小为 0 输出，将大正数输入缩小为 1 输出。
- 它的输出不是以原点为中心对称，这会使梯度更新在不同方向差异大，使优化更加困难。
- 它可能引发**梯度消失问题**(**vanishing gradient problem**)。
- 它可能引发模型训练收敛缓慢。

sigmoid 函数的定义如下：

$$f(x)=\frac{1}{1+e^{-x}}$$

sigmoid 函数图像如图 1-18 所示。

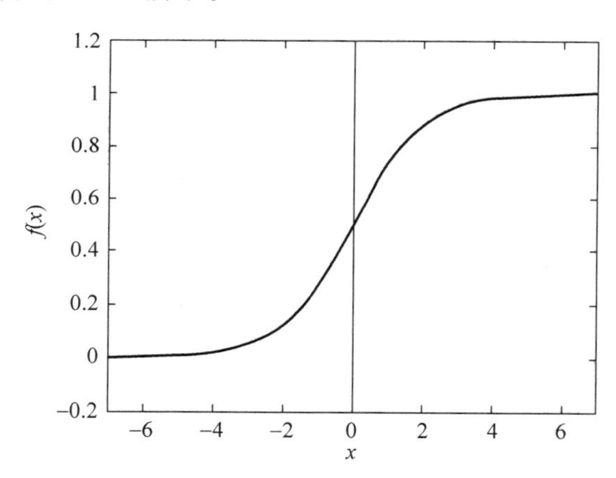

图 1-18　sigmoid 函数图像

2. 双曲正切函数(tanh)

- tanh 函数的输出值为−1～1。
- tanh 函数的坡度比 sigmoid 函数的陡峭。
- 与 sigmoid 不同，它以原点为中心对称，这使优化更加容易。
- 通常用作隐藏层神经元的激活函数。
- 它可能引发梯度消失问题。

tanh 函数的定义如下：

$$f(x)=\frac{e^{x}-e^{-x}}{e^{x}+e^{-x}}$$

tanh 函数图像如图 1-19 所示。

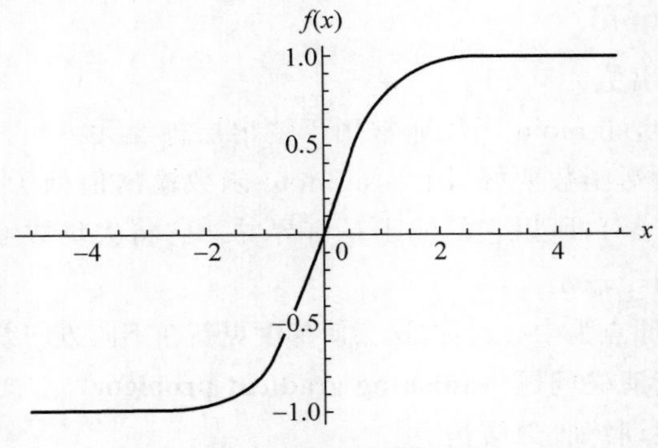

图 1-19　tanh 函数图像

3. 线性整流函数(Rectified Linear Unit，ReLU)

- 它是非线性函数。
- 它的值域是$(0,+\infty)$。
- 它不会引发梯度消失问题。
- 采用 ReLU 激活函数的神经网络模型比采用 sigmoid 函数和 tanh 函数的模型收敛速度快。
- ReLU 激活函数可能引发神经元“死亡”问题(dying ReLU problem)。
- 通常用作隐藏层神经元的激活函数。

ReLU 函数的定义如下：

$$f(x)=\begin{cases}x, & x \geqslant 0 \\ 0, & x<0\end{cases}$$

ReLU 函数图像如图 1-20 所示。

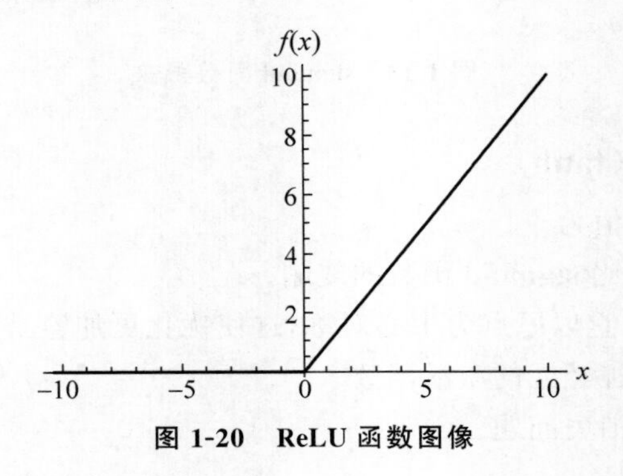

图 1-20　ReLU 函数图像

ReLU 函数的变种函数有：

1) **Leaky ReLU 函数**

- 它没有 ReLU 函数的神经元“死亡”问题，因为它没有零斜率部分。

- 采用 Leaky ReLU 激活函数的神经网络模型比采用 ReLU 的模型收敛速度快。

Leaky ReLU 函数的定义如下：

$$f(x)=\begin{cases}x, & x \geqslant 0 \\ \alpha x, & x<0\end{cases}$$

Leaky ReLU 函数图像如图 1-21 所示。

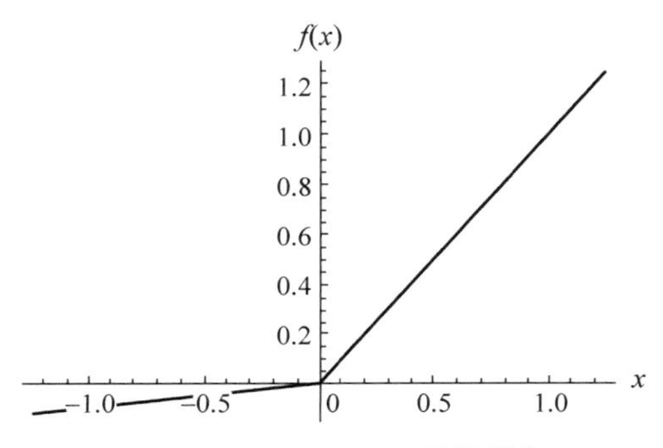

图 1-21　Leaky ReLU 函数图像

2）**指数线性单元（Exponential Linear Unit，ELU）**

- 它没有 ReLU 函数的神经元"死亡"问题。
- 输入较大的负值时，它的输出会饱和（趋于 0）。

ELU 函数的定义如下：

$$f(x)=\begin{cases}\alpha\left(\mathrm{e}^{x}-1\right), & x<0 \\ x, & x \geqslant 0\end{cases}$$

ELU 函数图像如图 1-22 所示。

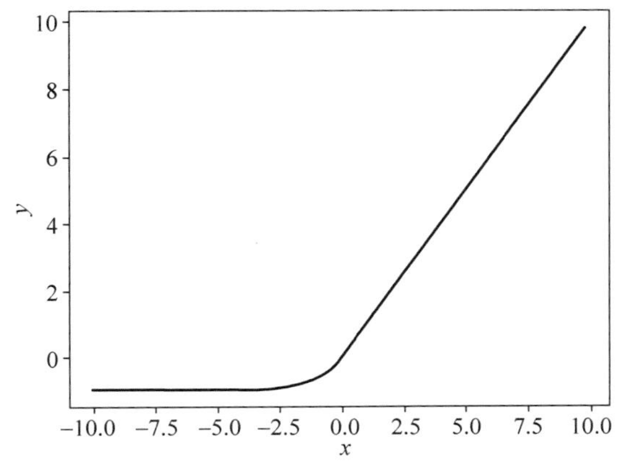

图 1-22　ELU 函数图像

3) **参数线性整流单元(Parametric Rectified Linear Unit,PReLU)**

PReLU是一种Leaky ReLU,α值由网络自身决定,PReLU函数的定义如下:

$$f(x)=\begin{cases}\alpha x, & x<0\\ x, & x\geqslant 0\end{cases}$$

4) **阈值线性整流单元(Thresholded Rectified linear unit)**

阈值线性整流单元函数的定义如下:

$$f(x)=\begin{cases}0, & x\leqslant \theta\\ x, & x>\theta\end{cases}$$

4. softmax函数

softmax函数是非线性函数,通常作为多分类模型的输出层神经元的激活函数。计算随机变量在n个不同事件(类别)上的概率分布,为所有类别输出0~1的概率值,所有类别概率值的和为1。

softmax函数的定义如下:

$$\sigma(z)_i=\frac{e^{z_i}}{\sum_{j=1}^{K}e^{z_j}},\quad i=1,2,\cdots,K;\ z=(z_1,z_2,\cdots,z_K)\in\mathbf{R}^K$$

其中,K是可能的输出类别数。

1.7.5 参考阅读

- 关于梯度下降优化算法和一些变体算法的知识,请查阅文档:https://arxiv.org/pdf/1609.04747.pdf
- 推荐阅读一篇关于梯度消失和如果选择恰当的激活函数的好论文:https://blog.paperspace.com/vanishing-gradients-activation-function/

1.8 实现第一个深度神经网络

在1.7节的实例中,为分类任务实现了一个简单的单层人工神经网络,以该模型结构为基础,本实例将创建一个深度神经网络。一个深度神经网络由几个隐藏层组成,这些隐藏层可以在几何上解释为其他超平面。深度神经网络以复杂的方式对数据建模,学习输入和输出之间的复杂映射。

图1-23展示了具有两个隐藏层的神经网络模型。

在本实例中,将学习如何构建深度神经网络解决多分类问题。

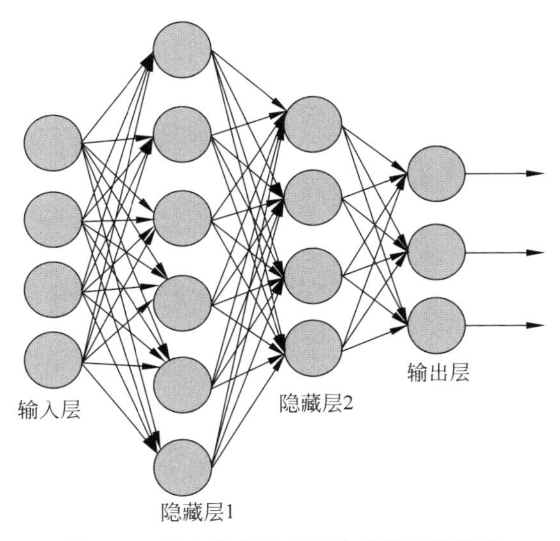

图 1-23　具有两个隐藏层的神经网络模型

1.8.1　准备工作

本实例采用 MNIST 数据集。它是一个手写数字数据集，由 0～9 十个整数数字构成的 60 000 张 28×28 像素灰度图像作为训练集，以及 10 000 张灰度图像作为验证集。本例将建立一个模型来识别该数据集中的手写数字。

首先加载 keras 库：

```
library(keras)
```

接着可以进行数据预处理和模型建立。

1.8.2　操作步骤

keras 库中已经包含了 MNIST 数据集，可以通过调用 dataset_mnist()函数来导入 MNIST 数据集。

(1) 在 R 开发环境中加载数据集。

```
mnist <- dataset_mnist()
x_train <- mnist$train$x
y_train <- mnist$train$y
x_test <- mnist$test$x
y_test <- mnist$test$y
```

(2) 训练集的图片是行数为 28、列数为 28 的矩阵形式，矩阵的每个元素表示图像的灰度值。因此，将图像数据转换为一维数组(神经网络的输入层接收向量输入)，并进行规范化。

```
# 将图像数据由矩阵形式转换为向量形式
x_train <- array_reshape(x_train , c(nrow(x_train),784))
x_test <- array_reshape(x_test , c(nrow(x_test),784))
# 数据规范化
x_train <- x_train/255
x_test <- x_test/255
```

(3) 类标签数据是一个整数向量,包含 0~9 的整数值。需要对类标签变量进行独热编码,将其转换为二进制矩阵格式。使用 Keras 的 to_categorical()函数来执行此操作。

```
y_train <- to_categorical(y_train,10)
y_test <- to_categorical(y_test,10)
```

(4) 构建模型。使用 Keras 的序贯 API 配置此模型。请注意,在第一层的配置中,input_shape 参数指定输入层神经元数量;也就是说,输入的是元素个数为 784 的向量,代表灰度图像的每个像素值。输出层使用 softmax 激活函数输出包含 10 个元素的向量(表示将图像中的数字分别判定为数字 0 到数字 9 的概率值大小)。

```
model <- keras_model_sequential()
model %>%
 layer_dense(units = 256, activation = 'relu', input_shape = c(784)) %>%
 layer_dropout(rate = 0.4) %>%
 layer_dense(units = 128, activation = 'relu') %>%
 layer_dropout(rate = 0.3) %>%
 layer_dense(units = 10, activation = 'softmax')
```

输出模型的摘要信息:

```
summary(model)
```

模型的摘要信息如图 1-24 所示。

Layer (type)	Output Shape	Param #
dense_1 (Dense)	(None, 256)	200960
dropout_1 (Dropout)	(None, 256)	0
dense_2 (Dense)	(None, 128)	32896
dropout_2 (Dropout)	(None, 128)	0
dense_3 (Dense)	(None, 10)	1290

Total params: 235,146
Trainable params: 235,146
Non-trainable params: 0

图 1-24 模型的摘要信息

(5) 通过提供一些适当的参数来继续模型编译，例如损失函数、优化器和评估指标。这里使用了 rmsprop 优化器。该优化器与梯度下降优化器相似，不同之处在于它可以提高学习率，因此该算法可以在水平方向上采取更大的步幅，从而使收敛速度更快。

```
model %>% compile(
loss = 'categorical_crossentropy',
optimizer = optimizer_rmsprop(),
metrics = c('accuracy')
)
```

(6) 训练模型拟合训练数据，将 epochs 参数设置为 30，batch size 设置为 128，validation_split 设置为 0.2(20%的样本用于验证集)。

```
history <- model %>% fit(
 x_train, y_train,
 epochs = 30, batch_size = 128,
 validation_split = 0.2
)
```

(7) 可视化模型评价指标。可以从变量历史值中绘制模型的准确率和损失函数值。绘制模型的准确率代码如下：

```
# 模型在训练集上的准确率
plot(history$metrics$acc, main = "Model Accuracy", xlab = "epoch",
ylab = "accuracy", col = "blue",
type = "l")
# 模型在验证集上的准确率
lines(history$metrics$val_acc, col = "green")
# 添加图例
legend("bottomright", c("train","validation"), col = c("blue","green"), lty = c(1,1))
```

图 1-25 显示了模型在训练集和验证集上的准确率。

绘制模型的损失函数值代码如下：

```
# 模型在训练集上的损失函数值
plot(history$metrics$loss, main = "Model Loss", xlab = "epoch",
ylab = "loss", col = "blue", type = "l")
# 模型在验证集上的损失函数值
lines(history$metrics$val_loss, col = "green")
# 添加图例
legend("topright", c("train","validation"), col = c("blue", "green"),lty = c(1,1))
```

图 1-26 显示了模型在训练集和验证集上的损失函数值。

(8) 使用训练后的模型预测验证集样本的类标签属性值。

```
model %>% predict_classes(x_test)
```

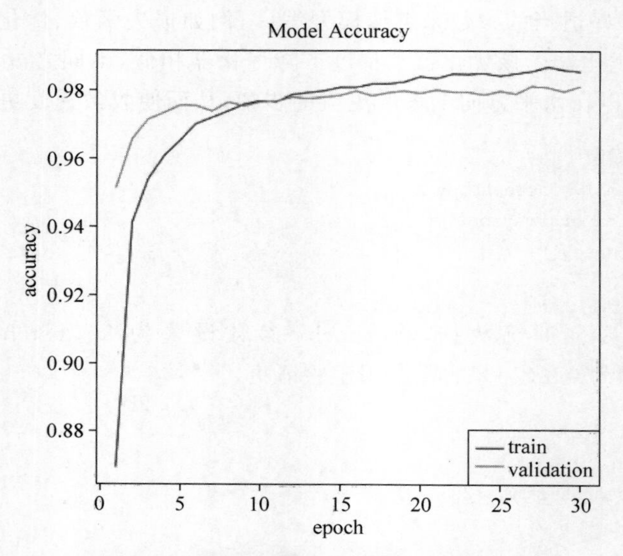

图 1-25 模型在训练集和验证集上的准确率

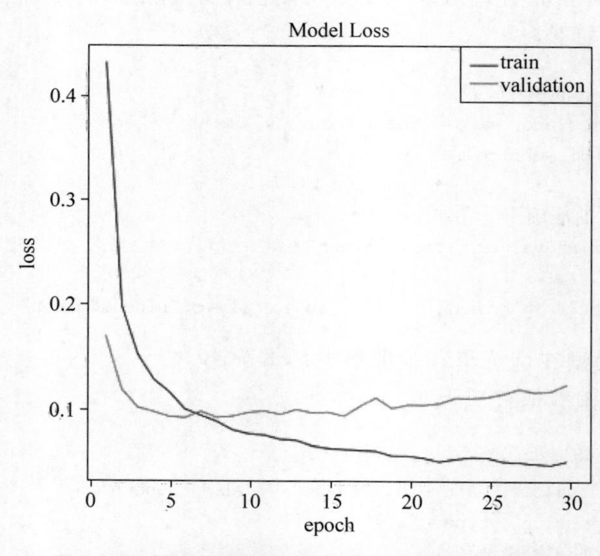

图 1-26 模型在训练集和验证集上的损失函数值

（9）在验证集上检验模型的准确率。

```
model %>% evaluate(x_test, y_test)
```

验证集上的模型评价指标如图 1-27 所示。

本实例模型的准确率约为 97.9%。

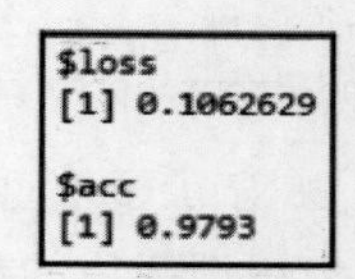

```
$loss
[1] 0.1062629

$acc
[1] 0.9793
```

图 1-27 模型在验证集上的损失函数值和准确率

1.8.3 原理解析

1.8.2 节步骤(1)中加载 MNIST 数据集。数据 x 包含灰度图像的三维信息(图像灰度值,图像宽度,图像长度)。在步骤(2)中,将 28×28 像素的灰度图像展成 784 个元素的一维向量。将图像灰度值归一化为 0～1 的值。在步骤(3)中,调用 Keras 库的 to_categorical()函数来对类标签属性值进行独热编码,转换为二进制矩阵形式。

在 1.8.2 节步骤(4)中,通过堆叠全连接层和丢弃层来构建序贯模型。全连接层指每个神经元与前一层的所有神经元都有连接,因此称为全连接。本实例模型中,每一层都从前一层所有神经元获得输入值,并通过激活函数得到输出值。隐藏层神经元采用 ReLU 激活函数,输出层神经元采用 softmax 激活函数,因为本实例中类标签属性有 10 种取值(数字 0～9)。丢弃层用于提高深度学习模型的泛化能力。丢弃层是指在训练阶段,在特定的向前传播或误差反向传播过程中不考虑某些神经元,以防止模型过拟合。summary()函数输出模型的摘要信息,包括神经网络每一层的信息,例如输出层的神经元数量和每一层中的参数数量。

在 1.8.2 节步骤(5)中,使用 Keras 库的 compile()函数编译模型。使用 rmsprop()优化器来迭代训练模型得到使分类交叉熵损失函数(loss 参数取值 categorical_crossentropy)最小化的权值和偏置值。参数 matrix 指定模型训练过程中的评估指标为准确率。

在 1.8.2 节步骤(6)中,通过设置 epochs 参数为模型训练设定最大迭代次数。validation_split 参数取 0～1 的浮点值,用于指定验证集样本数占总样本的比例。batch_size 定义了每次迭代训练使用的样本数,history 对象记录每次迭代的模型的参数和评价指标值,分别记录在 params 和 metrics 两个列表中。params 列表中包含模型的参数,比如,每次迭代的样本数量、当前迭代步数等;metrics 列表包含模型评价指标值,比如,损失函数值和准确率。

在 1.8.2 节步骤(7)中,可视化模型的准确率和损失函数值。在步骤(8)中,使用 predict_classes()函数预测验证集样本的类标签属性值。最后,调用 evaluate()函数得到模型在验证集上的准确率。

1.8.4 内容拓展

模型调优是在模型没有过拟合或欠拟合的情况下最大化模型性能的过程。可以通过为模型的超参数设置适当值来实现。深度神经网络具有多个可调超参数,比如,隐藏层数量、优化算法、学习率、神经元数量等。

要调优 Keras 模型参数,需要为想要优化的参数定义标记(flag)。标记由 keras 包的 flags()函数定义,该函数返回一个 tfruns_flags 类型的对象。它包含有关要调优的参数的信息。在下面的代码块中,声明了 4 个标记,用于对模型的隐藏层第一层和第二层的丢弃率和神经元数量两个参数进行调优。flag_integer("dense_units1",8)函数用于对隐藏层第一层神经元数量进行调优,其中,函数第一个形参值为 dense_units1,指标记名;第二个形参值为8,指默认神经元的数量。

```
# 定义4个标记
FLAGS <- flags(
 flag_integer("dense_units1",8),
 flag_numeric("dropout1",0.4),
 flag_integer("dense_units2",8),
 flag_numeric("dropout2", 0.3)
)
```

一旦定义了标记,就可以在模型定义中使用它们。在下面的代码块中,在模型定义中使用了想要优化的参数。

```
# 定义模型
model <- keras_model_sequential()
model %>%
 layer_dense(units = FLAGS$dense_units1, activation = 'relu', input_shape = c(784)) %>%
 layer_dropout(rate = FLAGS$dropout1) %>%
 layer_dense(units = FLAGS$dense_units2, activation = 'relu') %>%
 layer_dropout(rate = FLAGS$dropout2) %>%
 layer_dense(units = 10, activation = 'softmax')
```

上述的两个代码块来自hyperparamexcter_tuning_model.r文件,该源代码可在本书的GitHub存储库中获得。该程序实现了MNIST数据集的数字分类模型。执行该程序并不能优化模型超参数,它只是定义了要创建最佳模型,需要在训练过程中优化哪些超参数。

下面的代码块展示了如何调优hyperparameter_tuning_model.r中定义的模型。本实例使用了tfruns包中的tuning_run()函数。tfruns包提供了一套工具用于跟踪、可视化和管理TensorFlow训练过程,并可以用R语言编程调用。tuning_run()函数的file参数指定需要调优的模型所在源文件的路径,该源文件中包含标记和模型的定义;flags参数接收一个键-值对列表,其中键名必须与在模型中定义的标记的名称相匹配。tuning_run()函数为每种标记的不同取值组合执行训练运行。

默认情况下,所有运行结果放在当前工作目录的runs子目录下。tuning_run()函数返回一个数据框对象,其中包含运行过程的摘要信息,比如模型评价、验证和性能损失(分类交叉熵)以及评价指标(准确率)。

```
library(tfruns)
# 需要调优的参数的取值的不同组合,对应训练不同模型
runs <- tuning_run(file = "hypereparameter_tuning_model.R", flags = list(
 dense_units1 = c(8,16),
 dropout1 = c(0.2, 0.3, 0.4),
 dense_units2 = c(8,16),
 dropout2 = c(0.2, 0.3, 0.4)
))
runs
```

超参数调优过程中每次运行的结果如图 1-28 所示。

```
Data frame: 36 x 29
                     run_dir eval_loss eval_acc metric_loss metric_acc metric_val_loss metric_val_acc
1  runs/2019-04-15T15-51-53Z    0.3611   0.9130      0.8188     0.7376          0.3464         0.9170
2  runs/2019-04-15T15-49-55Z    0.6040   0.8665      1.1354     0.6021          0.5855         0.8748
3  runs/2019-04-15T15-47-54Z    0.3282   0.9166      0.7001     0.7755          0.3056         0.9184
4  runs/2019-04-15T15-45-55Z    0.4942   0.8898      0.9931     0.6697          0.4844         0.8936
5  runs/2019-04-15T15-43-53Z    0.3065   0.9245      0.5879     0.8200          0.3005         0.9232
6  runs/2019-04-15T15-41-57Z    0.4713   0.8882      0.8418     0.7317          0.4499         0.8922
7  runs/2019-04-15T15-40-00Z    0.4764   0.9107      1.1170     0.6125          0.4624         0.9092
8  runs/2019-04-15T15-38-04Z    0.8189   0.8235      1.3665     0.5032          0.8022         0.8332
9  runs/2019-04-15T15-36-06Z    0.4649   0.9034      1.0160     0.6569          0.4585         0.9051
10 runs/2019-04-15T15-34-10Z    0.7296   0.8442      1.3047     0.5189          0.6953         0.8537
# ... with 26 more rows
# ... with 22 more columns:
#   flag_dense_units1, flag_dropout1, flag_dense_units2, flag_dropout2, samples, validation_samples, batch_size, epochs,
#   epochs_completed, metrics, model, loss_function, optimizer, learning_rate, script, start, end, completed, output,
#   source_code, context, type
```

图 1-28 超参数调优过程中每次运行的结果

可以获得每次迭代后模型在训练集和验证集的评价指标值。

1.8.5 参考阅读

关于深度神经网络的向量化编程内容，请参阅：

http://ufldl.stanford.edu/wiki/index.php/Neural_Network_Vectorization

https://peterroelants.github.io/posts/neural-network-implementation-part04/

第2章 卷积神经网络实战

CHAPTER 2

卷积神经网络(Convolutional Neural Network,CNN)是目前最流行和应用最广泛的解决计算机视觉问题的深度神经网络。它们被用于各种应用,包括图像分类、人脸识别、文档分析、医学图像分析、动作识别和自然语言处理。本章将重点介绍卷积运算,以及填充和卷积步幅等概念,以优化CNN。本章的目的是让读者熟悉CNN的功能,并学习数据增强和批处理规范化等技术来微调网络以防止模型过拟合。本章还将简要讨论如何利用迁移学习来提高模型性能。

本章将介绍以下内容:

- 卷积运算导论;
- 理解卷积步幅和填充;
- 掌握池化层;
- 实现迁移学习。

2.1 卷积运算导论

CNN的通用架构由卷积层(convolutional layer)和全连接层(fully connected layer)组成。与其他人工神经网络一样,CNN也包含输入层、隐藏层和输出层,但它的工作原理是将数据重构为张量,张量包含图像的像素数据、图像的宽度和高度。在CNN中,前一层只有局部信息与后一层的相关区域相连,以保证当层数增加时,每个神经元只接收局部区域的信息(局部感受野)。CNN也包含池化层以及层数不多的全连接层。

图2-1展示了一个带有卷积层和池化层的简单CNN的网络结构。本节的实例将讲解如何使用卷积层。2.3节会介绍池化层的具体内容。

卷积运算是输入矩阵和所使用的过滤器(filter)的对应元素相乘后所有元素值再相加的操作。图2-2是一个卷积运算的示例。

了解了卷积层的工作原理后,本实例构建卷积神经网络来对服装和配饰图片进行分类。

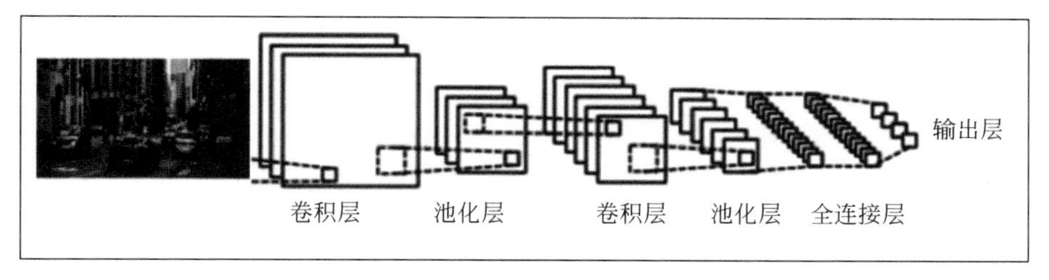

图 2-1　卷积神经网络结构

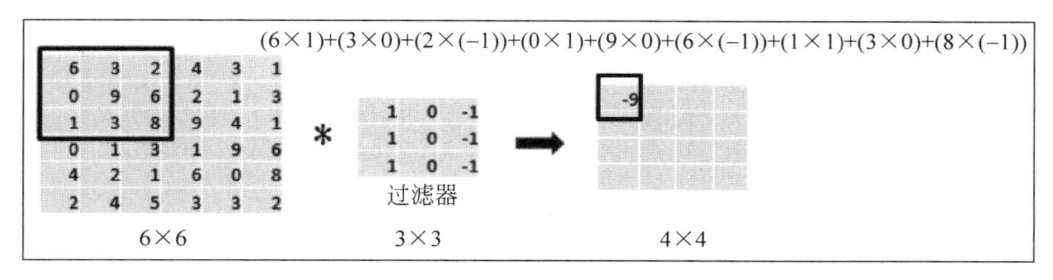

图 2-2　卷积运算的示例

2.1.1　准备工作

首先导入 Keras 库：

```
library(keras)
```

本实例将使用 Fashion-MNIST 数据集，可以直接从 Keras 库导入该数据集。

2.1.2　操作步骤

Fashion-MNIST 数据集包含 10 种不同类型的服装和配饰的图片。它由训练集中的 60 000 张图片和测试数据集中的 10 000 张图片组成。每张图片是 28×28 像素的灰度图像，与 10 个类别中的一个类标签相关联。

(1) 在开发环境中导入 Fashion-MNIST 数据集：

```
fashion <- dataset_fashion_mnist()
x_train <- fashion$train$x
y_train <- fashion$train$y
x_test <- fashion$test$x
y_test <- fashion$test$y
```

使用下列代码获得训练集和验证集的维度信息。

```
dim(x_train)
dim(x_test)
```

查看验证集中一张图片 Fx 的数据：

```
x_test[1,,]
```

从图 2-3 中可以看到，样本图片数据是以矩阵的形式存储的。

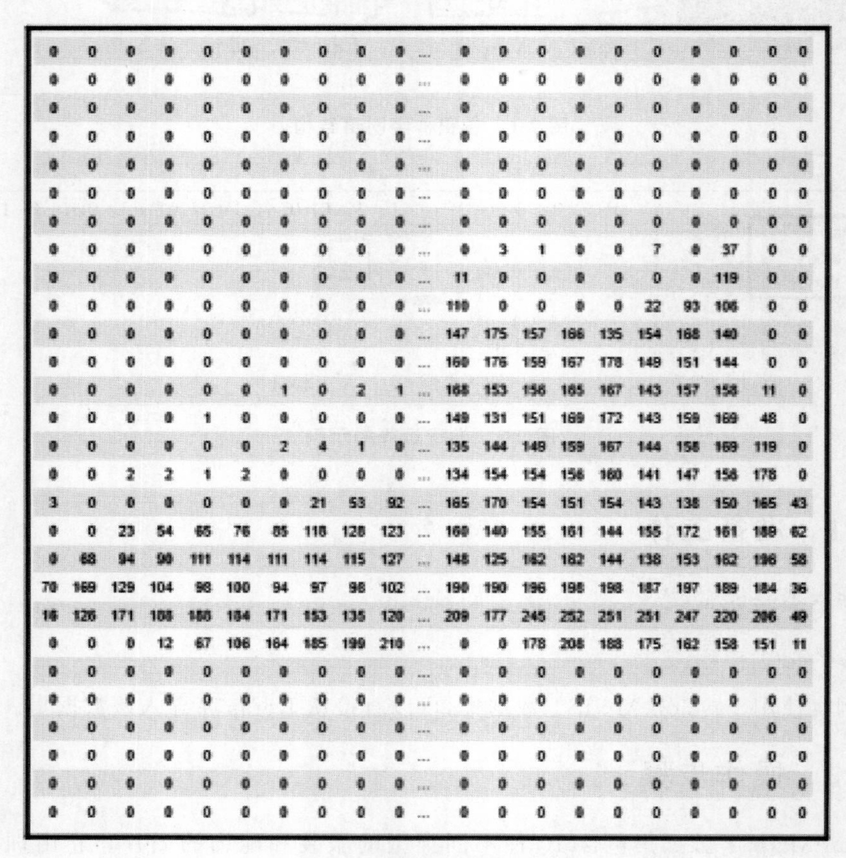

0	0	0	0	0	0	0	0	0	0	...	0	0	0	0	0	0	0	0	0	0
0	0	0	0	0	0	0	0	0	0	...	0	0	0	0	0	0	0	0	0	0
0	0	0	0	0	0	0	0	0	0	...	0	0	0	0	0	0	0	0	0	0
0	0	0	0	0	0	0	0	0	0	...	0	0	0	0	0	0	0	0	0	0
0	0	0	0	0	0	0	0	0	0	...	0	0	0	0	0	0	0	0	0	0
0	0	0	0	0	0	0	0	0	0	...	0	0	0	0	0	0	0	0	0	0
0	0	0	0	0	0	0	0	0	0	...	0	0	0	0	0	0	0	0	0	0
0	0	0	0	0	0	0	0	0	0	...	0	3	1	0	0	7	0	37	0	0
0	0	0	0	0	0	0	0	0	0	...	11	0	0	0	0	0	0	119	0	0
0	0	0	0	0	0	0	0	0	0	...	110	0	0	0	0	22	93	106	0	0
0	0	0	0	0	0	0	0	0	0	...	147	175	157	166	135	154	168	140	0	0
0	0	0	0	0	0	0	0	0	0	...	160	176	159	167	178	149	151	144	0	0
0	0	0	0	0	0	1	0	2	1	...	168	153	156	165	167	143	157	158	11	0
0	0	0	0	1	0	0	0	0	0	...	149	131	151	169	172	143	159	169	48	0
0	0	0	0	0	0	2	4	1	0	...	135	144	149	159	167	144	158	169	119	0
0	0	2	2	1	2	0	0	0	0	...	134	154	154	156	160	141	147	156	178	0
3	0	0	0	0	0	0	21	53	92	...	165	170	154	151	154	143	138	150	165	43
0	0	23	54	65	76	85	118	128	123	...	160	140	155	161	144	155	172	161	189	62
0	68	94	90	111	114	111	114	115	127	...	148	125	162	182	144	136	153	162	196	58
70	169	129	104	98	100	94	97	98	102	...	190	190	196	198	198	187	197	189	184	36
16	126	171	188	186	184	171	153	135	120	...	209	177	245	252	251	251	247	220	206	49
0	0	0	12	67	106	164	185	199	210	...	0	0	178	208	188	175	162	158	151	11
0	0	0	0	0	0	0	0	0	0	...	0	0	0	0	0	0	0	0	0	0
0	0	0	0	0	0	0	0	0	0	...	0	0	0	0	0	0	0	0	0	0
0	0	0	0	0	0	0	0	0	0	...	0	0	0	0	0	0	0	0	0	0
0	0	0	0	0	0	0	0	0	0	...	0	0	0	0	0	0	0	0	0	0
0	0	0	0	0	0	0	0	0	0	...	0	0	0	0	0	0	0	0	0	0
0	0	0	0	0	0	0	0	0	0	...	0	0	0	0	0	0	0	0	0	0

图 2-3　查看图像数据

使用以下代码查看上述图片的类标签属性值：

```
paste("label of first image is: " ,y_train[1])
```

'label of first image is: 9'

图 2-4　图片的类标签

从图 2-4 可以看到，样本图像属于类别 9。

现在为数据中的不同类别定义标签名：

```
label_names = c('T-shirt/top', 'Trouser', 'Pullover', 'Dress',
'Coat', 'Sandal', 'Shirt', 'Sneaker', 'Bag', 'Ankle boot')
```

TIP 如果读者使用 Jupyter notebook，则可以使用 repr 库设置绘图窗口大小，代码如下所示：

```
options(repr.plot.width = 5, repr.plot.height = 3)
```

查看一些来自不同类别的图片样本：

```
# 可视化图片
par(mfcol = c(3,3))
par(mar = c(2,2,2,2),xaxs = "i",yaxs = "i")
for (idx in 1:9) {
  img <- x_train[idx,,]
  img <- t(apply(img, 2, rev))
  image(1:28,1:28,img, main = paste(label_names[y_train[idx] + 1]),xaxt
= 'n',yaxt = 'n',col = gray((0:255)/255))
}
```

图 2-5 显示了图片样本及其标签信息。

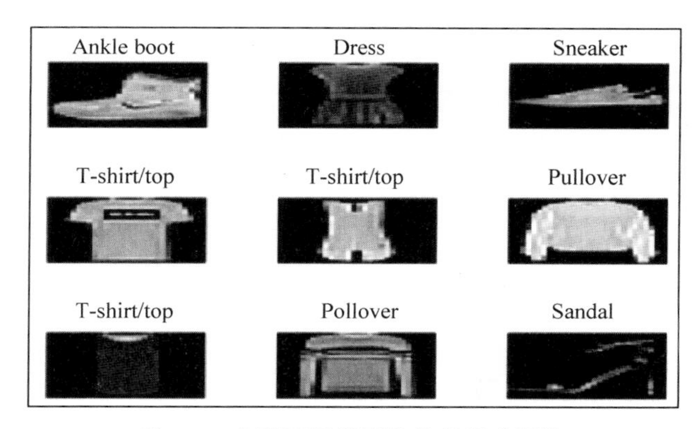

图 2-5 查看不同类别物品的部分图片

(2) 对数据进行重构和归一化，将类标签属性值转换为二进制类矩阵：

```
# 重构输入数据尺寸
x_train <- array_reshape(x_train, c(nrow(x_train), 28, 28, 1))
x_test <- array_reshape(x_test, c(nrow(x_test), 28, 28, 1))
# 将图像的 RGB 规范化到区间[0,1]
x_train <- x_train / 255
x_test <- x_test / 255
# 对类标签属性进行独热编码
y_train <- to_categorical(y_train, 10)
y_test <- to_categorical(y_test, 10)
```

(3) 完成数据预处理后，接着是构建、编译和训练 CNN 模型。

```
# 定义模型
cnn_model <- keras_model_sequential() %>%
 layer_conv_2d(filters = 8, kernel_size = c(4,4), activation = 'relu',
```

```
 input_shape = c(28,28,1)) %>%
 layer_conv_2d(filters = 16, kernel_size = c(3,3), activation = 'relu') %>%
 layer_flatten() %>%
 layer_dense(units = 16, activation = 'relu') %>%
 layer_dense(units = 10, activation = 'softmax')
```

查看模型的摘要信息：

```
cnn_model %>% summary()
```

模型的摘要信息如图 2-6 所示。

Layer (type)	Output Shape	Param #
conv2d (Conv2D)	(None, 25, 25, 8)	136
conv2d_1 (Conv2D)	(None, 23, 23, 16)	1168
flatten (Flatten)	(None, 8464)	0
dense (Dense)	(None, 16)	135440
dense_1 (Dense)	(None, 10)	170

Total params: 136,914
Trainable params: 136,914
Non-trainable params: 0

图 2-6　模型的摘要信息

在编译模型前，先定义损失函数：

```
loss_entropy <- function(y_pred, y_true) {
 loss_categorical_crossentropy(y_pred, y_true)
}
```

现在可以编译模型了：

```
cnn_model %>% compile(
 loss = loss_entropy,
 optimizer = optimizer_sgd(),
 metrics = c('accuracy')
)
```

在模型编译完成后，训练模型，样本批处理参数 batch_size 设置为 128，最大迭代步数 epochs 设置为 5，验证集占总样本数的 20%。

```
# 训练模型
cnn_model %>% fit(
 x_train, y_train,
 batch_size = 128,
```

```
 epochs = 5,
 validation_split = 0.2
)
```

(4) 评估模型的性能,输出模型评价指标值:

```
scores <- cnn_model %>% evaluate(x_test,
 y_test,
 verbose = 0
 )
# 输出评价指标值
paste('Test loss:', scores[[1]])
paste('Test accuracy:', scores[[2]])
```

模型在验证集的评价指标值如图 2-7 所示。

```
'Test loss: 0.537091252660751 \n'
'Test accuracy: 0.816399991512299 \n'
```

图 2-7 模型在验证集上的损失函数值和准确率

如果对模型的准确率感到满意,就可以用它来预测验证集的类标签属性值。

```
# 预测过程
predicted_label <- cnn_model %>% predict_classes(x_test)
```

从图 2-7 可以看到,模型在验证集上达到了 81.64%的准确率。

2.1.3 原理解析

R 中的 Keras 库提供了各种数据集,可以使用这些数据集开发深度学习模型。在 2.1.2 节的步骤(1)中,使用 dataset_fashion_mnist()函数导入了 Fashion-MNIST 数据集,并查看其训练集和验证集的维度,还查看了样本图像的数据和类标签属性值。接下来,为各类别定义了标签名称,并为每个标签类别显示了一张示例图像。

TIP R 提供了绘图功能。par()函数用于设置各种图形参数,image()函数可以创建一张彩色或灰度图片,图片颜色与图像矩阵中的值相对应。

在 2.1.2 节的步骤(2)中,先重构数据,并将数据规范化为 0~1 的范围内。使用 to_categorical()函数对数据集的类标签属性值进行独热编码。在数据预处理后,在步骤(3)中,构建 CNN 模型并查看了模型的摘要信息。在模型构建中,添加了 2 个卷积层,分别有 8 个 4×4 的过滤器和 16 个 3×3 的过滤器,每一层神经元都使用 ReLU 激活函数。

接下来,使用 layer_flatten()函数将卷积层的输出矩阵转换为一维数组,将卷积层的输出值作为输入值输入全连接神经网络的神经元中。全连接网络包含一个有 16 个神经元的隐藏层和一个包含 10 个神经元的输出层,因为类标签属性有 10 个不同类别取值。然后查看模型训练的摘要信息,包括每一层的输出结构信息(output shape)和参数数量等信息。以下是卷积层的计算公式。

- 每一层的输出数据尺寸:如果卷积层的输入为 $n \times n \times n_c$,m 个过滤器的尺寸是 $f_{行} \times f_{列}$,则输出数据尺寸由以下公式给出:

$$(n - f_{行} + 1, n - f_{列} + 1, m)$$

- 各层参数个数可按下式计算：

$$(f_{行} \times f_{列} \times n_c \times m) + m$$

在完成模型配置后，使用随机梯度下降优化算法和分类交叉熵损失函数训练模型。在2.1.2节的步骤(4)中，对模型在验证集上做性能评估，并输出评价指标值，然后生成验证集样本的预测值。

2.1.4 内容拓展

本实例使用的是二维卷积层。除了二维卷积，CNN还有一维和三维卷积层的实现，这取决于输入数据尺寸。

一维CNN广泛用于文本数据分析，例如，对客户评论进行分类。与二维图像数据不同，文本数据的输入数据是一维的。关于一维卷积的更多内容可以参考：https://keras.rstudio.com/articles/examples/imdb_cnn.html

2.1.5 参考阅读

可以参考Keras文档了解有关三维卷积层的更多知识：https://keras.rstudio.com/reference/layer_conv_3d.html

2.2 理解卷积步幅和填充

在本实例中，将学习CNN的两个关键超参数的配置，它们是**卷积步幅(stride)**和**填充(padding)**。设置卷积步幅主要是为了减少输出数据的大小。填充是另一种技术，它可以让输出数据中保留输入数据的边缘信息，从而能够有效地提取图像的边缘特征。

卷积步幅：指卷积运算中过滤器每次滑动的跨度。卷积步幅决定了卷积运算的操作数量。例如，如果指定stride参数的值为1，这意味着过滤器将在输入矩阵上每次移动一个单元。

步幅可用于多种用途，主要有以下用途：

- 避免特征重叠；
- 减小输出数据的尺寸。

从图2-8可以看到对7×7的输入数据进行卷积运算的示例，其过滤器尺寸为3×3，卷积步幅为1。

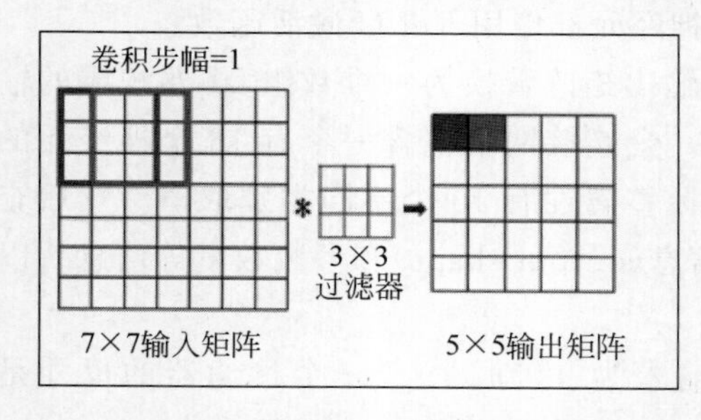

图2-8 卷积步幅为1时的卷积运算

填充：为了获得更好的建模性能，需要在卷积神经网络的前面层中保留有关输入数据的特征信息。随着不断应用卷积层，输出数据的尺寸减小得很快。此外,与输入矩阵中间的像素相比,遍历输入矩阵边缘的像素的次数更少,这导致丢弃了图像边缘附近的许多信息。为了避免这种情况,可以使用**零填充**(**zero padding**)。零填充对称地在原图像数据边界周围用零填充。

有两种类型的填充。

- **无填充**(**valid**):卷积层将不会在输入矩阵周围填充任何东西,并且输出尺寸的大小将随着逐层通过卷积层后不断减小;
- **填充**(**same**):在进行卷积运算之前,会在输入矩阵的边缘周围用零填充到原始输入,以使输出尺寸与输入尺寸相同。

图 2-9 是零填充的操作结果。

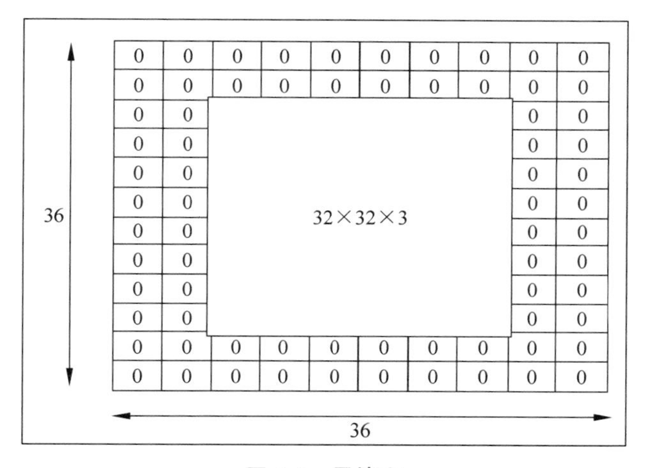

图 2-9 零填充

至此,已经了解了卷积步幅和填充的概念,下面进入模型的实现部分。

2.2.1 操作步骤

本节将使用 2.1 节实例中用到的 Fashion-MNIST 数据集。数据预处理过程与 2.1 节相同,因此这里直接跳至模型配置步骤。

(1) 配置模型,设置卷积步幅和填充参数:

```
cnn_model_sp <- keras_model_sequential() %>%
layer_conv_2d(filters = 8, kernel_size = c(4,4), activation =
input_shape = c(28,28,1),
strides = c(2L, 2L),,padding = "same") %>%
layer_conv_2d(filters = 16, kernel_size = c(3,3), activation = 'relu') %>%
layer_flatten() %>%
layer_dense(units = 16, activation = 'relu') %>%
layer_dense(units = 10, activation = 'softmax')
```

查看模型摘要信息：

```
cnn_model_sp %>% summary()
```

模型的摘要信息如图 2-10 所示。

Layer (type)	Output Shape	Param #
conv2d (Conv2D)	(None, 14, 14, 8)	136
conv2d_1 (Conv2D)	(None, 12, 12, 16)	1168
flatten (Flatten)	(None, 2304)	0
dense (Dense)	(None, 16)	36880
dense_1 (Dense)	(None, 10)	170

Total params: 38,354
Trainable params: 38,354
Non-trainable params: 0

图 2-10　模型的摘要信息

（2）配置完模型后，设置损失函数，然后编译和训练模型：

```
# 定义损失函数
loss_entropy <- function(y_pred, y_true) {
 loss_categorical_crossentropy(y_pred, y_true)
 }
# 编译模型
cnn_model_sp %>% compile(
 loss = loss_entropy,
 optimizer = optimizer_sgd(),
 metrics = c('accuracy')
)
# 训练模型
cnn_model_sp %>% fit(
 x_train, y_train,
 batch_size = 128,
 epochs = 5,
 validation_split = 0.2
)
```

在验证集上评估模型性能，并输出评价指标值。

```
scores <- cnn_model_sp %>% evaluate(x_test,
 y_test,
 verbose = 0
 )
```

输出模型在验证集上的损失函数值和准确率。

```
paste('Test loss:', scores[[1]], '\n')
paste('Test accuracy:', scores[[2]], '\n')
```

'Test loss: 0.564140768718719 \n'

'Test accuracy: 0.788699984550476 \n'

图 2-11　模型在验证集上的损失函数值和准确率

从图 2-11 所示的代码运行结果可以看出，模型的准确率达到了 78.9%。

因此，在该分类任务中，该模型取得了较好的效果。

2.2.2　原理解析

在 2.1 节中建立了一个简单的 CNN 模型。除了过滤器的尺寸和过滤器的数量外，卷积层还有两个参数可以配置，以更好地进行特征提取，这些参数是卷积步幅和填充。在 2.2.1 节的步骤(1)中，strides 参数赋值了一个包括两个整数(宽度和高度)的向量(strides=c(2L,2L))，指定了沿着宽度和高度方向的卷积步幅。padding 参数有两种取值，即 valid 和 same，valid 表示不填充，而 same 表示输入数据尺寸和输出数据尺寸保持不变。接着输出该模型的摘要信息。

卷积层的输出数据尺寸和训练的参数数量可以由以下公式给出：

- **卷积层输出数据尺寸**：如果卷积层的输入为 $n\times n\times n_{\mathrm{c}}$，$m$ 个过滤器的尺寸是 $f_{行}\times f_{列}$，卷积步幅 s，填充 p，则输出数据尺寸由以下公式给出：

$$\left(\frac{n-f_{行}+2p}{s}+1,\frac{n-f_{列}+2p}{s},m\right)$$

- 各层参数个数可按下式计算：

$$(f_{行}\times f_{列}\times n_{\mathrm{c}}\times m)+m$$

在 2.2.1 节的步骤(2)中，设置了模型的损失函数，然后编译和训练模型。最后在验证集上测试模型性能并输出模型的损失函数值和准确率。

2.3　掌握池化层

CNN 使用池化层来减小数据的大小，加快网络的计算速度并确保可靠的特征提取。池化层出现在卷积层之后，输入数据经池化层处理后尺寸会大大缩小，从而减少了网络中的计算量，并可以防止模型过拟合。

池化技术有两种最常用的类型。

- **最大池化**：通过将输入矩阵划分为池化区域，然后计算每个区域的最大值来进行下采样。计算示例如图 2-12 所示。
- **平均池化**：通过将输入矩阵划分为池化区域，然后计算每个区域的平均值来进行采样。计算示例如图 2-13 所示。

本实例学习怎么在 CNN 模型中添加池化层。

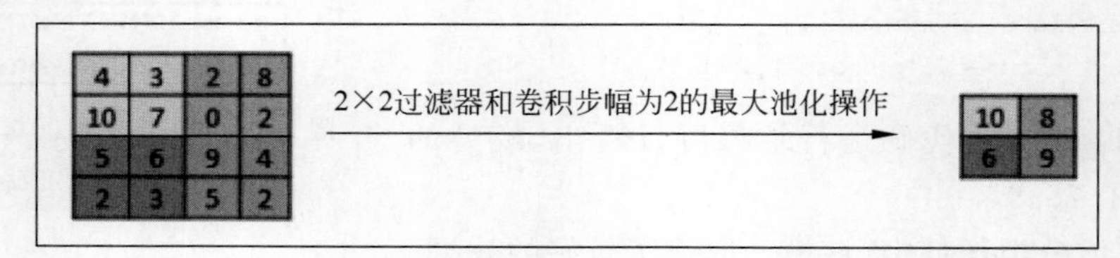

图 2-12　最大池化

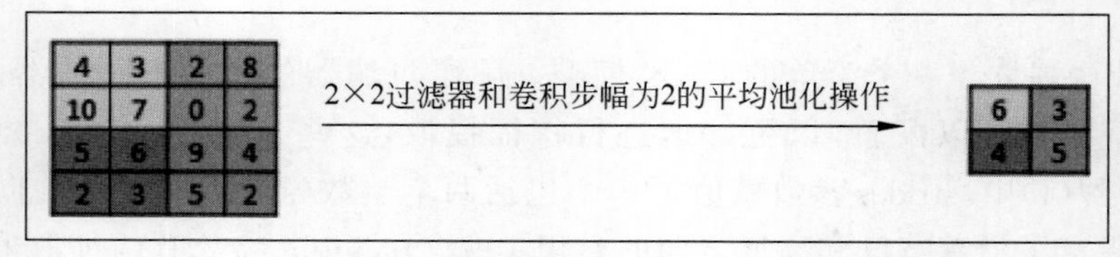

图 2-13　平均池化

2.3.1　准备工作

本实例使用 Fruits 360 数据集，该数据集由 Horea Muresan 和 Mihai Oltean 提供。在他们的论文 *Fruit recognition from images using deep learning* 中有该数据集的相关介绍，论文中还介绍了训练神经网络检测水果的实验过程和实验结果。该数据集可以从 Kaggle 网站上下载(https://www.kaggle.com/moltean/fruits)。Fruits 360 数据集包含了 103 种水果的 100×100 像素的彩色图片数据，但在本实例中只使用其中 23 种水果的图像数据。水果图片分为两个子集：训练集和验证集，每种水果的图片存储在对应水果名称的目录中。

首先加载 Keras 库：

```
library(keras)
```

数据集位于当前工作目录下的 fruit 目录中。该目录包含 train 和 test 子目录，这些子目录下存放特定水果命名的目录，对应存放着水果图片。将训练集和验证集所在的目录路径存储到变量中。

```
# 训练集和验证集所在目录路径
train_path <- "fruits/train/"
test_path <- "fruits/test/"
```

创建水果名称列表：

```
class_label <- list.dirs(path = train_path, full.names = FALSE, recursive = TRUE)[-1]
```

输出水果名称列表：

```
class_label
```

数据集包含的水果名称如图 2-14 所示。

'Apricot' 'Avocado' 'Banana' 'Cactus fruit' 'Cherry Wax Red' 'Chestnut' 'Dates' 'Guava' 'Kiwi' 'Lemon' 'Lychee' 'Mango' 'Orange' 'Papaya' 'Peach' 'Pear' 'Physalis with Husk' 'Pineapple' 'Pomegranate' 'Raspberry' 'Strawberry' 'Tomato Cherry Red' 'Walnut'

图 2-14　数据集包含的水果名称

查看水果种类数：

```
length(class_label)
```

设置图像的宽度和高度，将图像的尺寸从 100×100 缩小到 20×20：

```
img_width = 20
img_height = 20
img_size = c(img_width, img_height)
```

至此，对数据集和要进行的转换已经有所了解。接下来进行模型的具体实现。

2.3.2　操作步骤

使用 Keras 库的 flow_images_from_directory()函数读取和处理数据。

(1) 从 train 和 test 目录中读取图片并进行所需的转换。

```
# 读取训练数据
train_data <- flow_images_from_directory(directory = train_path,
 target_size = img_size,
 color_mode = "rgb",
 class_mode = "categorical",
 classes = class_label,
 batch_size = 20)
# 读取测试数据
test_data <- flow_images_from_directory(directory = test_path,
 target_size = img_size,
 color_mode = "rgb",
 class_mode = "categorical",
 classes = class_label,
 batch_size = 20)
Let's see how many images we
```

查看训练集和验证集中有多少张图片。

```
print(paste("Number of images in train and test
is",train_data$n,"and ",test_data$n,"repectively"))
```

从图 2-15 可以看到，训练数据集包含 11 397 张图片，而测试数据集包含 3829 张图片。

"Number of images in train and test is 11397 and 3829 repectively"

图 2-15　训练集和验证集的图片数量

查看训练集和验证集中每种水果的图片数量：

```
table(factor(train_data$classes))
```

从图 2-16 可以看到训练集中每种水果的图片数量。

```
table(factor(test_data$classes))
```

0	1	2	3	4	5	6	7	8	9	10	11	12	13	14
492	427	490	450	490	492	479	492	492	490	492	490	492	492	735

图 2-16 训练集中每种水果的图片数量

从图 2-17 可以看到验证集中每种水果的图片数量。

0	1	2	3	4	5	6	7	8	9	10	11	12	13	14
164	143	166	153	166	164	160	164	164	166	164	166	164	164	249

图 2-17 验证集中每种水果的图片数量

请注意，类标签属性值是用数字表示的。下面查看一下类标签属性值和类标签名称的映射表。对于训练集和验证集，映射表是相同的。

```
train_data$class_indices
```

类标签属性值和类标签名称的映射表如图 2-18 所示。

同样，可以查看验证集中类标签属性值和类标签名称的映射关系。

```
$Apricot
0
$Avocado
1
$Banana
2
$`Cactus fruit`
3
$`Cherry Wax Red`
4
$Chestnut
5
$Dates
6
$Guava
7
$Kiwi
8
$Lemon
9
$Lychee
10
$Mango
11
$Orange
12
$Papaya
13
$Peach
14
$Pear
15
$`Physalis with Husk`
16
$Pineapple
17
$Pomegranate
18
$Raspberry
19
$Strawberry
20
$`Tomato Cherry Red`
21
$Walnut
22
```

图 2-18 水果名称对应的类标签值

现在输出图像的维度信息：

```
train_data$image_shape
```

图像的维度信息（长、宽、通道数）如图 2-19 所示。

（2）创建带池化层的 CNN 模型。

```
cnn_model_pool <- keras_model_sequential() %>%
  layer_conv_2d(filters = 32, kernel_size = c(3,3), activation = 'relu',
  input_shape = c(img_width, img_height,3),padding = "same") %>%
  layer_conv_2d(filters = 16, kernel_size = c(3,3), activation =
'relu',padding = "same") %>%
  layer_max_pooling_2d(pool_size = c(2,2)) %>%
  layer_flatten() %>%
  layer_dense(units = 50, activation = 'relu') %>%
  layer_dense(units = 23, activation = 'softmax')
```

查看模型摘要信息：

```
cnn_model_pool %>% summary()
```

```
1. 20
2. 20
3. 3
```

图 2-19 图像的维度信息

模型的摘要信息如图 2-20 所示。

(3) 在模型创建后，是编译和训练模型。在编译模型时，要设置优化器、损失函数、评价指标、学习率和学习率衰减值。

```
Layer (type)                     Output Shape              Param #
==================================================================
conv2d (Conv2D)                  (None, 20, 20, 32)        896
conv2d_1 (Conv2D)                (None, 20, 20, 16)        4624
max_pooling2d (MaxPooling2D)     (None, 10, 10, 16)        0
flatten (Flatten)                (None, 1600)              0
dense (Dense)                    (None, 50)                80050
dense_1 (Dense)                  (None, 23)                1173
==================================================================
Total params: 86,743
Trainable params: 86,743
Non-trainable params: 0
```

图 2-20 带池化层的 CNN 模型的摘要信息

```
cnn_model_pool %>% compile(
 loss = "categorical_crossentropy",
 optimizer = optimizer_rmsprop(lr = 0.0001,decay = 1e-6),
 metrics = c('accuracy')
)
```

接着训练模型。

```
cnn_model_pool %>% fit_generator(generator = train_data,
 steps_per_epoch = 20,
 epochs = 5)
```

训练完成后，在验证集上评估模型性能并输出评价指标值。

```
scores <- cnn_model_pool %>% evaluate_generator(generator =
test_data,steps = 20)
# Output metrics
paste('Test loss:', scores[[1]], '\n')
paste('Test accuracy:', scores[[2]], '\n')
```

```
'Test loss: 2.9508512192228 \n'
'Test accuracy: 0.789501190185547 \n'
```

图 2-21 模型在验证集上的损失函数值和准确率

验证集上的模型性能指标如图 2-21 所示。

在验证集上模型的准确率是 79.0%。

2.3.3 原理解析

在 2.3.2 节的步骤(1)中使用 flow_images_from_directory()函数从指定目录中加载图片。要使用此函数，必须像 Fruits 360 数据集一样组织目录结构。这样该函数就可以灵活地将图像加载到R中时进行变换。本实例中，将每个图像缩小为20×20像素大小，并将颜色模式更改为RGB通道。接下来，分析数据集，查看训练集和验证集中的图像的分布情况。

在2.3.2节的步骤(2)中定义了模型结构。在模型中添加了两个卷积层、一个最大池化层和两个全连接层。网络的输出层由23个带softmax激活函数的神经元构成，因为有23种水果类型。接下来，查看模型摘要信息，池化层需要训练参数的数量为零，因为它没有权值和偏置值需要求解。池化层输出图片的数据尺寸的计算公式：输入图像大小/池化窗口的大小。

在2.3.2节的步骤(3)中，编译和训练模型。需要调用fit_generator()函数训练模型，训练模型所需的数据train_data是flow_images_from_directory()函数的返回值。接下来，在验证集上评估模型的性能并输出评价指标值。

2.3.4 内容拓展

在只有少量数据样本可供学习的情况下，模型过拟合是常见问题，以至于模型在未知样本上分类(或回归)性能很差。有一些方法可以用于解决过拟合问题。

数据扩充：通过从现在数据集生成更多训练数据，通常采用变换原始图像生成新图像来扩充样本集，从而减少过拟合。它通过应用诸如平移、翻转、缩放等操作来创建修改后的图片。它还丰富了训练数据，这有助于增强模型泛化能力。数据扩充仅在训练集上完成。

R的Keras库提供了image_data_generator()函数实现批量实时数据扩充。以下示例显示了如何扩充Fruits 360数据集中的数据。扩充图像是在原图像上随机旋转0°～50°，再将图像在水平和垂直方向上按比例平移0～10%，并缩小为原图像的20%大小。

```
train_data_generator <- image_data_generator(rotation_range = 50,
 width_shift_range = 0.1,
 height_shift_range = 0.1,
 zoom_range = 0.2,
 horizontal_flip = TRUE,
 fill_mode = "nearest")
```

以下代码块演示了如何从目录中依据函数参数加载图像数据：

```
train_data <- flow_images_from_directory(directory = train_path,
 generator = train_data_generator,
 target_size = img_size,
 color_mode = "rgb",
 class_mode = "categorical",
 classes = class_label,
 batch_size = 20)
```

注意，本例使用了RGB颜色模式。除此之外还有灰度模式。

批归一化(batch normalization)：在训练深度神经网络时，神经网络每一层的输入数据的分布都会改变，这样会减慢模型训练速度，并且模型需要采用较低的学习率，非常谨慎地设置模型初始化参数来保证正确训练模型，这种现象称为**内部协方差平移**（**Internal Covariate Shift，ICS**），可以通过对训练数据执行小批量归一化来解决。批归一化通过计算批量样本的均值和方差，对每个批次进行归一化，从而可以在训练时使用更高的学习率。它还可以充当正则化器，在某些情况下，无须随机丢弃样本，来防止模型过拟合。样本批归一化处理后，模型的权值初始化也可以简单实现。layer_batch_normalization()函数及其参数的详细内容可以参考 https://keras.rstudio.com/reference/layer_batch_normalization.html。

如果要在CNN模型中使用批归一化，则可以采用以下方法：

```
cnn_model_batch_norm <- keras_model_sequential() %>%
 layer_conv_2d(filters = 32, kernel_size = c(4,4),input_shape =
c(img_width,img_height,3),padding = "same") %>%
 layer_batch_normalization() %>%
 layer_activation("relu") %>%
 layer_conv_2d(filters = 16, kernel_size = c(3,3)) %>%
 layer_batch_normalization() %>%
 layer_activation("relu") %>%
 layer_max_pooling_2d(pool_size = c(2,2)) %>%
 layer_flatten() %>%
 layer_dense(units = 50, activation = 'relu') %>%
 layer_dense(units = 23, activation = 'softmax')
```

查看批归一化方法执行后模型的摘要信息：

```
summary(cnn_model_batch_norm)
```

具有批归一化的模型信息如图2-22所示。

Layer (type)	Output Shape	Param #
conv2d (Conv2D)	(None, 20, 20, 32)	1568
batch_normalization_v1 (BatchNormal	(None, 20, 20, 32)	128
activation (Activation)	(None, 20, 20, 32)	0
conv2d_1 (Conv2D)	(None, 18, 18, 16)	4624
batch_normalization_v1_1 (BatchNorm	(None, 18, 18, 16)	64
activation_1 (Activation)	(None, 18, 18, 16)	0
max_pooling2d (MaxPooling2D)	(None, 9, 9, 16)	0
flatten (Flatten)	(None, 1296)	0
dense (Dense)	(None, 50)	64850
dense_1 (Dense)	(None, 23)	1173

Total params: 72,407
Trainable params: 72,311
Non-trainable params: 96

图2-22 具有批归一化的模型信息

本实例讲解了最大池化和平均池化。除此之外还有一种**全局平均池化方法**(**global average pooling**),它对卷积层输出的每一张特征图计算所有像素点的均值,输出一个数据值。2.3.5 节提供了全局平均池化方法的详解链接。

2.3.5 参考阅读

- 有时也可以使用全局平均池化来防止过拟合。Keras 库提供了全局平均池化的实现。要了解更多信息,请访问: https://keras.rstudio.com/reference/layer_global_max_pooling_2d.html
- 想要了解如何为优化器设置自定义学习率衰减值的方法,可以参考: https://tensorflow.rstudio.com/tfestimators/articles/examples/iris_custom_decay_dnn.html

2.4 实现迁移学习

迁移学习(**tranfer learning**)通过使用从解决其他相关任务中获得的模型,然后使用较少的样本再训练该模型以解决新问题。采用迁移学习技术,可以重用在不同数据集上训练的模型来解决相似但不同的问题。即迁移学习是在预训练模型上增加学习样本,以此建立一个新模型来解决新的学习问题。R 的 Keras 库提供了许多预训练的模型。本实例将使用 VGG16 模型做迁移学习来训练新的深度学习模型。

2.4.1 准备工作

在开发环境中导入 Keras 库:

```
library(keras)
```

本实例使用 Kaggle 的猫狗数据集(https://www.kaggle.com/c/dogs-vs-cats)的子集,该数据集包含大小不一的各种狗和猫图片。该数据集是 Petfinder 和 Microsoft 合作开发的。数据集分为训练集、测试集和验证集,存储在各自的目录下,都包含猫和狗的图片。训练集包含猫和狗的图片各 1000 张,而测试集和验证集包含猫和狗的图片各 500 张。

定义训练集、测试集和验证集所存储的路径变量:

```
train_path <- "dogs_cats_small/train/"
test_path <- "dogs_cats_small/test/"
validation_path <- "dogs_cats_small/validation/"
```

至此就完成了数据集的路径变量赋值。

2.4.2 操作步骤

现在继续进行数据处理。

(1) 首先定义用于训练集和验证集的生成器。数据集加载和处理数据扩充都是通过生成器来实现的。

```
# 训练生成器
train_augmentor = image_data_generator(
 rescale = 1/255,
 rotation_range = 300,
 width_shift_range = 0.15,
 height_shift_range = 0.15,
 shear_range = 0.2,
 zoom_range = 0.2,
 horizontal_flip = TRUE,
 fill_mode = "nearest"
)
# 测试生成器
test_augmentor <- image_data_generator(rescale = 1/255)
```

加载训练集、测试集和验证集：

```
# 加载训练集数据
train_data <- flow_images_from_directory(
 train_path,
 train_augmentor,
 target_size = c(150, 150),
 batch_size = 20,
 class_mode = "binary")
# 加载测试集数据
test_data <- test_generator <- flow_images_from_directory(
 test_path,
 test_augmentor,
 target_size = c(150, 150),
 batch_size = 20,
 class_mode = "binary")
# 加载验证集数据
validation_data <- flow_images_from_directory(
 validation_path,
 test_augmentor,
 target_size = c(150, 150),
 batch_size = 20,
 class_mode = "binary"
)
```

可以使用以下代码输出缩放尺寸(150×150 像素)后的图像：

```
train_data$image_shape
```

(2) 加载数据后,实例化一个预训练的 VGG16 模型,称它为基本模型。

```
pre_trained_base <- application_vgg16(
 weights = "imagenet",
 include_top = FALSE,
 input_shape = c(150, 150, 3)
)
```

查看基本模型的摘要信息:

```
summary(pre_trained_base)
```

VGG16 模型的摘要信息如图 2-23 所示。

```
Layer (type)                    Output Shape                 Param #
================================================================================
input_1 (InputLayer)            (None, 150, 150, 3)          0
block1_conv1 (Conv2D)           (None, 150, 150, 64)         1792
block1_conv2 (Conv2D)           (None, 150, 150, 64)         36928
block1_pool (MaxPooling2D)      (None, 75, 75, 64)           0
block2_conv1 (Conv2D)           (None, 75, 75, 128)          73856
block2_conv2 (Conv2D)           (None, 75, 75, 128)          147584
block2_pool (MaxPooling2D)      (None, 37, 37, 128)          0
block3_conv1 (Conv2D)           (None, 37, 37, 256)          295168
block3_conv2 (Conv2D)           (None, 37, 37, 256)          590080
block3_conv3 (Conv2D)           (None, 37, 37, 256)          590080
block3_pool (MaxPooling2D)      (None, 18, 18, 256)          0
block4_conv1 (Conv2D)           (None, 18, 18, 512)          1180160
block4_conv2 (Conv2D)           (None, 18, 18, 512)          2359808
block4_conv3 (Conv2D)           (None, 18, 18, 512)          2359808
block4_pool (MaxPooling2D)      (None, 9, 9, 512)            0
block5_conv1 (Conv2D)           (None, 9, 9, 512)            2359808
block5_conv2 (Conv2D)           (None, 9, 9, 512)            2359808
block5_conv3 (Conv2D)           (None, 9, 9, 512)            2359808
block5_pool (MaxPooling2D)      (None, 4, 4, 512)            0
================================================================================
Total params: 14,714,688
Trainable params: 14,714,688
Non-trainable params: 0
```

图 2-23 VGG16 模型的摘要信息

实例化基础模型后，向其添加 3 个全连接层，构建一个新模型：

```
model_with_pretrained <- keras_model_sequential() %>%
 pre_trained_base %>%
 layer_flatten() %>%
 layer_dense(units = 8, activation = "relu") %>%
 layer_dense(units = 16, activation = "relu") %>%
 layer_dense(units = 1, activation = "sigmoid")
```

显示新模型的摘要信息：

```
summary(model_with_pretrained)
```

新模型的摘要信息如图 2-24 所示。

```
Layer (type)                 Output Shape              Param #
================================================================
vgg16 (Model)                (None, 4, 4, 512)         14714688
________________________________________________________________
flatten (Flatten)            (None, 8192)              0
________________________________________________________________
dense (Dense)                (None, 8)                 65544
________________________________________________________________
dense_1 (Dense)              (None, 16)                144
________________________________________________________________
dense_2 (Dense)              (None, 1)                 17
================================================================
Total params: 14,780,393
Trainable params: 14,780,393
Non-trainable params: 0
________________________________________________________________
```

图 2-24 新模型的摘要信息

可以使用以下代码输出模型中可训练的过滤器权值和偏置值：

```
length(model_with_pretrained$trainable_weights)
```

冻结训练好后的基本模型：

```
freeze_weights(pre_trained_base)
```

通过执行以下代码，可以查看冻结后的基本模型的可训练权值数量。

```
length(model_with_pretrained$trainable_weights)
```

(3) 模型配置完成后，编译和训练模型。

设置模型的损失函数为二元交叉熵，优化器为 RMSprop，编译模型：

```
model_with_pretrained %>% compile(
 loss = "binary_crossentropy",
 optimizer = optimizer_rmsprop(lr = 0.0001),
 metrics = c('accuracy')
)
```

完成编译后,训练模型:

```
model_with_pretrained %>% fit_generator(generator = train_data,
steps_per_epoch = 20,
epochs = 10,
validation_data = validation_data)
```

在测试数据上评价模型性能,并输出评价指标值:

```
scores <- model_with_pretrained %>% evaluate_generator(generator =
test_data, steps = 20)
# 输出评价指标值
paste('Test loss:', scores[[1]], '\n')
paste('Test accuracy:', scores[[2]], '\n')
```

```
'Test loss: 0.385350868999958'
'Test accuracy: 0.830999970436096'
```

图 2-25 模型在测试集上的损失函数值和准确率

模型在测试集上的性能指标如图 2-25 所示。模型准确率达到 83%。

2.4.3 原理解析

2.4.2 节的步骤(1)定义了训练生成器和测试生成器,生成器创建时设置了对加载图片的处理参数。然后,将数据集加载到开发环境中,执行图片处理,将图像调整为 150×150 像素大小。

2.4.2 节的步骤(2)实例化了预训练的基础模型 VGG16,该模型在 ImageNet 数据集上训练获得最佳权值。ImageNet 是一个大型视觉数据库,其中包含 1000 个不同类别的图像。请注意,include_top 的值设置为 FALSE,将其设置为 FALSE 表示不包括 VGG16 网络的默认全连接层,该层对应于 ImageNet 数据的 1000 个类别。此外,本实例定义了一个序贯 Keras 模型,该模型包含基础模型以及自定义全连接层以构建二元分类器(binary classifier)。然后输出模型的摘要信息以及其中的可训练的过滤器权值和偏置值。然后冻结基础模型的各层权值,因为不想在对数据集进行训练时修改 VGG16 层的权值。

在 2.4.2 节的步骤(3)中,二元交叉熵(binary_crossentropy)作为损失函数,模型训练使用 RMSprop 优化器。训练完模型后,在测试集上输出模型评价指标。

2.4.4 内容拓展

主要有 3 种实现迁移学习的方法。

- 直接使用已经训练好权值和偏置值的预训练模型。也就是说,完全冻结预训练模型的参数,在新数据集上直接应用模型。
- 部分冻结预训练模型的几层,并在新数据集上对非冻结层进行训练。
- 仅保留预训练模型的拓扑结构,在新的数据集上重新训练学习新的权值和偏置值。

以下代码段演示了如何部分冻结预训练模型。在解冻预训练模型的选定层之前,需要先定义新模型和冻结预训练模型部分层。

```
unfreeze_weights(pre_trained_base, from = "block5_conv1", to = "block5_conv3")
```

unfreeze_weights()函数的 from 和 to 参数定义要解冻权值的层的范围。请注意,from 和 to 参数对应的层也包括在内。

TIP 在新数据集上,调整预训练模型的权值时,应该使用非常低的学习率。之所以建议使用低学习率,因为在进行微调的各个层上,应限制对模型所做修改的幅度,以保证模型迁移学习的有效性。

2.4.5 参考阅读

- 可以利用其他经过预训练的模型来解决各种深度学习问题,而 Keras 提供了许多预训练模型。有关更多信息,请访问以下链接:https://tensorflow.rstudio.com/keras/reference/#section-applications

第3章 循环神经网络实战

CHAPTER 3

序列数据是带顺序标签的数据,例如音频、视频和语音。因为序列数据的序列特性,学习序列数据是模式识别领域中最具挑战性的问题之一。在处理顺序数据时,序列各部分之间的依存关系及其变化的长度进一步增加了数据分析的复杂性。随着序列模型和算法[例如,递归神经网络(Recurrent Neural Network,RNN)、长短时记忆模型(Long Short-Term Memory model,LSTM)和门控循环单元(Gated Recurrent Unit,GRU)]的出现,序列数据建模已成功用于多种应用中,例如序列分类、序列生成、语音到文本的转换等。

在序列分类中,目标是预测序列的类别,而在序列生成中,根据输入序列生成新的输出序列。本章将介绍如何使用不同的 RNN 模型来实现序列分类和生成,以及时间序列预测。

本章将介绍以下实战内容:

- 使用 RNN 实现情感分类;
- 使用 LSTM 实现生成文本;
- 使用 GRU 实现时间序列预测;
- 实现双向循环神经网络。

3.1 使用 RNN 实现情感分类

RNN 是一种特殊的人工神经网络,因为它能够对输入数据进行记忆。此功能使其非常适合处理序列数据的问题,例如,时间序列预测、语音识别、机器翻译以及音频和视频序列预测。在 RNN 中,数据以这样的方式遍历:在每个节点上,网络都从当前和之前的输入中学习,并随时间共享权重。这就像在每个步骤上执行相同的任务,只是用不同的输入来减少需要学习的参数总数。

例如,如果激活函数为 tanh,则递归神经元的权重为 W_{aa},输入神经元的权重为 W_{ax}。可以写出时间为 t 的状态方程 h,如下所示:

$$h_t = \tanh(W_{aa} h_{t-1} + W_{ax} X_t)$$

每个输出点的梯度取决于当前和先前时间步幅。例如,要计算 $t=6$ 处的梯度,需要反向传播前5个时间点的梯度并累加起来。这就是所谓的**时间反向传播**(**BackPropagation Through Time,BPTT**)。在时间反向传播过程中,在遍历训练集的同时,修改权值以减少误差。

RNN 可以通过不同的拓扑结构处理具有各种输入和输出类型的数据。主要类型有:

- **一对多**——一个输入可以映射到输出序列的多个节点,如图 3-1 所示。例如,音乐生成(以一个音符作为输入,逐步生成后续一段音符)。
- **多对一**——将输入序列映射到类别或数量预测,如图 3-2 所示。例如,情感分类(以一个文本序列作为输入,输出该文本的情感判断,比如,褒义的或贬义的)。
- **多对多**——输入序列映射到输出序列,如图 3-3 所示。例如,语言翻译。

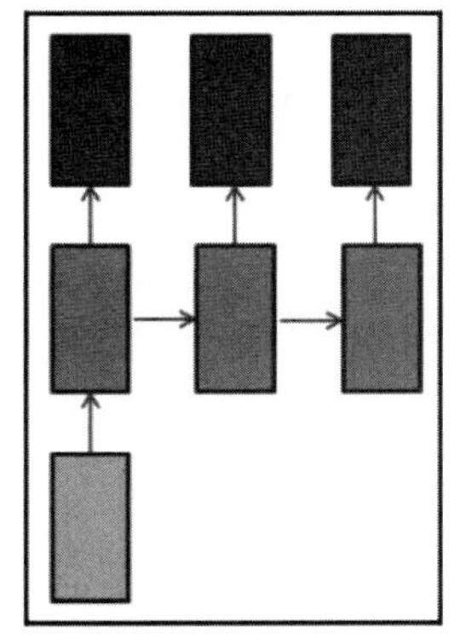

图 3-1 一对多模型拓扑结构

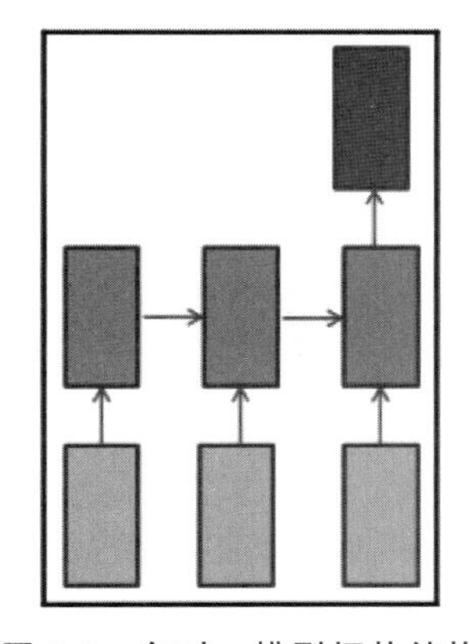

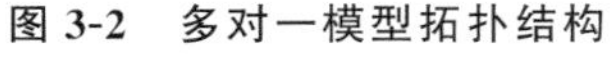

图 3-2 多对一模型拓扑结构

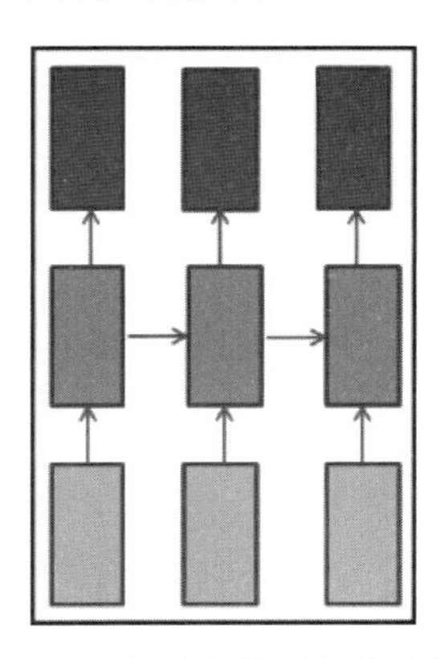

图 3-3 多对多模型拓扑结构

本实例将构建一个 RNN 模型,该模型将对电影评论进行情感分类。

3.1.1 准备工作

本例使用 IMDb 数据集,该数据集包含电影评论及对应情感标签信息。可以从 Keras 库中导入该数据集。这些评论经过预处理并编码为单词索引序列。这些单词按它们在数据集中出现的次数进行索引;例如,单词索引 8 指的是数据中第 8 个最常见的单词。

首先导入 Keras 库和 IMDb 数据集:

```
library(keras)
imdb <- dataset_imdb(num_words = 1000)
```

数据集划分为训练集和验证集:

```
train_x <- imdb$train$x
train_y <- imdb$train$y
test_x <- imdb$test$x
test_y <- imdb$test$y
```

查看训练集和验证集中的样本数量:

```
# number of samples in train and test set
cat(length(train_x), 'train sequences\n')
cat(length(test_x), 'test sequences')
```

从图 3-4 可以看到，训练集和验证集中各有 25 000 条用户评论。

查看训练集的数据的结构信息：

```
str(train_x)
```

```
25000 train sequences
25000 test sequences
```

图 3-4 查看训练集和验证集样本数

训练集中各条评论编码后的数据如图 3-5 所示。

```
List of 25000
 $ : int [1:218] 1 14 22 16 43 530 973 2 2 65 ...
 $ : int [1:189] 1 194 2 194 2 78 228 5 6 2 ...
 $ : int [1:141] 1 14 47 8 30 31 7 4 249 108 ...
 $ : int [1:550] 1 4 2 2 33 2 4 2 432 111 ...
 $ : int [1:147] 1 249 2 7 61 113 10 10 13 2 ...
 $ : int [1:43] 1 778 128 74 12 630 163 15 4 2 ...
 $ : int [1:123] 1 2 365 2 5 2 354 11 14 2 ...
 $ : int [1:562] 1 4 2 716 4 65 7 4 689 2 ...
 $ : int [1:233] 1 43 188 46 5 566 264 51 6 530 ...
 $ : int [1:130] 1 14 20 47 111 439 2 19 12 15 ...
 $ : int [1:450] 1 785 189 438 47 110 142 7 6 2 ...
 $ : int [1:99] 1 54 13 2 14 20 13 69 55 364 ...
 $ : int [1:117] 1 13 119 954 189 2 13 92 459 48 ...
 $ : int [1:238] 1 259 37 100 169 2 2 11 14 418 ...
 $ : int [1:109] 1 503 20 33 118 481 302 26 184 52 ...
 $ : int [1:129] 1 6 964 437 7 58 43 2 11 6 ...
 $ : int [1:163] 1 2 2 11 4 2 9 4 2 4 ...
 $ : int [1:752] 1 33 4 2 7 4 2 194 2 2 ...
 $ : int [1:212] 1 13 28 64 69 4 2 7 319 14 ...
 $ : int [1:177] 1 2 26 9 6 2 731 939 44 6 ...
 $ : int [1:129] 1 617 11 2 17 2 14 966 78 20 ...
 $ : int [1:140] 1 466 49 2 204 2 40 4 2 732 ...
 $ : int [1:256] 1 13 784 886 857 15 135 142 40 2 ...
```

图 3-5 训练集中各条评论编码后的数据

查看训练集中各条评论的情感标签信息：

```
str(train_y)
```

训练集中因变量的描述信息如图 3-6 所示。

```
int [1:25000] 1 0 0 1 0 0 1 0 1 0 ...
```

图 3-6 训练集中因变量的描述信息

从以上输出可以看到，训练集是评论和情感标签的列表。查看第一个评论及其中的单词数：

```
train_x[[1]]
cat("Number of words in the first review is",length(train_x[[1]]))
```

图 3-7 以编码形式显示了第一条评论。

```
1 14 22 16 43 530 973 2 2 65 458 2 66 2 4 173 36 256 5 25 100 43 838 112 50 670 2 9 35 480 284 5
150 4 172 112 167 2 336 385 39 4 172 2 2 17 546 38 13 447 4 192 50 16 6 147 2 19 14 22 4 2 2 469 4
22 71 87 12 16 43 530 38 76 15 13 2 4 22 17 515 17 12 16 626 18 2 5 62 386 12 8 316 8 106 5 4 2 2
16 480 66 2 33 4 130 12 16 38 619 5 25 124 51 36 135 48 25 2 33 6 22 12 215 28 77 52 5 14 407 16
82 2 8 4 107 117 2 15 256 4 2 7 2 5 723 36 71 43 530 476 26 400 317 46 7 4 2 2 13 104 88 4 381 15
297 98 32 2 56 26 141 6 194 2 18 4 226 22 21 134 476 26 480 5 144 30 2 18 51 36 28 224 92 25 104 4
226 65 16 38 2 88 12 16 283 5 16 2 113 103 32 15 16 2 19 178 32

Number of words in the first review is 218
```

图 3-7 以编码形式显示第一条评论

请注意，在导入数据集时，将 num_words 参数的值设置为 1000。这意味着在编码的评论中仅保留前千个常用单词。确认一下评论列表中的最大编码值：

```
cat("Maximum encoded value in train ",max(sapply(train_x, max)),"\n")
cat("Maximum encoded value in test ",max(sapply(test_x, max)))
```

执行前面的代码会输出训练集和验证集中的最大编码值。

3.1.2 操作步骤

至此已对 IMDb 数据集有所认识，下面对数据集做详细分析。

（1）导入 IMDb 数据集的单词词频索引：

```
word_index = dataset_imdb_word_index()
```

可以使用以下代码查看单词词频索引的前几条数据：

```
head(word_index)
```

从图 3-8 可以看到一个键值对列表，其中键是单词，值是单词在数据集中出现的次数。

查看单词索引中的单词数量：

```
length((word_index))
```

从图 3-9 可以看到单词索引中有 88 584 个单词。

（2）创建一个单词索引的键值对的反向列表。将使用这个列表来解码 IMDb 数据集中的评论。

```
reverse_word_index <- names(word_index)
names(reverse_word_index) <- word_index
head(reverse_word_index)
```

图 3-10 显示了反向的词索引列表，它是一个键-值对列表，其中键是整型索引，值是相关联的单词。

$fawn
34701
$tsukino
52006
$nunnery
52007
$sonja
16816
$vani
63951
$woods
1408

图 3-8 单词和单词出现次数列表

88584

图 3-9 单词索引列表中的单词数

34701	'fawn'
52006	'tsukino'
52007	'nunnery'
16816	'sonja'
63951	'vani'
1408	'woods'

图 3-10 反向的词索引列表

(3) 解码第一个用户评论。注意,单词编码的偏移量为3,因为0、1、2分别预留作填充、文本序列的开始和词汇表外的单词。

```
decoded_review <- sapply(train_x[[1]], function(index) {
 word <- if (index >= 3) reverse_word_index[[as.character(index - 3)]]
 if (!is.null(word)) word else "?"})
cat(decoded_review)
```

第一条用户评论的解码文本如图3-11所示。

```
? this film was just brilliant casting ? ? story direction ? really ? the part they played and you could just imagi
ne being there robert ? is an amazing actor and now the same being director ? father came from the same ? ? as myse
lf so i loved the fact there was a real ? with this film the ? ? throughout the film were great it was just brillia
nt so much that i ? the film as soon as it was released for ? and would recommend it to everyone to watch and the ?
? was amazing really ? at the end it was so sad and you know what they say if you ? at a film it must have been goo
d and this definitely was also ? to the two little ? that played the ? of ? and paul they were just brilliant child
ren are often left out of the ? ? i think because the stars that play them all ? up are such a big ? for the whole
film but these children are amazing and should be ? for what they have done don't you think the whole story was so
? because it was true and was ? life after all that was ? with us all
```

图3-11 第一条用户评论的解码文本

(4) 填充/截取所有的文本序列,使它们的长度相同:

```
train_x <- pad_sequences(train_x, maxlen = 80)
test_x <- pad_sequences(test_x, maxlen = 80)
cat('x_train shape:', dim(train_x), '\n') cat('x_test shape:', dim(test_x), '\n')
```

如图3-12所示,所有的文本序列都被填充/截取至长度为80个索引。

```
x_train shape: 25000 80
x_test shape: 25000 80
```

图3-12 填充/截取所有的文本序列至长度为80

查看填充后的第一条用户评论:

```
train_x[1,]
```

从图3-13可以看到第一条用户评论只剩下80个索引(原来有128个索引)。

```
15 256 4 2 7 2 5 723 36 71 43 530 476 26 400 317 46 7 4 2 2 13 104 88 4 381 15 297 98 32 2 56 26
141 6 194 2 18 4 226 22 21 134 476 26 480 5 144 30 2 18 51 36 28 224 92 25 104 4 226 65 16 38 2 88
12 16 283 5 16 2 113 103 32 15 16 2 19 178 32
```

图3-13 第一条用户评论截取至长度为80

(5) 构建情感分类模型,并查看模型摘要信息:

```
model <- keras_model_sequential()
model %>%
 layer_embedding(input_dim = 1000, output_dim = 128) %>%
 layer_simple_rnn(units = 32) %>%
 layer_dense(units = 1, activation = 'sigmoid')
summary(model)
```

模型摘要信息如图 3-14 所示。

```
Layer (type)                  Output Shape              Param #
================================================================
embedding (Embedding)         (None, None, 128)         256000
________________________________________________________________
simple_rnn (SimpleRNN)        (None, 32)                5152
________________________________________________________________
dense (Dense)                 (None, 1)                 33
================================================================
Total params: 261,185
Trainable params: 261,185
Non-trainable params: 0
________________________________________________________________
```

图 3-14 模型摘要信息

(6) 编译和训练模型:

```
# 编译模型
model %>% compile(
 loss = 'binary_crossentropy',
 optimizer = 'adam',
 metrics = c('accuracy') )
# 训练模型
model %>% fit(
 train_x,train_y,
 batch_size = 32,
 epochs = 10,
validation_split = .2
)
```

(7) 在验证集上评估模型性能,并输出评价指标:

```
scores <- model %>% evaluate(
 test_x, test_y,
 batch_size = 32
)
cat('Test score:', scores[[1]],'\n')
cat('Test accuracy', scores[[2]])
```

```
Test score: 0.8564493
Test accuracy 0.71648
```

图 3-15 模型在验证集上的损失函数值和准确率

模型在验证集上的性能指标如图 3-15 所示。模型在验证集上达到约 71.6%的准确率。

3.1.3 原理解析

本例使用了 Keras 库中内置的 IMDb 评论数据集。首先加载训练集和验证集并查看数据的结构信息,可以看到用户评论被映射为一个特定的整数值序列,每个整数值对应单词索引列表中的一个特定单词。这个单词索引列表收录了丰富的词汇,根据语料库中每个单词的使用频率作为索引进行排列。由此,可以看到单词索引列表是一个键-值对列表,键表示单词,值表示单词在字典中的索引。为了丢弃不经常使用的单词,实例中只使用单词索引列表中前1000个单词索引,也就是说,只保留了训练数据集中最常用的1000个单词,而忽略了其余的单词。认识和预处理完数据集后,开始具体的操作。

在3.1.2节的步骤(1)中导入了IMDb数据集的单词索引。在这个单词索引中,数据中的词是根据其数据集的频率进行编码和索引的。步骤(2)创建了单词索引的键-值对的反向列表,用于将句子从一系列编码的整数解码回其原始文本。步骤(3)展示了如何对一条编码后的用户评论进行解码。

3.1.2节的步骤(4)预处理数据,以便可以将其输入到模型中。由于不能直接向模型传递任意长度列表,所以将用户评论序列转换成一致尺寸的张量。为了使所有评论序列的长度一致,可以采用以下两种方法之一:

- **独热编码(one-hot encoding)**——将序列转换成相同长度的张量。矩阵的尺寸是单词数×用户评论数,这种方法计算量很大。
- **填充评论(pad the reviews)**——填充或截取所有的用户评论序列,使评论序列具有相同的长度。这个操作将创建尺寸为序列最大长度(max_length)×用户评论数的整数张量。max_length参数用于限制所有用户评论中保留的最大单词数。

由于第二种方法的时间和空间复杂度比第一种方法小,因此本实例选择了第二种方法,将评论序列填充/截取为最大长度为80的序列。

在3.1.2节的步骤(5)中,定义了一个顺序Keras模型并配置了它的各层。第一层是嵌入层,用于从数据中生成单词序列的上下文,并提供相关特征的信息。在一个嵌入层中,单词用稠密向量表示。每个向量表示单词在向量空间中的投影,向量空间是从文本中学习而来,向量空间的维度由特定词决定。单词在向量空间中的位置被称为**词嵌入(embedding)**。在进行词嵌入时,每一条用户评论都用一个词向量来替代。例如,brilliant这个词可以用一个向量表示,比如向量[0.32,0.02,0.48,0.21,0.56,0.15]。处理大数据集时,词嵌入方法的计算效率同样很高,因为词嵌入方法相比独热编码降低了维数。在深度神经网络的训练过程中,对词嵌入向量进行更新,有助于在多维空间中识别相似词。词嵌入也反映了词语在语义上是如何相互关联的。例如,talking和talked这两个词可以被认为是相互关联的,就像swimming与swam之间的联系一样。

词嵌入的例子如图3-16所示。

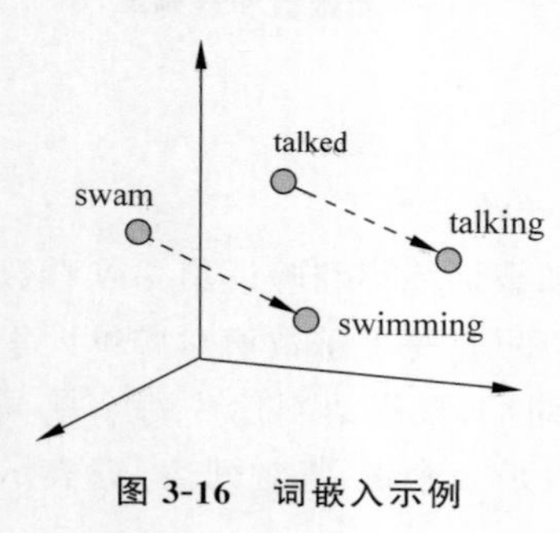

图3-16 词嵌入示例

嵌入层通过以下3个参数来定义:

- **input_dim**——文本数据中单词索引列表的大小。在本实例中,文本数据是一个被编码为0～999的值的整数。因此,单词索引列表的大小是1000个单词;
- **output_dim**——词嵌入的向量空间的大小,本实例指定为128;
- **input_length**——输入序列的长度,Keras模型的任何输入层都有定义该变量。

在下一层中，定义了一个包含32个隐藏单元的简单RNN模型。如果 n 为输入维数，d 为RNN层中隐藏层神经元的个数，则要训练的参数个数可由下式给出：

$$((n+d)\times d)+d$$

最后一层与单个输出节点全相连。输出层神经元使用sigmoid激活函数，因为本实例是一个二元分类任务。在3.1.2节的步骤(6)中，编译模型，指定binary_crossenropy作为损失函数，因为处理的是二元分类，所以优化器采用adam算法。训练模型时预留20%样本用于验证集。在最后一步中，在验证集上评估模型性能，并输出评价指标。

3.1.4　内容拓展

在前面各节已经学习了时间反向传播(BPTT)在RNN中的工作方式。在每次迭代中误差反向传播计算误差相对于权值的梯度。在反向传播过程中，越往输入层方面，梯度变得越小，从而使这些层次的神经元学习非常缓慢。对于精确的模型，对越靠近输入层的层进行准确的训练是至关重要的，因为这些层负责从输入中学习简单的模式，并将相关信息相应地传递给下层。当训练具有更多层依赖性的大型网络时，RNN经常面临**梯度消失问题**(**vanishing gradient problem**)，它会使得网络收敛速度很慢。这也意味着，网络训练停止后准确率不高。通常建议使用ReLU激活函数来避免大型网络中的梯度消失问题。处理这个问题的另一种常见方法是使用**长短时记忆**(**Long Short-Term Memory**，**LSTM**)模型。下一个实战案例中将讨论LSTM。

RNN遇到的另一个挑战是**梯度爆炸问题**(**exploding gradient problem**)。在这种情况下，可以看到很大的梯度值，这反过来使模型学习速度过快和不准确。在某些情况下，由于计算中的数值溢出，梯度也可能变成NaN。当这种情况发生时，在训练时，网络中的权值会在更短的时间内大幅增加。防止此问题的最常用的补救方法是**梯度裁剪**(**gradient clipping**)，它防止梯度逐渐增加而超过指定的阈值。

3.1.5　参考阅读

要了解更多关于递归神经网络正则化的知识，请阅读论文https://arxiv.org/pdf/1409.2329.pdf.

3.2　使用LSTM实现文本生成

循环神经网络无法建立起和较早时间步信息的依赖关系，当神经网络层数很多并且各层之间存在长程依赖时这个问题更加突出。**长短时记忆网络**(**long-short term memory network**)是循环神经网络的一种变体，它能够改善RNN的**长程依赖**(**long-term dependency**)问题，被广泛应用于深度学习中以解决RNN面临的**梯度消失问题**(**vanishing gradient problem**)。LSTM通过**一种门控机制**(**gating mechanism**)来解决梯度消失，并且能够向状态单元中删除或添加信息。这种状态单元的状态受到"门"的严格控制,"门"控制着通过状态单元的信息。LSTM 有 3 种门:输入门、输出门和遗忘门。

- **遗忘门**控制想要传递多少来自前一个状态的信息到下一个状态单元;
- **输入门**控制将多少新计算的状态信息传递给当前输入 x_t 的后续状态;
- **输出门**控制将多少内部状态信息传递给下一个状态。

LSTM 网络结构如图 3-17 所示。

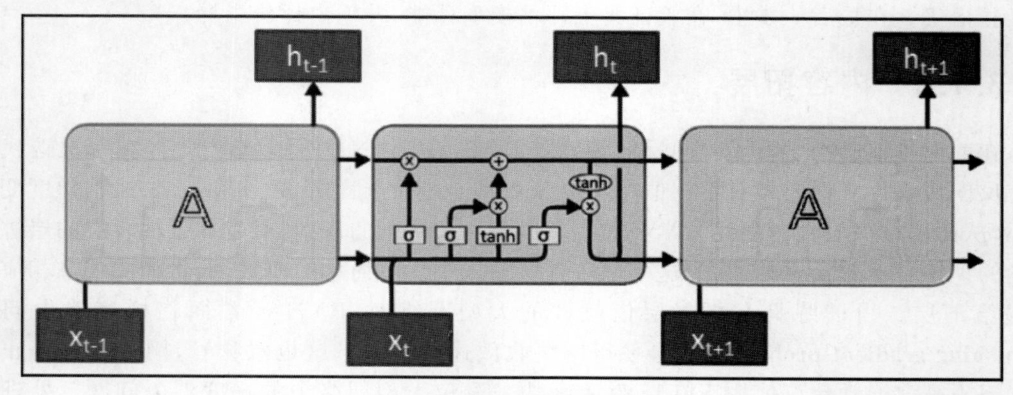

图 3-17 LSTM 网络结构

本实例实现一个用于序列预测的 LSTM 模型(本例是多对一模型)。该模型将根据之前的单词序列预测单词的出现情况,即所谓的**文本生成(text generation)**。

3.2.1 准备工作

本实例使用童谣《杰克和吉尔》作为源文本来构建语言模型。实例中创建一个包含押韵的文本文件,并将其保存在当前工作目录中。该语言模型以两个单词作为输入来预测下一个单词。

首先导入所需的库和读取所需的文本文件。

```
library(keras)
library(readr)
library(stringr)
data <- read_file("data/rhyme.txt") %>% str_to_lower()
```

在自然语言处理中,将数据称为语料库,语料库是大量文本的集合。查看本实例的语料库:

```
data
```

语料库中的文本如图 3-18 所示。

将使用图 3-18 所示的文本来生成整数序列。

```
'jack and jill went up the hill\nto fetch a pail of water.\njack fell down and broke his crown,\nand jill came tumbling after.\n\nup jack got and home did trot\nas fast as he could caper;\nand went to bed to mend his head\nwith vinegar and brown paper.\n'
```

图 3-18　语料库中的文本示例

3.2.2　操作步骤

到目前为止，已经在 R 环境中导入了一个语料库。为构建语言模型，需要将语料库转换成一个整数序列。第一步先做数据预处理。

(1) 创建分词器(tokenizer)，用于将文本转换为整数序列：

```
tokenizer = text_tokenizer(num_words = 35,char_level = F)
tokenizer %>% fit_text_tokenizer(data)
```

查看语料库中的单词数量：

```
cat("Number of unique words", length(tokenizer$word_index))
```

语料库中有 37 个不同的单词。

使用以下命令查看单词索引表前几条记录：

```
head(tokenizer$word_index)
```

使用前面创建的分词器将语料库转换为整数序列：

```
text_seqs <- texts_to_sequences(tokenizer, data)
str(text_seqs)
```

生成的整数序列的形式如图 3-19 所示。

可以看到，texts_to_sequences()函数返回了一个整数列表。将它转换成一个向量并输出其长度。

```
text_seqs <- text_seqs[[1]]
length(text_seqs)
```

图 3-20 所示的输出结果表明该语料库的文本包含 48 个单词。

```
List of 1
 $ : int [1:48] 2 1 4 5 6 9 10 3 11 12 ...
```

图 3-19　生成的整数序列的形式

```
48
```

图 3-20　语料库包含的单词数

(2) 将文本序列转换为输入(特征)序列和输出(标签)序列，其中输入是两个连续单词的序列，而输出是序列中出现的下一个单词。

```
input_sequence_length <- 2
feature <- matrix(ncol = input_sequence_length)
label <- matrix(ncol = 1)
for(i in seq(input_sequence_length, length(text_seqs))){
 if(i >= length(text_seqs)){
```

```
    break()
  }
  start_idx <- (i - input_sequence_length) + 1
  end_idx <- i + 1
  new_seq <- text_seqs[start_idx:end_idx]
  feature <- rbind(feature,new_seq[1:input_sequence_length])
  label <- rbind(label,new_seq[input_sequence_length + 1])
}
feature <- feature[-1,]
label <- label[-1,]
paste("Feature")
head(feature)
```

图 3-21 显示了特征序列。

查看创建的标签序列：

```
paste("label")
head(label)
```

图 3-22 显示了前几个标签序列。

将标签采用独热编码：

```
label <- to_categorical(label,num_classes = tokenizer$num_words)
```

查看到特性和标签数据的维度：

```
cat("Shape of features",dim(feature),"\n")
cat("Shape of label",length(label))
```

图 3-23 显示了特性和标签序列的维度。

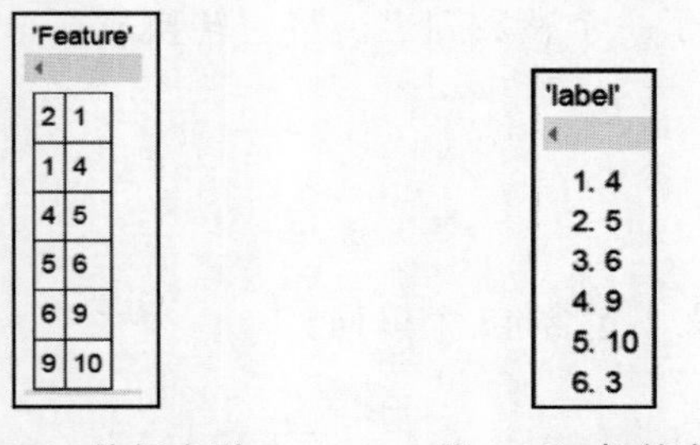


```
Shape of features 46 2
Shape of label 1610
```

图 3-21 特征序列　　图 3-22 标签序列　　图 3-23 特性和标签序列的维度

(3) 创建一个文本生成模型并输出模型的摘要信息：

```
model <- keras_model_sequential()
model %>%
  layer_embedding(input_dim = tokenizer$num_words,output_dim =
10,input_length = input_sequence_length) %>%
  layer_lstm(units = 50) %>%
  layer_dense(tokenizer$num_words) %>%
  layer_activation("softmax")
summary(model)
```

模型的摘要信息如图 3-24 所示。

Layer (type)	Output Shape	Param #
embedding (Embedding)	(None, 2, 10)	350
lstm (LSTM)	(None, 50)	12200
dense (Dense)	(None, 35)	1785
activation (Activation)	(None, 35)	0

Total params: 14,335
Trainable params: 14,335
Non-trainable params: 0

图 3-24　模型的摘要信息

编译和训练模型：

```
# 编译模型
model %>% compile(
 loss = "categorical_crossentropy",
 optimizer = optimizer_rmsprop(lr = 0.001),
 metrics = c('accuracy') )
# 训练模型
model %>% fit(
 feature, label,
# batch_size = 128,
 epochs = 500
)
```

下面代码块实现了一个函数，按照语言模型生成一个序列：

```
generate_sequence <- function(model, tokenizer, input_length,
seed_text, predict_next_n_words){
 input_text <- seed_text
 for(i in seq(predict_next_n_words)){
 encoded <- texts_to_sequences(tokenizer,input_text)[[1]]
 encoded <- pad_sequences(sequences = list(encoded),maxlen =
input_length,padding = 'pre')
 yhat <- predict_classes(model,encoded, verbose = 0)
 next_word <- tokenizer$index_word[[as.character(yhat)]]
 input_text <- paste(input_text, next_word)
 }
 return(input_text) }
```

使用自定义函数 generate_sequence()从整数序列生成文本：

```
seed_1 = "Jack and"
cat("Text generated from seed 1: "
,generate_sequence(model,tokenizer,input_sequence_length,seed_1,11) ,"\n ")
seed_2 = "Jack fell"
cat("Text generated from seed 2:
```

```
",generate_sequence(model,tokenizer,input_sequence_length,seed_2,11
))
```

图 3-25 显示了模型从输入的文本中生成的文本。

```
Text generated from seed 1:  Jack and jill went up the hill to fetch a pail of water
 Text generated from seed 2:  Jack fell down and broke his crown and jill went up the hill
```

图 3-25 模型生成的文本

可以看出,模型在预测序列方面做得很好。

3.2.3 原理解析

要构建任何语言模型,都需要先将文本进行分词。分词是将文本分隔为一个个词语。默认情况下,Keras 分词器将语料库进行分隔生成一个单词列表,删除所有标点,将单词的字母转换为小写,并构建一个内部词汇表。由分词器生成的词汇表是一个单词索引列表,其中单词根据它们在数据集中的出现频率进行索引。在这个实例中,可以看到在童谣《杰克和吉尔》中,and 是最常见的单词,而 up 是第五常见的单词。语料库总共有 37 个单词。

在 3.2.2 节的步骤(1)中,将语料库转换为一个整数序列。请注意,text_tokenizer()的 num_words 参数根据词频定义了要保留的最大单词数。这意味着只有最前面的 n 个频繁词被保存在编码序列中。在步骤(2)中,从语料库生成特征列表和标签列表。

在 3.2.2 节的步骤(3)中,定义了 LSTM 神经网络。首先,对序列模型进行初始化,然后在模型中加入嵌入层。嵌入层将输入特征空间转化为一个 d 维的潜在特征,本实例中将其转换为 128 个潜在特征。接下来,添加一个有 50 个神经元的 LSTM 层。单词预测是一个分类问题,预测词汇表中的下一个单词。因此,添加了一个全连接层,神经元数量等于词汇表中单词的数量,采用 softmax 激活函数。

在 3.2.2 节的步骤(4)中,定义了一个函数,该函数将从给定的两个单词的初始集合生成文本,即模型从原来的前两个单词中预测下一个单词。在本实例中,第一个样本特征是"Jack and",预测的单词是"jill",从而创建了 3 个单词序列。在下一次迭代中,取句子的最后两个单词"and jill",并预测下一个单词"went"。该函数继续生成文本,直到生成的单词数等于 predict_next_n_words 参数的值为止。

3.2.4 内容拓展

在开发自然语言处理应用程序时,从文本数据中构造有意义的特征。可以使用许多技术来构建这些特征,如计数向量化、二进制向量化、词频-逆向文本频率(Term Frequency-Inverse Document Frequency,TF-IDF)、词嵌入等。下面的代码块演示了如何使用 R 中的 Keras 库为各种自然语言处理应用程序构建 TF-IDF 特征矩阵:

```
texts_to_matrix(tokenizer, input, mode = c("tfidf"))
```

mode 参数还可以取值为 binary、count、freq。

3.2.5 参考阅读

- 要了解更多关于于循环神经网络或长短时记忆网络中添加编码器-解码器网络的知识，请查阅论文 https://cs224d.stanford.edu/reports/Lambert.pdf。
- 要了解更多关于基于 Word2Vec 的神经网络的知识，请查阅文档 http://mccormickml.com/assets/word2vec/Alex_Minnaar_Word2Vec_Tutorial_Part_I_The_Skip-Gram_Model.pdf。

3.3 使用 GRU 实现时间序列预测

不同于 LSTM，**门控循环单元(Gate Recurrent Unit,GRU)**网络不使用记忆单元来控制信息流，可以直接利用所有隐状态。GRU 使用隐状态(短时记忆向量)来传输信息，而不是使用长时记忆向量(cell state)。GRU 通常比其他基于记忆的神经网络训练得更快，因为GRU 模型需要相对较少的训练参数和更少的张量操作，并且可以在更少的数据下很好地工作。GRU 模型有两个控制门，称为**重置门(reset gate)**和**更新门(update gate)**。重置门用来决定如何将新的输入与先前的记忆相结合，而更新门决定从先前的状态保留多少信息。与 LSTM 相比，GRU 中的更新门与 LSTM 中的输入门+遗忘门的作用相当，更新门控制当前状态需要从历史状态中保留多少信息。GRU 网络通过更新门合并短时记忆向量和长时记忆向量来简化模型。

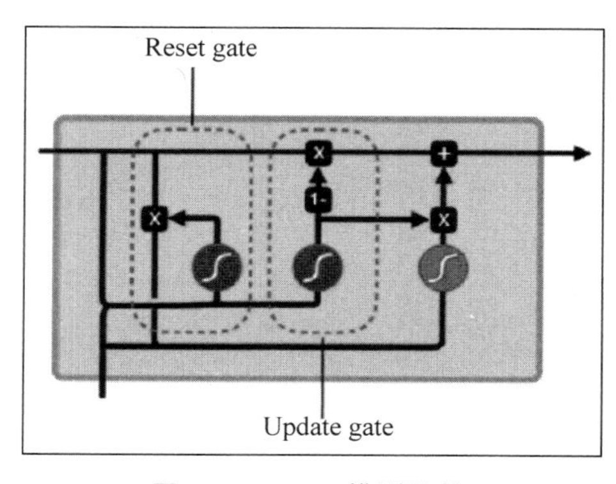

图 3-26 GRU 模型结构

GRU 模型结构如图 3-26 所示。

本实例使用 GRU 网络来预测洗发水的销售情况。

3.3.1 准备工作

在构建模型之前，先分析数据的趋势。

首先导入 Keras 库：

```
library(keras)
```

本实例使用洗发水的销售数据，可以从本书的 GitHub 存储库下载。该数据集包含 3 年期间洗发水的月销售额，由 36 行组成。原始数据集是由 Makridakis，Wheelwright，Hyndman (1998)提供的。

```
data = read.table("data/shampoo_sales.txt",sep = ',')
```

```
data <- data[-1,]
rownames(data) <- 1:nrow(data)
colnames(data) <- c("Year_Month","Sales")
head(data)
```

Year_Month	Sales
1-01	266.0
1-02	145.9
1-03	183.1
1-04	119.3
1-05	180.3
1-06	168.5

图 3-27　查看数据集中部分数据

数据集的部分数据如图 3-27 所示。

分析 Sales 列的数据趋势：

```
# 绘制折线图查看数据趋势
library(ggplot2)
q = ggplot(data = data, aes(x = Year_Month, y = Sales,group = 1)) +
geom_line()
q = q + theme(axis.text.x = element_text(angle = 90, hjust = 1))
q
```

数据的趋势如图 3-28 所示。

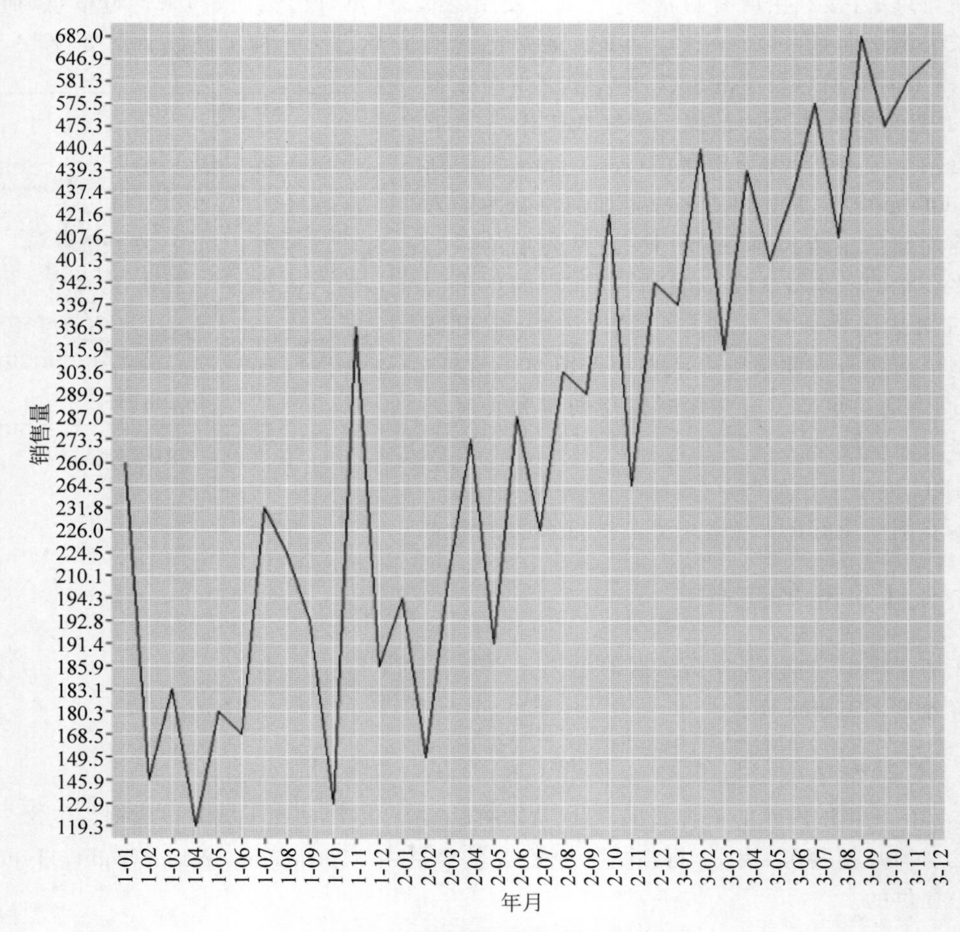

图 3-28　洗发水销售数据折线图

可以看到数据有上升趋势。

3.3.2 操作步骤

进入数据处理部分。

(1) 查看数据中 Sales 列的数据类型：

```
class(data$Sales)
```

注意，在数据中，Sales 列是 R 的因子数据类型(分类变量)。为了后续分析该数据，需要将它转换为数值型：

```
data$Sales <- as.numeric(as.character(data$Sales))
class(data$Sales)
```

代码执行后 Sales 列转为数值型。

(2) 为了实现时间序列预测，需要将数据转换为平稳序列。可以使用 diff()函数迭代计算序列数据的差分值(序列中的后项减前项)。将参数 differences 的值设为 1，表示差分的延迟为 1。

```
data_differenced = diff(data$Sales, differences = 1)
head(data_differenced)
```

差分运算后生成一部分数据如图 3-29 所示。

-120.1　37.2　-63.8　61　-11.8　63.3

图 3-29　差分运算后生成的部分数据

(3) 创建一个用于监督学习的数据集，以便应用 GRU。将 data_differenced 序列中的各元素都往后移动 1 格作为输入，即将时刻(t−1)的值作为输入，将时刻 t 的值作为输出。

```
data_lagged = c(rep(NA, 1),
data_differenced[1:(length(data_differenced) - 1)])
data_preprocessed =
as.data.frame(cbind(data_lagged,data_differenced))
colnames(data_preprocessed) <- c( paste0('x - ', 1), 'x')
data_preprocessed[is.na(data_preprocessed)] <- 0
head(data_preprocessed)
```

为监督学习构造的数据集如图 3-30 所示。

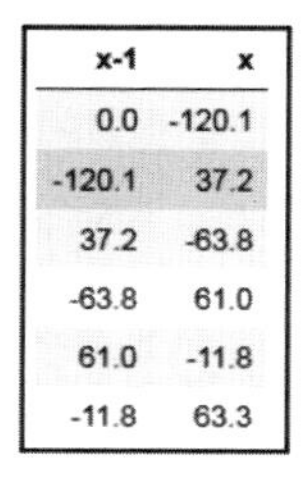

x-1	x
0.0	-120.1
-120.1	37.2
37.2	-63.8
-63.8	61.0
61.0	-11.8
-11.8	63.3

图 3-30　构造的数据集

(4) 需要将数据分成训练集和验证集。在时间序列问题中，不能对数据进行随机抽样，因为数据的顺序很重要。因此，需要对数据进行分割，将序列的前 70%作为训练数据，剩余 30%作为测试数据。

```
N = nrow(data_preprocessed)
n = round(N * 0.7, digits = 0)
```

```
train = data_preprocessed[1:n, ]
test = data_preprocessed[(n+1):N,]
print("Training data snapshot :")
head(train)
print("Testing data snapshot :")
head(test)
```

训练集的部分记录如图 3-31 所示。

验证集的部分记录如图 3-32 所示。

[1] "Training data snapshot :"

x-1	x
0.0	-120.1
-120.1	37.2
37.2	-63.8
-63.8	61.0
61.0	-11.8
-11.8	63.3

图 3-31 训练集的部分记录

[1] "Testing data snapshot :"

x-1	x
-2.6	100.7
100.7	-124.5
-124.5	123.4
123.4	-38.0
-38.0	36.1
36.1	138.1

图 3-32 验证集的部分记录

(5) 将数据归一化处理成适合于模型所选激活函数的范围。模型中使用 tanh 函数作为激活函数，tanh 函数的值域是(−1,1)，这里采用最小-最大归一化方法来处理数据。

```
scaling_data = function(train, test, feature_range = c(0, 1)) {
 x = train
 fr_min = feature_range[1]
 fr_max = feature_range[2]
 std_train = ((x - min(x) ) / (max(x) - min(x) ))
 std_test = ((test - min(x) ) / (max(x) - min(x) ))
 scaled_train = std_train * (fr_max - fr_min) + fr_min
 scaled_test = std_test * (fr_max - fr_min) + fr_min
 return( list(scaled_train = as.vector(scaled_train), scaled_test =
as.vector(scaled_test) ,scaler= c(min =min(x), max = max(x))) )
}
Scaled = scaling_data(train, test, c(-1, 1))
y_train = Scaled$scaled_train[, 2]
x_train = Scaled$scaled_train[, 1]
y_test = Scaled$scaled_test[, 2]
x_test = Scaled$scaled_test[, 1]
```

编写一个函数来将模型预测值还原为原始变量尺度。在得出最终预测值时要使用这个函数。

```
##反向转换
invert_scaling = function(scaled, scaler, feature_range = c(0, 1)){
 min = scaler[1]
```

```
 max = scaler[2]
 t = length(scaled)
 mins = feature_range[1]
 maxs = feature_range[2]
 inverted_dfs = numeric(t)
 for( i in 1:t){
 X = (scaled[i]- mins)/(maxs - mins)
 rawValues = X * (max - min) + min
 inverted_dfs[i] <- rawValues
 }
 return(inverted_dfs)
}
```

(6) 定义模型并配置层。将数据重构为 3D 格式,以便将其输入模型。

```
# Reshaping the input to 3 - dimensional
dim(x_train) <- c(length(x_train), 1, 1)
# specify required arguments
batch_size = 1
units = 1
model <- keras_model_sequential()
model %>%
 layer_gru(units, batch_input_shape = c(batch_size,
dim(x_train)[2], dim(x_train)[3]), stateful = TRUE) %>%
 layer_dense(units = 1)
```

查看模型摘要信息:

```
summary(model)
```

模型摘要信息如图 3-33 所示。

```
Layer (type)                Output Shape              Param #
================================================================
gru_1 (GRU)                 (1, 1)                    9

dense_1 (Dense)             (1, 1)                    2
================================================================
Total params: 11
Trainable params: 11
Non-trainable params: 0
```

图 3-33　模型的摘要信息

接着,编译模型:

```
model %>% compile(
 loss = 'mean_squared_error',
 optimizer = optimizer_adam( lr = 0.01, decay = 1e - 6 ),
 metrics = c('accuracy')
)
```

(7) 每次迭代,模型拟合一次训练数据并重置模型状态,模型迭代 50 步。

```
for(i in 1:50 ){
 model %>% fit(x_train, y_train, epochs = 1, batch_size = batch_size,
verbose = 1, shuffle = FALSE)
 model %>% reset_states()
}
```

(8) 对验证集进行预测,并使用 inverse_scaling 函数将预测值变换为原数据的尺度。

```
scaler = Scaled$scaler
predictions = vector()
for(i in 1:length(x_test)){
 X = x_test[i]
 dim(X) = c(1,1,1)
 yhat = model %>% predict(X, batch_size = batch_size)
 # invert scaling
 yhat = invert_scaling(yhat, scaler, c(-1, 1))
 # invert differencing
 yhat = yhat + data$Sales[(n+i)]
 # store
 predictions[i] <- yhat
}
```

查看验证集的预测结果:

```
Predictions
```

验证集的预测值如图 3-34 所示。

```
348.112441666424  359.491248017549  379.598579031229  354.127689468861  413.616816712916  423.328302359581  455.889744898677
461.995177252591  513.082208752632  505.667284664512  502.387261849642
```

图 3-34 验证集的预测值

从测试数据的预测值,可以发现模型的预测效果很好。

3.3.3 原理解析

在 3.3.2 节的步骤(1)中查看数据集 Sales 列的数据类型,该列是模型要预测的列。将 Sales 列的数据类型转换为数值型。步骤(2)将输入数据转换为平稳序列,通过一阶差分操作可以消除序列中的随机性趋势(随机波动)。由图 3-28 可以看出输入数据有递增趋势。在时间序列预测中,建议在建模前去除随机性趋势因素。随机性趋势因素可以在以后添加回预测值中,这样就可以在原始数据尺度中得到预测值。在实例中,通过对数据进行一阶差分来消除随机性趋势,也就是说,用当前的观测值减去前一个观测值。

在使用 LSTM 和 GRU 等算法时,需要提供监督学习形式的训练数据,也就是说,以预测变量(自变量)和目标变量(因变量)的形式。在时间序列问题中,对于任意滞后 k 步的数据序列，时间($t-k$)值作为时间 t 值的输入。在本实例中，k 等于1，所以在3.3.2节的步骤(3)中，通过将当前数据右移一格创建了一个滞后数据集。通过这样做，在数据中看到了 $X=t-1$ 和 $Y=t$ 的模式。创建的滞后数据序列作为预测变量。

在3.3.2节的步骤(4)中，将数据分成训练集和验证集。随机抽样不能保证时间序列数据中观测结果的顺序。因此，在保持观察顺序不变的情况下切分数据。将前70%的数据作为训练集，其余30%作为验证集。n 表示分切点，是训练集的最后一个样本序号，$n+1$ 表示测试数据的起始序号。步骤(5)对数据做归一化处理。GRU模型要求训练数据在网络使用的激活函数的值域范围内。由于本例使用tanh作为激活函数，值域在(−1,1)范围内，因此，将训练集和验证集规范化为(−1,1)范围内。使用了**最小-最大归一化方法(min-max scaling)**，计算公式如下：

$$z_i=\frac{x_i-x_{\min}}{x_{\max}-x_{\min}}$$

在训练集上求得 $x_{\max}$ 和 $x_{\min}$，在验证集进行归一化时用同样的系数。这样做是为了避免测试数据集的最大值和最小值与训练集有差异造成计算结果的偏差。这就是为什么这里使用训练数据的最大值和最小值作为最小-最大归一化公式中的系数来对训练集和验证集以及预测值进行缩放。实例中还创建了一个名为invert_scaling的函数来对缩放后的值进行反向缩放，并将预测值映射回原数据尺度。

GRU模型输入的数据格式为[batch_size, timesteps, features]。batch_size定义了每次迭代向模型输入的批量样本数。timesteps表示模型进行预测时需要读入多少个历史数据(即滑动窗口的尺寸)。在本例中，将其设置为1。features参数表示使用的预测器的数量，在本例中为1。在3.3.2节的步骤(6)中，将输入数据重构为模型所需格式，并将其输入GRU层。注意，实例中指定了参数stateful=TRUE(有状态设置)，则批次中索引i处的每个样本的最后状态将用作后续批次中索引i的样本的初始状态。

假定不同连续批次的样本之间存在一一对应的映射。units参数表示输出空间的维数。因为本例处理的是预测连续值，取units=1。定义模型参数后，编译模型，并指定mean_squared_error作为损失函数，adam作为优化器，学习率为0.01。使用准确率作为模型的评价指标。接着查看模型的概要信息。

定义以下符号表示：

- f 为前馈神经网络(FeedForward Neural Networks，FFNN)的神经元个数(在GRU中为3)；
- h 是隐藏单元的大小；
- i 是输入数据的尺寸。

由于每个FFNN有 $h(h+i)+h$ 个参数，可以计算出GRU中要训练的参数个数是：

$$\text{num\_params}=f\times[h(h+i)+h];\quad \text{GRU 的 } f=3$$

在3.3.2节的步骤(7)中，每次迭代，模型拟合训练数据。shuffle参数的值指定为

false,以避免在构建模型时对训练数据进行的随机洗牌,这是因为样本之间是时间相依的。通过 reset_states()函数在每次迭代后重置网络状态,这是因为在步骤(6)中 GRU 模型定义了 stateful=true,因此需要在每次迭代后重置 LSTM 的状态,以便下一次迭代从新的状态开始训练。在最后一步中,预测测试数据集的值。为了将预测值缩放回原始数据的尺度,使用了步骤(5)中定义的 inverse_scaling 函数。

3.3.4 内容拓展

在处理大型数据集时,经常会在训练深度学习模型时耗尽内存。R 中的 Keras 库提供了各种实用的生成器函数,这些函数在训练过程中动态生成批量训练数据。Keras 还提供了一个用于创建批量时间序列数据的函数。下面的代码创建了一个监督学习训练集,类似于 3.3.2 节中创建的数据集。使用生成器的程序如下:

```
# 导入所需的库
library(reticulate)
library(keras)
# 生成序列数据(1,2,3,4,5,6,7,8,9,10)
data = seq(from = 1,to = 10)
# 定义时间序列生成器
gen = timeseries_generator(data = data,targets = data,length = 1,batch_size= 5)
# 输出第一个批次样本
iter_next(as_iterator(gen))
```

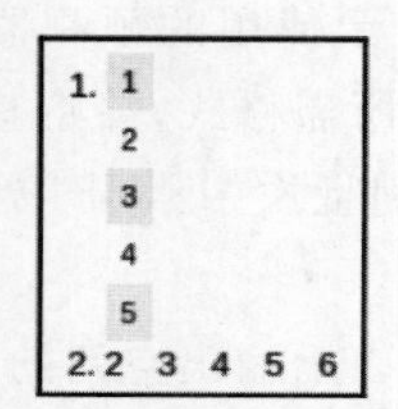

图 3-35 生成器生成的第一批数据

图 3-35 显示了生成器的第一批数据。可以看到 generator 对象生成了一个包含两个序列数据的列表;第一个序列为特征向量(自变量),第二个序列为对应的标签向量(因变量)。

下面的代码为时间序列数据实现了一个自定义生成器。lookback 参数可以非常便捷地控制使用多少历史值来预测未来的值或序列。future_steps 定义要预测的未来时间步数。

```
generator <- function (data,lookback = 3 ,future_steps = 3,batch_size = 3 ){
 new_data = data
 for(i in seq(1,3)){
 data_lagged = c(rep(NA, i), data[1:(length(data) - i)])
 new_data = cbind(data_lagged,new_data)
 }
 targets = new_data[future_steps:length(data),(ncol(new_data) - (future_steps - 1)):ncol
(new_data)]
 gen = timeseries_generator(data = data[1:(length(data) - (future_steps - 1))],targets =
targets,length = lookback,batch_size = batch_size) }
cat("First batch of generator:")
iter_next(as_iterator(generator(data = data,lookback = 3,future_steps = 2)))
```

图 3-36 显示了自定义生成器生成的第一批样本。

由图 3-36 可以看到，在列表 1 中，按参数 lookback＝3 生成特征序列(参数 batch_size＝3，因此列表 1 中有 3 行，代表 3 个特征序列；参数 lookback＝3，因此每序列中有 3 个元素)；在列表 2 中，按参数 future_steps＝2，生成列表 1 中对应 3 个序列预测两步的输出，比如，输入(1，2，3)，预测输出(4，5)。

```
First batch of generator:

1. 1 2 3
   2 3 4
   3 4 5
2. 4 5
   5 6
   6 7
```

图 3-36　生成器生成的第一批样本

3.3.5　参考阅读

- 要了解如何利用 LSTM 处理具有季节因素的时间序列数据，请查阅论文 https://arxiv.org/pdf/1909.04293.pdf。

3.4　实现双向循环神经网络

双向循环神经网络(Bidirectional Recurrent Neural Networks，Bi-RNN)是 RNN 的一种变体，它将输入数据按时间顺序和时间逆序输入到两个网络中。可以使用各种归并模式对顺序和逆序两个网络的输出的每个时间步进行归并，归并模式有求和、连接、乘法和平均。双向循环神经网络主要用于解决诸如整个语句或文本的语意与整个文本序列相关联，而不仅仅是与部分相邻上下文相关联的问题。Bi-RNN 训练要借助于很长的梯度链，训练代价很高。图 3-37 是 Bi-RNN 的结构图。

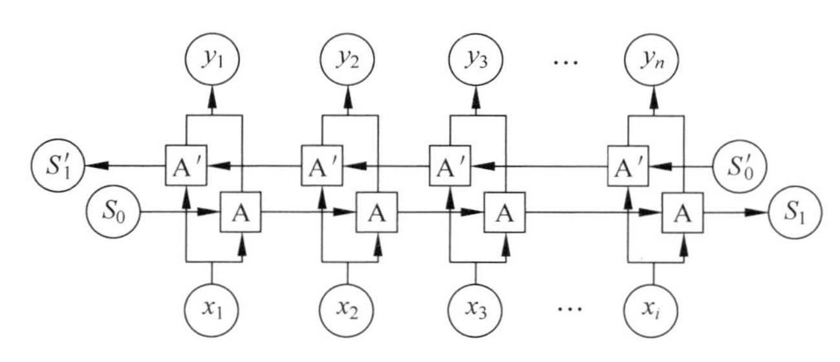

图 3-37　Bi-RNN 的结构图

本实例将实现一种 Bi-RNN 模型用于 IMDb 评论的情感分类。

3.4.1　操作步骤

本节使用 IMDb 评论数据集。数据预处理步骤与 3.1 节的操作相同。因此这里跳过数据预处理，直接进入模型构建部分。

(1) 创建序贯模型对象：

```
model <- keras_model_sequential()
```

(2)添加一些神经网络层到模型中,并输出模型的摘要信息:

```
model %>%
 layer_embedding(input_dim = 2000, output_dim = 128) %>%
 bidirectional(layer_simple_rnn(units = 32),merge_mode = "concat")
%>%
 layer_dense(units = 1, activation = 'sigmoid')
summary(model)
```

模型的概要信息如图 3-38 所示。

```
Layer (type)                     Output Shape              Param #
==================================================================
embedding (Embedding)            (None, None, 128)         256000
bidirectional (Bidirectional)    (None, 64)                10304
dense (Dense)                    (None, 1)                 65
==================================================================
Total params: 266,369
Trainable params: 266,369
Non-trainable params: 0
```

图 3-38 模型的摘要信息

(3)编译和训练模型:

```
# 编译模型
model %>% compile(
 loss = "binary_crossentropy",
 optimizer = "adam",
 metrics = c("accuracy") )
# 训练模型
model %>% fit(
 train_x,train_y,
 batch_size = 32,
 epochs = 10,
 validation_split = .2
)
```

(4)评估模型性能并输出性能指标:

```
scores <- model %>% evaluate(
 test_x, test_y,
 batch_size = 32
)
cat('Test score:', scores[[1]],'\n')
cat('Test accuracy', scores[[2]])
```

图 3-39 显示了模型在验证集上的性能指标。模型正确率约为 75.7%。

```
Test score: 1.067133
Test accuracy 0.75688
```

图 3-39 模型在验证集上的损失函数值和准确率

3.4.2 原理解析

在建模前，需要先准备数据。想了解更多关于数据预处理部分的知识，可以参考 3.1 节的内容。

在 3.4.1 节的步骤(1)中实例化了一个 Keras 序贯模型。步骤(2)向序贯模型添加神经网络层。首先加入嵌入层，对输入特征空间进行降维处理。然后，在模型中添加一个双向循环神经网络层(参数 merge_mode="concat")。归并模式定义了如何组合顺序和逆序网络的输出，归并模式有求和、乘法、平均和无操作。最后，添加了一个带有一个隐藏层的全连接网络层，并使用 sigmoid 作为激活函数。

在 3.4.1 节的步骤(3)中，使用二元交叉熵(binary_crossenropy)作为损失函数来编译模型，因为本例是解决一个二元分类问题。模型使用了 adam 优化器，在训练数据集上训练模型。在步骤(4)中，评估模型在验证集上的准确率，评价模型在验证集上的性能。

3.4.3 内容拓展

尽管双向循环神经网络是一种最先进的技术，但在使用它们时存在一些限制。由于双向循环神经网络的作用方向有顺序和逆序两个方向，所以它们的梯度链很长，造成训练速度非常慢。此外，向循环神经网络也只用于非常特定的应用领域，如填补缺失的单词、机器翻译等等。该算法的另一个主要问题是，如果机器的内存受限，训练很难进行。

第4章 使用 Keras 实现自动编码器

CHAPTER 4

自动编码器是一种能够对输入数据进行有效编码的特殊前馈神经网络。编码的维数可以比输入数据的维数低，也可以更高。自动编码器是一种无监督的深度学习技术，它学习输入数据在潜在的特征空间的表示。自动编码器可用于多种应用，如降维、图像压缩、图像去噪、图像生成和特征提取。

本章将介绍以下实战案例：

- 实现基本自动编码器；
- 降维自动编码器；
- 去噪自动编码器；
- 自动编码器的黑白图像着色实战。

4.1 实现基本自动编码器

基本自动编码器(vanilla autoencoder)由以下两个网络组成。

- **编码器**：将输入数据 $\boldsymbol{x}_i$ 编码为隐藏表示 $\boldsymbol{h}$。编码器单元的输出如下：

$$\boldsymbol{h}=g(\boldsymbol{W}\boldsymbol{x}_i+\boldsymbol{b})$$

其中，$\boldsymbol{x}_i \in \mathbf{R}^n$，$\boldsymbol{W} \in \mathbf{R}^{d\times n}$，$\boldsymbol{b} \in \boldsymbol{R}^{\mathrm{d}}$。

- **解码器**：从隐藏表示 $\boldsymbol{h}$ 中重建输入。解码器单元的输出如下：

$$\hat{\boldsymbol{x}}_i=f(\boldsymbol{W}*\boldsymbol{h}+\boldsymbol{c})$$

其中，$\boldsymbol{W} \in \mathbf{R}^{n\times d}$，$\boldsymbol{h} \in \mathbf{R}^d$，$c \in \mathbf{R}^n$。

自动编码器神经网络尝试从编码表示 $\boldsymbol{h}$ 中重建原始输入 $\boldsymbol{x}_i$ 的 d 维近似表示 $\hat{\boldsymbol{x}}_i$。对网络进行训练，以最大限度地减少重建误差(损失函数)，误差指原始输入和预测输出之间差异的度量，可以表示为 $L(\boldsymbol{x}_i,\hat{\boldsymbol{x}}_i)$。

若输出的编码表示的维度小于输入数据的维度，则这种自动编码器称为**收缩自动编码器(under-complete autoencoder)**；若输出的编码表示的维度大于输入数据的维度，则这种自动编码器称为**过完备自动编码器(overcomplete autoencoder)**。

收缩自动编码器和过完备自动编码器的结构图如图 4-1 所示。

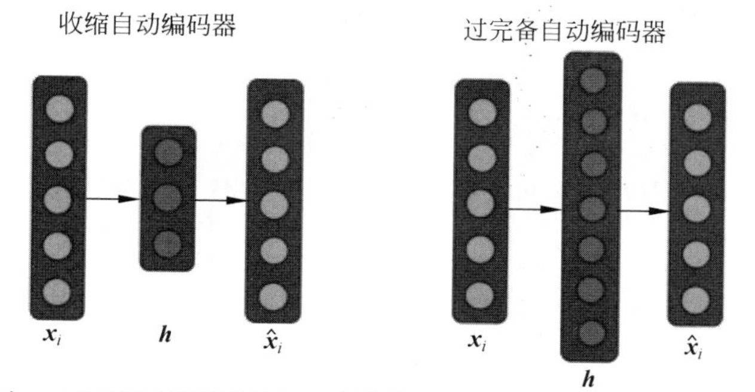

其中：x_i表示自动编码器输入；h是隐藏表示(潜在空间)；$\hat{}x_i$是重建的输出

图 4-1　收缩自动编码器和过完备自动编码器的结构图

下面将实现一个收缩自动编码器。

4.1.1　准备工作

本实例使用 MNIST 手写数字数据集。它具有 60 000 个样本的训练集和 10 000 个样本的验证集。

导入所需的库：

```
library(keras)
library(abind)
library(grid)
```

导入训练集和验证集：

```
data = dataset_mnist()
x_train = data$train$x
x_test = data$test$x
cat("Train data dimnsions",dim(x_train),"\n")
cat("Test data dimnsions",dim(x_test))
```

从图 4-2 可以看到，MNIST 数据集中训练数据具有 60 000 张图片，验证集有 10 000 张图片，图片分辨率为 28×28 像素。

```
Train data dimnsions 60000 28 28
Test data dimnsions 10000 28 28
```

图 4-2　训练集和验证集中图片数量和维度信息

查看第一张图片的数据：

```
x_train[1,,]
```

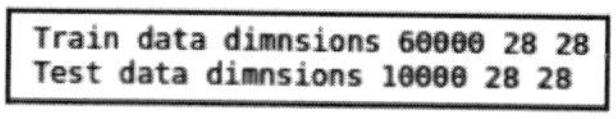

从图 4-3 中可以看到一张图片的二维数组形式。

将训练集和验证集的图片灰度值归一化到(0,1)区间，然后将 28×28 像素的每张图像展成 784 个元素的一维数组。

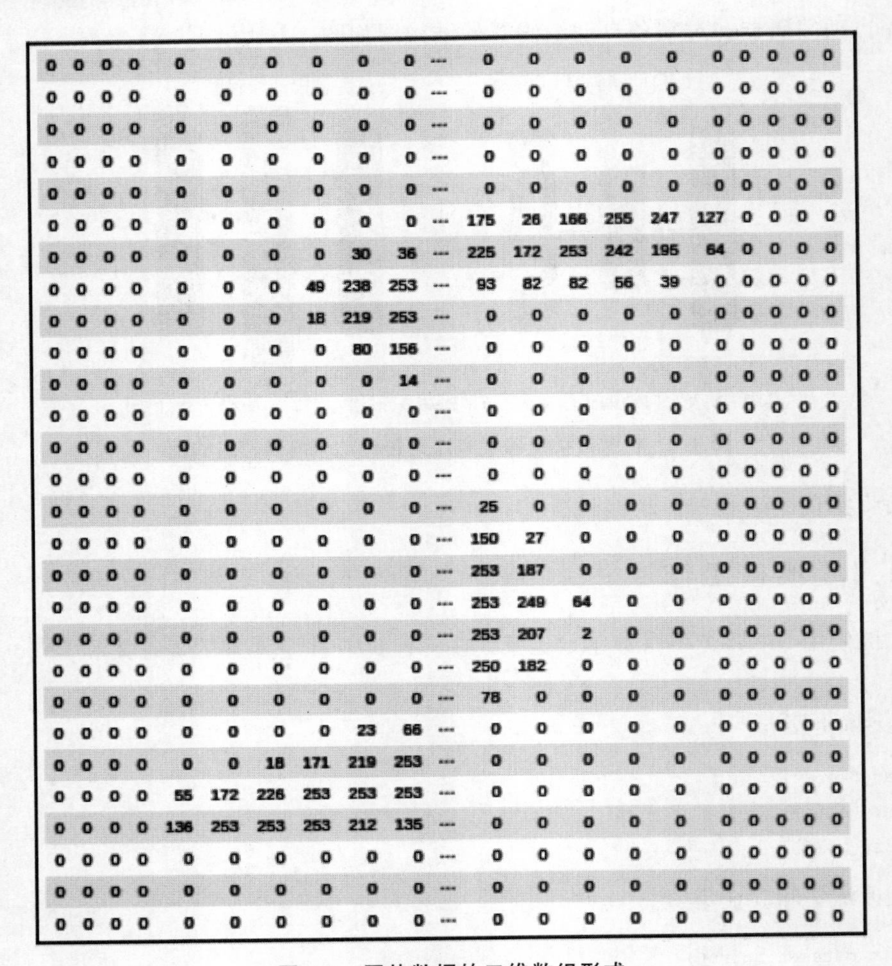

0	0	0	0	0	0	0	0	0	0	---	0	0	0	0	0	0	0	0	0	0
0	0	0	0	0	0	0	0	0	0	---	0	0	0	0	0	0	0	0	0	0
0	0	0	0	0	0	0	0	0	0	---	0	0	0	0	0	0	0	0	0	0
0	0	0	0	0	0	0	0	0	0	---	0	0	0	0	0	0	0	0	0	0
0	0	0	0	0	0	0	0	0	0	---	0	0	0	0	0	0	0	0	0	0
0	0	0	0	0	0	0	0	0	0	---	175	26	166	255	247	127	0	0	0	0
0	0	0	0	0	0	0	0	30	36	---	225	172	253	242	195	64	0	0	0	0
0	0	0	0	0	0	0	49	238	253	---	93	82	82	56	39	0	0	0	0	0
0	0	0	0	0	0	0	18	219	253	---	0	0	0	0	0	0	0	0	0	0
0	0	0	0	0	0	0	0	80	156	---	0	0	0	0	0	0	0	0	0	0
0	0	0	0	0	0	0	0	0	14	---	0	0	0	0	0	0	0	0	0	0
0	0	0	0	0	0	0	0	0	0	---	0	0	0	0	0	0	0	0	0	0
0	0	0	0	0	0	0	0	0	0	---	0	0	0	0	0	0	0	0	0	0
0	0	0	0	0	0	0	0	0	0	---	0	0	0	0	0	0	0	0	0	0
0	0	0	0	0	0	0	0	0	0	---	25	0	0	0	0	0	0	0	0	0
0	0	0	0	0	0	0	0	0	0	---	150	27	0	0	0	0	0	0	0	0
0	0	0	0	0	0	0	0	0	0	---	253	187	0	0	0	0	0	0	0	0
0	0	0	0	0	0	0	0	0	0	---	253	249	64	0	0	0	0	0	0	0
0	0	0	0	0	0	0	0	0	0	---	253	207	2	0	0	0	0	0	0	0
0	0	0	0	0	0	0	0	0	0	---	250	182	0	0	0	0	0	0	0	0
0	0	0	0	0	0	0	0	0	0	---	78	0	0	0	0	0	0	0	0	0
0	0	0	0	0	0	0	0	23	66	---	0	0	0	0	0	0	0	0	0	0
0	0	0	0	0	0	18	171	219	253	---	0	0	0	0	0	0	0	0	0	0
0	0	0	0	55	172	226	253	253	253	---	0	0	0	0	0	0	0	0	0	0
0	0	0	0	136	253	253	253	212	135	---	0	0	0	0	0	0	0	0	0	0
0	0	0	0	0	0	0	0	0	0	---	0	0	0	0	0	0	0	0	0	0
0	0	0	0	0	0	0	0	0	0	---	0	0	0	0	0	0	0	0	0	0
0	0	0	0	0	0	0	0	0	0	---	0	0	0	0	0	0	0	0	0	0

图 4-3　图片数据的二维数组形式

```
x_train = x_train/ 255
x_test = x_test / 255
x_train <- array_reshape(x_train, c(nrow(x_train), 784))
x_test <- array_reshape(x_test, c(nrow(x_test), 784))
```

至此对数据集中的数据已有所了解，现在开始建立模型。

4.1.2　操作步骤

现在，继续建立模型。

(1) 定义一个变量 encoding_dim，将其赋值为期望输入数据压缩为多少维度的编码。然后，定义模型的输入层：

```
encoding_dim = 32
```

```
input_img = layer_input(shape = c(784),name = "input")
```

（2）构建一个编码器和解码器，并将它们结合起来以构建一个自动编码器：

```
encoded = input_img %>% layer_dense(units = encoding_dim,
activation = 'relu',name = "encoder")
decoded = encoded %>% layer_dense(units = c(784),
activation = 'sigmoid',name = "decoder")
# this model maps an input to its reconstruction
autoencoder = keras_model(input_img, decoded)
```

输出自动编码器模型的摘要信息：

```
summary(autoencoder)
```

模型的摘要信息如图 4-4 所示。

```
Layer (type)                Output Shape              Param #
=================================================================
input (InputLayer)          (None, 784)               0
encoder (Dense)             (None, 32)                25120
decoder (Dense)             (None, 784)               25872
=================================================================
Total params: 50,992
Trainable params: 50,992
Non-trainable params: 0
```

图 4-4 自动编码器模型的摘要信息

（3）编译和训练模型：

```
# 编译模型
autoencoder %>% compile(optimizer = 'adadelta',
loss = 'binary_crossentropy')
# 训练模型
autoencoder %>% fit(x_train, x_train,
 epochs = 50,
 batch_size = 256,
 shuffle = TRUE,
 validation_data = list(x_test, x_test))
```

模型在验证集上的预测输出，可视化显示测试图片和预测结果：

```
# 预测
predicted <- autoencoder %>% predict(x_test)
# 验证集的原始图像
grid = array_reshape(x_test[20,],dim = c(28,28))
for(i in seq(1,5)){
 grid = abind(grid,array_reshape(x_test[i,],dim = c(28,28)),along = 2)
}
grid.raster(grid, interpolate = FALSE)
```

```
# 重建的图像
grid1 = array_reshape(predicted[20,],dim = c(28,28))
for(i in seq(1,5)){
 grid1 = abind(grid1,array_reshape(predicted[i,],dim = c(28,28)),along = 2)
}
grid.raster(grid1, interpolate = FALSE)
```

部分测试数据如图 4-5 所示。

测试数据的预测输出如图 4-6 所示。

图 4-5 测试数据示例

图 4-6 测试数据示例的输出

可以看到,验证集的所有图像均已通过模型准确重建。

4.1.3 原理解析

在 4.1.2 节的步骤(1)中,初始化了一个变量 encode_dim,赋值为编码表示形式的维数。本例实现一个收缩自动编码器,该编码器将输入特征空间压缩到较低的维度,因此 encode_dim 小于输入数据维度。接下来,定义自动编码器的输入层,该输入层使用大小为 784 个元素的数组作为输入。

在 4.1.2 节的步骤(2)建立了一个自动编码器模型。首先定义了编码器和解码器网络,然后将它们组合以创建自动编码器。请注意,编码器层中的神经元数等于 encode_dim,用于将 784 维的输入数据压缩为 32 维。解码器层中的神经元数量与输入维数相同,因为解码器会尝试重建输入。构建自动编码器后,输出模型摘要信息。在步骤(3)中,将模型配置为使用 Adadelta 优化器、二进制交叉熵作为损失函数,然后训练模型。将 fit 函数的输入数据和期望输出数据均设置为 x_train。

在最后一步中,可视化输出验证集中的一些样本图像的预测图像。

4.1.4 内容拓展

在基础自动编码器中,解码器和编码器网络具有完全连接的全连接层。卷积自动编码器通过用卷积层替换基础编码器的全连接层来改进基础自动编码器拓扑结构。像基础自动编码器一样,卷积自动编码器中输入层的尺寸与输出层的尺寸相同。该自动编码器的编码器网络具有卷积层,而解码器网络具有转置的卷积层或与卷积层耦合的上采样层。

下面的代码块实现了卷积自动编码器,其中解码器网络由上采样层和卷积层组成,此方法按比例放大输入,然后应用卷积运算。在 4.3 节中实现了带有转置卷积层的自动编码器。

以下代码显示了卷积自动编码器的实现：

```
x_train = x_train/ 255
x_test = x_test / 255
x_train = array_reshape(x_train, c(nrow(x_train), 28,28,1))
x_test = array_reshape(x_test, c(nrow(x_test), 28,28,1))
input_img = layer_input(shape = c(28, 28, 1))
x = input_img %>% layer_conv_2d(32, c(3, 3), activation = 'relu',
padding = 'same')
x = x %>% layer_max_pooling_2d(c(2, 2), padding = 'same')
x = x %>% layer_conv_2d(18, c(3, 3), activation = 'relu', padding = 'same')
x = x %>% layer_max_pooling_2d(c(2, 2), padding = 'same')
x = x %>% layer_conv_2d(8, c(3, 3), activation = 'relu', padding = 'same')
encoded = x %>% layer_max_pooling_2d(c(2, 2), padding = 'same')
x = encoded %>% layer_conv_2d(8, c(3, 3), activation = 'relu',
padding = 'same')
x = x %>% layer_upsampling_2d(c(2, 2))
x = x %>% layer_conv_2d(8, c(3, 3), activation = 'relu', padding = 'same')
x = x %>% layer_upsampling_2d(c(2, 2))
x = x %>% layer_conv_2d(16, c(3, 3), activation = 'relu')
x = x %>% layer_upsampling_2d(c(2, 2))
decoded = x %>% layer_conv_2d(1, c(3, 3), activation = 'sigmoid',
padding = 'same')
autoencoder = keras_model(input_img, decoded)
summary(autoencoder)
autoencoder %>% compile(optimizer = 'adadelta', loss = 'binary_crossentropy')
autoencoder %>% fit(x_train, x_train,
 epochs = 20,
 batch_size = 128,
 validation_data = list(x_test, x_test))
predicted <- autoencoder %>% predict(x_test)
```

使用卷积自动编码器重建的部分测试图像如图 4-7 所示。

图 4-7　卷积自动编码器重建的部分测试图像

从图 4-7 可以看出，模型在原始图像重建上取得了很好效果。

4.2　降维自动编码器

自动编码器可以学习数据在低维空间的特征投影，这些投影可以帮助降低数据的维数，并且在较低维空间中不会造成大量信息丢失。编码器在压缩过程中压缩输入数据并提取最重要的特征(也称为潜在特征)。解码器与编码器相反,它尝试尽可能接近地重建原始输入。在对原始输入数据进行编码时,自动编码器会尝试使用较少的特征来捕获原数据的最大方差。

本实例构建一个深度自动编码器以提取低维潜在特征,并演示如何使用此低维特征集来解决各种学习问题,例如回归、分类等。数据降维后减少了模型训练时间。对数据降低维度的同时,自动编码器还可以学习数据中存在的非线性特征,从而增强模型的性能。

4.2.1 准备工作

4.1 节实现了最简单的自动编码器。本实例使用 MNIST 手写数字数据集构建一个深度自动编码器,以演示降维效果。数据预处理过程与 4.1 节相同。本例从编码器网络中提取编码特征(低维),然后在解码器中使用这些编码特征来重建原始输入并评估重建误差。可以使用编码器和解码器模型来构建手写数字分类模型。

4.2.2 操作步骤

现在开始构建深度自动编码器。深度自动编码器的编码器和解码器网络具有多层结构。

(1) 创建自动编码器:

```
encoded_dim = 32
# 输入层
input_img <- layer_input(shape = c(784),name = "input")
# 定义编码器的层
encoded = input_img %>%
 layer_dense(128, activation = 'relu',name = "encoder_1") %>%
 layer_dense(64, activation = 'relu',name = "encoder_2") %>%
 layer_dense(encoded_dim, activation = 'relu',name = "encoder_3")
# 定义解码器的各层
decoded = encoded %>%
 layer_dense(64, activation = 'relu',name = "decoder_1") %>%
 layer_dense(128, activation = 'relu',name = "decoder_2") %>%
 layer_dense(784,activation = 'sigmoid',name = "decoder_3")
# 自动编码器
autoencoder = keras_model(input_img, decoded)
summary(autoencoder)
```

自动编码器模型的摘要信息如图 4-8 所示。

(2) 创建一个单独的编码器模型,此模型将输入映射到其编码表示:

```
encoder = keras_model(input_img, encoded)
summary(encoder)
```

编码器网络的摘要信息如图 4-9 所示。

```
Layer (type)                 Output Shape              Param #
================================================================
input (InputLayer)           (None, 784)               0
________________________________________________________________
encoder_1 (Dense)            (None, 128)               100480
________________________________________________________________
encoder_2 (Dense)            (None, 64)                8256
________________________________________________________________
encoder_3 (Dense)            (None, 32)                2080
________________________________________________________________
decoder_1 (Dense)            (None, 64)                2112
________________________________________________________________
decoder_2 (Dense)            (None, 128)               8320
________________________________________________________________
decoder_3 (Dense)            (None, 784)               101136
================================================================
Total params: 222,384
Trainable params: 222,384
Non-trainable params: 0
```

图 4-8　自动编码器模型的摘要信息

```
Layer (type)                 Output Shape              Param #
================================================================
input (InputLayer)           (None, 784)               0
________________________________________________________________
encoder_1 (Dense)            (None, 128)               100480
________________________________________________________________
encoder_2 (Dense)            (None, 64)                8256
________________________________________________________________
encoder_3 (Dense)            (None, 32)                2080
================================================================
Total params: 110,816
Trainable params: 110,816
Non-trainable params: 0
```

图 4-9　编码器网络的摘要信息

（3）创建一个单独的解码器模型：

```
# 定义解码器的输入层
encoded_input = layer_input(shape = c(32),name = "encoded_input")
# 从步骤(1)中创建的自动编码器模型中检索解码器的 3 个层
decoder_layer1 <- get_layer(autoencoder,name = "decoder_1")
decoder_layer2 <- get_layer(autoencoder,name = "decoder_2")
decoder_layer3 <- get_layer(autoencoder,name = "decoder_3")
# 从检索出的 3 个层来创建解码器
decoder = keras_model(encoded_input,
decoder_layer3(decoder_layer2(decoder_layer1(encoded_input))))
summary(decoder)
```

解码器网络的摘要信息如图 4-10 所示。

（4）编译和训练自动编码器模型。

```
# 编译模型
autoencoder %>% compile(optimizer =
'adadelta',loss = 'binary_crossentropy')
# 训练模型
autoencoder %>% fit(x_train, x_train,
 epochs = 50,
```

Layer (type)	Output Shape	Param #
encoded_input (InputLayer)	(None, 32)	0
decoder_1 (Dense)	(None, 64)	2112
decoder_2 (Dense)	(None, 128)	8320
decoder_3 (Dense)	(None, 784)	101136

Total params: 111,568
Trainable params: 111,568
Non-trainable params: 0

图 4-10 解码器网络的摘要信息

```
batch_size = 256,
shuffle = TRUE,
validation_data = list(x_test, x_test))
```

(5) 对测试图像进行编码。

```
encoded_imgs = encoder %>% predict(x_test)
```

(6) 对测试图像进行编码后,使用解码器网络从编码表示中重建输入的测试图像,并计算重构误差。

```
# 重建图像
decoded_imgs = decoder %>% predict(encoded_imgs)
# 计算重构误差
reconstruction_error =
metric_mean_squared_error(x_test,decoded_imgs)
paste("reconstruction error: "
,k_get_value(k_mean(reconstruction_error)))
```

'reconstruction error: 0.228853663540732'

图 4-11 模型的重构误差

从图 4-11 可以看到模型取得约 0.229 的重构误差。

(7) 现在对训练图像进行编码。使用编码后的数据来训练数字分类器。

```
encoded_train_imgs = encoder %>% predict(x_train)
```

(8) 创建一个数字分类器网络并进行编译。

```
# 创建模型
model <- keras_model_sequential()
model %>%
 layer_dense(units = 256, activation = 'relu', input_shape =
c(encoded_dim)) %>%
 layer_dropout(rate = 0.4) %>%
 layer_dense(units = 128, activation = 'relu') %>%
 layer_dropout(rate = 0.3) %>%
 layer_dense(units = 10, activation = 'softmax')
# 编译模型
model %>% compile(
 loss = 'categorical_crossentropy',
```

```
 optimizer = optimizer_rmsprop(),
 metrics = c('accuracy')
)
```

(9) 对训练集类标签属性进行独热编码,然后训练模型。

```
# 提取类标签属性
y_train <- mnist$train$y
y_test <- mnist$test$y
# 采用独热编码将整型向量转换为二值矩阵
y_train <- to_categorical(y_train, 10)
y_test <- to_categorical(y_test, 10)
# 训练模型
history <- model %>% fit(
 encoded_train_imgs, y_train,
 epochs = 30, batch_size = 128,
 validation_split = 0.2
)
```

(10) 评估模型性能。

```
model %>% evaluate(encoded_imgs, y_test, batch_size = 128)
```

```
$loss
0.654463641643524
$acc
0.79040002822876
```

图 4-12 模型的准确率和损失函数值

模型的准确率和损失函数值如图 4-12 所示。

从图 4-12 中可以明显看出,自动编码器模型对数据降维的效果显著。使用降维后的数据进行模型训练,分类器的准确率约为 79%。

4.2.3 原理解析

在 4.2.2 节的步骤(1)中创建了 Keras 自动编码器模型。模型定义了一个输入层以及一个编码器和解码器网络,然后将它们组合在一起以创建一个深度自动编码器。编码器网络将 784 个维度的输入减少到 32 个维度。解码器网络将 32 个维度(解码器的输入)重构为 784 个维度。步骤(2)构建了一个单独的编码器模型。编码器模型共享自动编码器的编码器层,这意味着两个模型的权重是相同的。

步骤(3)定义了一个单独的解码器模型。该模型共享自动编码器的解码器层。首先定义一个编码的输入层,然后从自动编码器中提取全连接层以创建解码器。步骤(4)将模型配置为使用 Adadelta 优化器、二进制交叉熵作为损失函数,然后对模型进行了 50 次迭代训练。步骤(5)将测试图像编码为缩小的尺寸。

4.2.2 节的步骤(6)使用解码器模型重建测试数据并计算了重构误差。步骤(7)对训练图像进行编码。步骤(8)配置并编译了用于数字识别的分类网络。步骤(9)预处理数据集的类标签属性并训练网络。在最后一步,评估数字分类模型的性能。

4.2.4 内容拓展

当数据的维度非常大时,可能需要对原始数据进行降维,降维后的数据尽量保留了原数据的信息。主成分分析(PCA)和自动编码器是实现数据降维的流行技术。尽管这两种算法的目的都是降维,但两者存在如下区别:

- 与 PCA 不同,自动编码器可以从数据中学习非线性特征表示,从而增强了模型性能。
- 与自动编码器相比,PCA 更容易训练和解释。自动编码器中的数学原理相对要复杂很多。
- 与需要更多计算量的自动编码器相比,PCA 花费的计算时间更少。

4.3 去噪自动编码器

自动编码器广泛用于特征选择和提取。它对输入数据进行编码再准确解码来重建输入数据。当隐藏层的节点大于或等于输入层中的节点时,自动编码器会在输入和输出之间建立一个完美映射函数(过拟合),从而使自动编码器泛化能力差。**去噪**是指在将原始数据输入网络之前有意将随机噪声添加到原始数据中。这样做的好处是,自动编码器训练时会从数据中学习重要特征,忽略噪声等非重要特征,增强模型的鲁棒性(泛化能力)。在使用**去噪自动编码器(Denoising AutoEncoder, DAE)**时,必须注意,损失函数是通过将输出值与原始输入进行比较来计算的,而不是将输出值与添加噪声的输入进行比较。

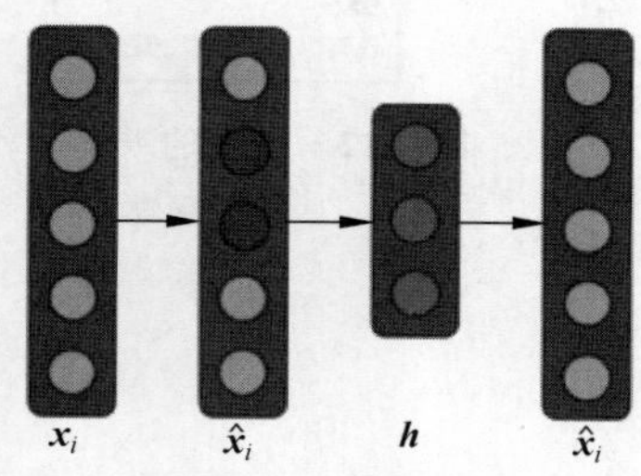

其中,x_i表示自动编码器输入;
$\hat{x}_i$表示带噪声的输入;
h是隐藏表示(潜在空间);
$\hat{x}_i$是重建的输出。

图 4-13 去噪自动编码器的结构图

去噪自编码器的拓扑结构如图 4-13 所示。

本实例将实现一个降噪自动编码器。

4.3.1 准备工作

本实例使用 4.1 节和 4.2 节中用到的 MNIST 数据集。将随机高斯噪声添加到归一化后 MNIST 图像中,并使用去噪自动编码器对其进行去噪。标准化的训练集和测试集分别为 x_train_norm 和 x_test_norm。

4.3.2 操作步骤

首先,向输入数据添加噪声。

(1) 在将数据输入网络之前,对输入数据添加正常的随机噪声。添加均值为 0.5 和标准差为 0.5 的正态分布数来生成带噪声的图像。

```
# 生成训练数据噪声
noise_train <- array(data = rnorm(seq(0, 1, by = 0.02),mean =
0.5,sd = 0.5) ,dim = c(n_train,28,28,1))
dim(noise_train)
# 生成测试数据噪声
noise_test <- array(data = rnorm(seq(0, 1, by = 0.02),mean = 0.5,sd
 = 0.5) ,dim = c(n_test,28,28,1))
dim(noise_test)
# 将训练噪声添加到训练数据中
x_train_norm_noise <- x_train_norm + noise_train
# 将测试噪声添加到测试数据中
x_test_norm_noise <- x_test_norm + noise_test
```

(2) 将输入数据(归一化的图像数据+噪声)的像素值处理到 0 到 1 的范围。将小于 0 的值置为 0,将大于 1 的值置为 1。

```
# 训练数据规范化处理
x_train_norm_noise[x_train_norm_noise < 0] <- 0
x_train_norm_noise[x_train_norm_noise > 1] <- 1
# 测试数据规范化处理
x_test_norm_noise[x_test_norm_noise < 0] <- 0
x_test_norm_noise[x_test_norm_noise > 1] <- 1
```

可视化输出带噪声的图像:

```
grid.raster(x_train_norm_noise[2,,,])
```

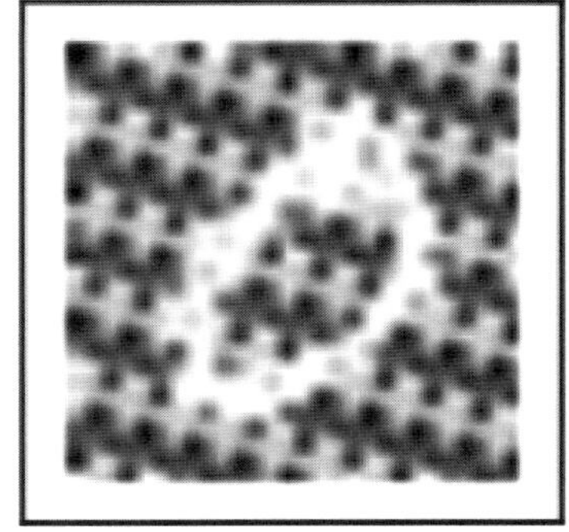

图 4-14 带噪声的图像

带噪声的图像如图 4-14 所示。同样,其他所有图像也添加了噪声数据。

(3) 创建编码器网络。首先使用 layer_input 函数创建一个输入层。

```
# 输入层
inputs <- layer_input(shape = c(28, 28, 1))
x = inputs
```

接着为编码器模型添加其他层:

```
# 堆叠两个卷积层
x <- x %>%
 layer_conv_2d(filter = 32, kernel_size = 3,padding = "same",
input_shape = c(28, 28, 1)) %>%
 layer_activation("relu") %>%
 layer_conv_2d(filter = 64, kernel_size = 3) %>%
 layer_activation("relu")
```

从前面的代码块中创建的网络中提取输出张量的尺寸。建立解码器模型需要这些信息：

```
shape = k_int_shape(x)
shape
```

1. NULL
2. 26
3. 26
4. 64

图 4-15 编码器模型的输出张量的尺寸

编码器模型的输出张量的尺寸如图 4-15 所示。

编码器的最后一层是具有 16 个神经元的全连接层。在编码器模型的后端添加一个平坦层(将张量展成一维向量,作为全连接网络的输入)和一个全连接层。

```
x = x %>% layer_flatten()
latent = x %>% layer_dense(16,name = "latent")
```

现在实例化编码器模型。此模型将输入数据映射到其编码表示形式：

```
encoder = keras_model(inputs, latent)
```

查看一下编码器模型的摘要信息：

```
summary(encoder)
```

编码器模型的摘要信息如图 4-16 所示。

Layer (type)	Output Shape	Param #
input_1 (InputLayer)	(None, 28, 28, 1)	0
conv2d (Conv2D)	(None, 28, 28, 32)	320
activation (Activation)	(None, 28, 28, 32)	0
conv2d_1 (Conv2D)	(None, 26, 26, 64)	18496
activation_1 (Activation)	(None, 26, 26, 64)	0
flatten (Flatten)	(None, 43264)	0
latent (Dense)	(None, 16)	692240

Total params: 711,056
Trainable params: 711,056
Non-trainable params: 0

图 4-16 编码器模型的摘要信息

(4) 编码器的输出作为解码器的输入。就神经网络层的配置而言,解码器与编码器正好相反。

```
latent_inputs = layer_input(shape = 16, name = 'decoder_input')
x = latent_inputs %>% layer_dense(shape[[2]] * shape[[3]] *
shape[[4]]) %>%
 layer_reshape(c(shape[[2]],shape[[3]], shape[[4]]))
```

接下来,为解码器模型添加神经网络层：

```
x <- x %>%
 layer_conv_2d_transpose(
```

```
 filter = 64, kernel_size = 3, padding = "same",
 input_shape = c(28, 28, 1)
 ) %>%
 layer_activation("relu") %>%
 # 第二个隐藏层
 layer_conv_2d_transpose(filter = 32, kernel_size = 3) %>%
 layer_activation("relu")
x = x %>% layer_conv_2d_transpose(filters = 1,
 kernel_size = 3,
 padding = 'same')
outputs = x %>% layer_activation('sigmoid', name = 'decoder_output')
```

创建解码器模型并查看其摘要信息：

```
decoder = keras_model(latent_inputs, outputs)
summary(decoder)
```

解码器模型的摘要信息如图 4-17 所示。

```
Layer (type)                          Output Shape              Param #
================================================================================
decoder_input (InputLayer)            (None, 16)                0
dense (Dense)                         (None, 43264)             735488
reshape (Reshape)                     (None, 26, 26, 64)        0
conv2d_transpose (Conv2DTranspose)    (None, 26, 26, 64)        36928
activation_2 (Activation)             (None, 26, 26, 64)        0
conv2d_transpose_1 (Conv2DTranspose   (None, 28, 28, 32)        18464
activation_3 (Activation)             (None, 28, 28, 32)        0
conv2d_transpose_2 (Conv2DTranspose   (None, 28, 28, 1)         289
decoder_output (Activation)           (None, 28, 28, 1)         0
================================================================================
Total params: 791,169
Trainable params: 791,169
Non-trainable params: 0
```

图 4-17　解码器模型的摘要信息

（5）现在构建自动编码器模型。可以看到自动编码器模型中输入和输出数据尺寸是相同的。

```
# 自动编码器 = 编码器 + 解码器,通过编码器和解码器对象创建自动编码器对象
autoencoder = keras_model(inputs, decoder(encoder(inputs)))
summary(autoencoder)
```

自动编码器模型的摘要信息如图 4-18 所示。

（6）现在编译自动编码器模型，拟合训练数据训练自动编码器模型。

```
autoencoder %>% compile(loss = 'mse',optimizer = 'adam')
autoencoder %>% fit(x_train_norm_noise,
 x_train_norm,
 validation_data = list(x_test_norm_noise, x_test_norm),
```

```
Layer (type)                 Output Shape              Param #
================================================================
input_1 (InputLayer)         (None, 28, 28, 1)         0
________________________________________________________________
model (Model)                (None, 16)                711056
________________________________________________________________
model_1 (Model)              (None, 28, 28, 1)         791169
================================================================
Total params: 1,502,225
Trainable params: 1,502,225
Non-trainable params: 0
```

图 4-18　自动编码器模型的摘要信息

```
  epochs = 30, batch_size = 128
)
```

(7) 接下来，为测试数据生成预测。

```
prediction <- autoencoder %>% predict(x_test_norm_noise)
```

带噪声的 MNIST 数字和通过自动编码器进行去噪后得到的预测图像如图 4-19 所示。

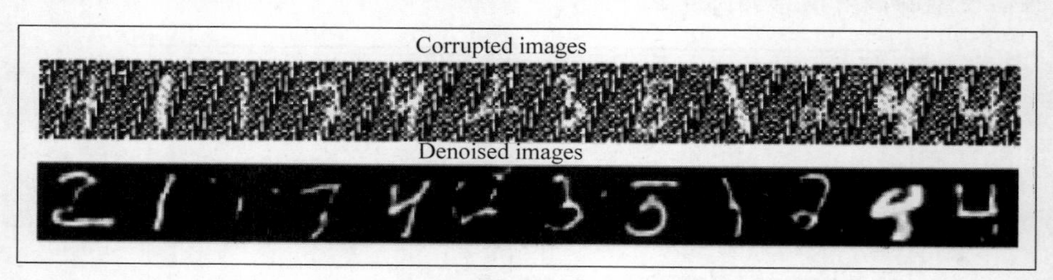

图 4-19　带噪声图像和去噪后的图像

从图 4-19 可以看出，模型在数字去噪方面效果不错。

4.3.3　原理解析

4.3.2 节的步骤(1)生成了均值为 0.5 和标准差为 0.5 的随机高斯噪声。噪声数据的尺寸与输入数据的尺寸相同。

在输入数据中引入噪声之后，像素值可能不在 0～1 的范围内。因此在 4.3.2 节的步骤(2)中，将带噪声的输入数据的值处理到 0 到 1 范围内，即将所有负值转换为 0，将大于 1 的值转换为 1，其余值不变。步骤(3)创建自动编码器模型的编码器部分。本实例中编码器模型是两个卷积层的堆叠。第一个卷积层具有 32 个 3×3 的过滤器，第二个卷积层具有 64 个 3×3 的过滤器。激活函数是 ReLU。

4.3.2 节的步骤(4)构建了自动编码器模型的解码器部分。注意，在解码器模型中，神经网络层的配置与编码器模型恰好相反。解码器模型的输入是编码器输出的数据压缩表示。解码器模型的输出与编码器的输入数据有相同的维度。步骤(5)将编码器和解码器进行组合，建立自动编码器模型。步骤(6)编译并训练自动编码器。使用均方误差作为损失函数，并使用 adam 作为优化器。去噪自动编码器的目标是提高模型的泛化能力：

数据+噪声→去噪自动编码器→数据

在最后一步中,为测试数据生成了预测图像并可视化输出。

4.3.4 内容拓展

自动编码器可以从原始输入数据中学习其隐含特征。而自动编码器常面临问题是,可能会学习到训练数据中过于细节的特征,也就是说模型过拟合,对新数据泛化能力差。正则化使编码器对输入数据的细节特征的学习效果降低,但同时,优化的目标是重构误差最小化,这样模型训练会在引入更多特征与同时减小损失函数值之间进行平衡。在损失函数中添加正则化项可以使模型鲁棒性更强并可学习普适特征。

本节学习两种类型的正则化自动编码器。

- 收缩自动编码器;
- 稀疏自动编码器。

收缩自动编码器(**contractive autoencoders**):是正规化自动编码器的一类,对重构损失函数添加了惩罚项,以获取对数据细节特征不太敏感的可靠学习表示。添加的惩罚项是编码器对训练数据生成压缩编码的雅可比矩阵的 Frobenius 范数(简称 F 范数):

$$L = | \boldsymbol{x} - g(f(\boldsymbol{x})) | + \lambda \| \boldsymbol{J}_f(\boldsymbol{x}) \|_F^2$$

其中,

$$\| \boldsymbol{J}_f(\boldsymbol{x}) \|_F^2 = \sum_{ij} \left(\frac{\partial h_j(\boldsymbol{x})}{\partial x_i} \right)^2$$

$$\boldsymbol{h} = f(\boldsymbol{W}\boldsymbol{x} + \boldsymbol{b})$$

$$\bar{\boldsymbol{x}} = g(\boldsymbol{h})$$

添加此惩罚项会导致局部特征空间收缩,从而导致编码器网络的鲁棒特征提取(惩罚项包含神经元激活值相对于输入值的偏导数,如果激活值增加则惩罚也会增加,这样会抑制一部分神经元激活,惩罚项只与偏导不为0的样本有关,保留了数据抖动信息)。收缩自动编码器提取由数据指示的局部变化方向(流形切平面的方向),该局部变化方向属于低维非线性流形(数据中的变化对应于流形上的局部变化),并且在与流形正交的方向上更稳定(数据中的不变方向是对应于正交于流形的方向)。去噪自动编码器和收缩自动编码器的一个显著区别是,去噪自动编码器会使编码器和解码器网络都鲁棒,而收缩自动编码器仅使编码器网络鲁棒。

稀疏自动编码器(**sparse autoencoders**):在训练时使用自动编码器,对于大多数训练样本,中间层的隐藏单元会被频繁激活。为了避免神经元被频繁激活,在稀疏自动编码器中,添加了稀疏性约束来降低隐藏神经元的激活率,使其仅在很小一部分训练示例中被激活。这被称为**稀疏**,因为每个隐藏单元仅被特定类型的输入激活,而不是任意输入值都能激活。通过强迫神经元仅对训练样本中的特定输入类型进行激发,隐藏层神经元将能够更可靠地学习数据中的有用表示形式。这是一种不同的正则化方法,因为在稀疏自动编码器中对神经元激活进行正则化,与通常对网络权重进行正则化的方法明显不同。在经过训练的稀疏自动编码器模型中,不同的输入将导致网络中不同节点的激活。

在稀疏自动编码器中施加稀疏约束的方式主要有两种,都是通过向损失函数添加惩罚项来约束过度激活。

- **L1 正则化**:在这种正则化技术中,向损失函数添加了一个惩罚项,惩罚项是第 h 层的所有神经元的激活函数输出值的绝对值和,并乘以正则化率 λ 进行了缩放。

$$L(x,\bar{x})+\lambda\sum_{i}|a_{i}^{(h)}|$$

- **KL-散度**:添加一个稀疏参数 ρ,代表隐藏层神经元的平均激活度。

$$L(x,\bar{x})+\lambda\sum_{j}\mathrm{KL}(\rho\|\hat{\rho}_{j})$$

其中,

$$\hat{\rho}_{j}=\frac{1}{m}\lambda\sum_{j}|a_{(i)}^{(h)}(x)|$$

其中,下标 j 表示第 h 层中的第 j 个神经元,m 表示样本数。两个伯努利分布之间的 KL 散度可以表示为:

$$\sum_{j=1}^{l^{(h)}}=\rho\log\frac{\rho}{\hat{\rho}_{j}}+(1-\rho)\log\frac{1-\rho}{1-\hat{\rho}_{j}}$$

参考阅读

有关堆叠式去噪自动编码器的更多信息,请读者参阅论文 http://www.jmlr.org/papers/volume11/vincent10a/vincent10a.pdf。

4.4 自动编码器的黑白图像着色实战

使用深度学习技术对图像进行着色是深度学习技术的一项常见应用。图像着色指黑白图像(即灰度图)被转换为最能代表输入图像语义颜色的彩色图像。例如,模型必须将晴朗的天空的颜色设为蓝色而不是红色。目前已有很多图像着色算法和技术可选择,这些方法在对输入数据的处理和灰度图像映射为彩色图像的处理上有很大不同。其中一类参数化方法是通过对巨大的彩色图像数据集进行训练来学习表示,将问题归结为回归或分类问题,并提供适当的损失函数。其他方法依赖于定义一个或多个着色参考图像。

本实例使用自动编码器来完成图像着色任务。将使用足够数量的灰度照片作为输入,并使用相应的彩色图片作为输出来训练自动编码器,使它能够学习到图像中隐含的着色信息。

4.4.1 准备工作

本例使用 CIFAR-10 数据集,该数据集由大小为 32×32 像素的彩色图片组成。有

50 000 张训练图片和 10 000 张测试图片。需要先将图像预处理为灰度图，然后构建一个自动编码器作图像着色。

首先加载所需的库：

```
library(keras)
library(wvtool)
library(grid)
library(abind)
```

加载验证集和训练集赋值给 x_train 和 x_test 变量：

```
data <- dataset_cifar10()
x_train = data$train$x
x_test = data$test$x
```

将训练集和验证集的维度信息赋值给指定变量：

```
num_images = dim(x_train)[1]
num_images_test = dim(x_test)[1]
img_width = dim(x_train)[2]
img_height = dim(x_train)[3]
```

使用 wvtools 库中的 rgb2gray 函数将训练集和验证集中的所有图像转换为灰度图像：

```
# 训练集的图片转换为灰度图
x_train_gray <- apply(x_train[1:num_images,,,], c(1), FUN = function(x){
 rgb2gray(x, coefs = c(0.299, 0.587, 0.114))
})
x_train_gray <- t(x_train_gray)
x_train_gray = array(x_train_gray,dim = c(num_images,img_width,img_height))
# 验证集的图片转换为灰度图
x_test_gray <- apply(x_test[1:num_images_test,,,], c(1), FUN = function(x){
 rgb2gray(x, coefs = c(0.299, 0.587, 0.114))
})
x_test_gray <- t(x_test_gray)
x_test_gray = array(x_test_gray,dim =
c(num_images_test,img_width,img_height))
```

将训练集和验证集的彩色图像和灰度图像像素值归一化到 0～1 范围内：

```
# 训练集和验证集的彩色图像数据归一化处理
x_train = x_train / 255
x_test = x_test / 255
# 训练集和验证集的灰度图像数据归一化处理
x_train_gray = x_train_gray / 255
x_test_gray = x_test_gray / 255
```

然后依据图像高度、宽度和灰度图像通道数将每个灰度图像重构为指定尺寸的图像。

```
x_train_gray <- array_reshape(x_train_gray,dim =
c(num_images,img_height,img_width,1))
x_test_gray <- array_reshape(x_test_gray,dim =
c(num_images_test,img_height,img_width,1))
```

请注意,灰度图像的通道数为1。

4.4.2 操作步骤

在4.4.1节中已将CIFAR-10数据集中的图像转换为灰度图像。现在,开始构建一个着色自动编码器。

(1) 定义自动编码器的参数:

```
input_shape = c(img_height, img_width, 1)
batch_size = 32
kernel_size = 3
latent_dim = 256
```

接下来,创建自动编码器的输入层:

```
inputs = layer_input(shape = input_shape,name = "encoder_input")
```

(2) 创建完输入层后,接着配置自动编码器的其他层:

```
x = inputs
x <- x %>% layer_conv_2d(filters = 64,kernel_size =
kernel_size,strides = 2,
 activation = "relu",padding = "same") %>%
 layer_conv_2d(filters = 128,kernel_size = kernel_size,strides = 2,
 activation = "relu",padding = "same") %>%
 layer_conv_2d(filters = 256,kernel_size = kernel_size,strides = 2,
 activation = "relu",padding = "same")
```

从前面的代码块中创建的网络中提取输出张量的尺寸信息,建立解码器模型将需要此信息:

```
shape = k_int_shape(x)
```

在编码器的后端添加一个平坦层和一个全连接层,并构建编码器模型:

```
x <- x %>% layer_flatten()
latent <- x %>% layer_dense(units = latent_dim,name = "latent")
encoder = keras_model(inputs, latent)
```

查看编码器模型的摘要信息:

```
summary(encoder)
```

编码器模型的摘要信息如图 4-20 所示。

Layer (type)	Output Shape	Param #
encoder_input (InputLayer)	(None, 32, 32, 1)	0
conv2d (Conv2D)	(None, 16, 16, 64)	640
conv2d_1 (Conv2D)	(None, 8, 8, 128)	73856
conv2d_2 (Conv2D)	(None, 4, 4, 256)	295168
flatten (Flatten)	(None, 4096)	0
latent (Dense)	(None, 256)	1048832

Total params: 1,418,496
Trainable params: 1,418,496
Non-trainable params: 0

图 4-20 编码器模型的摘要信息

(3) 接下来,构建解码器模型。编码器的输出作为解码器的输入。因此,应将编码器的输出数据尺寸设置成与解码器的输入数据尺寸相等。请注意,就神经网络层的配置而言,解码器网络与编码器相反。

```
# 解码器输入层
latent_inputs = layer_input(shape = c(latent_dim),
name = 'decoder_input')
# 添加其他层
x = latent_inputs %>% layer_dense(shape[[2]] * shape[[3]] *
shape[[4]])
x = x %>% layer_reshape(c(shape[[2]], shape[[3]], shape[[4]]))
x <- x %>% layer_conv_2d_transpose(filters = 256,kernel_size =
kernel_size,strides = 2,
 activation = "relu",padding = "same") %>%
 layer_conv_2d_transpose(filters = 128,kernel_size =
kernel_size,strides = 2,
 activation = "relu",padding = "same") %>%
 layer_conv_2d_transpose(filters = 64,kernel_size =
kernel_size,strides = 2,
 activation = "relu",padding = "same")
# 输出层
outputs = x %>% layer_conv_2d_transpose(filters = 3,
 kernel_size = kernel_size,
 activation = 'sigmoid',
 padding = 'same',
 name = 'decoder_output')
# 创建解码器模型
decoder = keras_model(latent_inputs, outputs)
```

查看解码器模型的摘要信息:

```
summary(decoder)
```

解码器模型的摘要信息如图 4-21 所示。

Layer (type)	Output Shape	Param #
decoder_input (InputLayer)	(None, 256)	0
dense (Dense)	(None, 4096)	1052672
reshape (Reshape)	(None, 4, 4, 256)	0
conv2d_transpose (Conv2DTranspose)	(None, 8, 8, 256)	590080
conv2d_transpose_1 (Conv2DTranspose	(None, 16, 16, 128)	295040
conv2d_transpose_2 (Conv2DTranspose	(None, 32, 32, 64)	73792
decoder_output (Conv2DTranspose)	(None, 32, 32, 3)	1731

Total params: 2,013,315
Trainable params: 2,013,315
Non-trainable params: 0

图 4-21 解码器模型的摘要信息

(4) 将编码器和解码器组合成一个自动编码器模型：

```
# 自动编码器 = 编码器 + 解码器
autoencoder = keras_model(inputs, decoder(encoder(inputs)))
```

查看一下完整的自动编码器模型的摘要信息：

```
summary(autoencoder)
```

自动编码器模型的摘要信息如图 4-22 所示。

Layer (type)	Output Shape	Param #
encoder_input (InputLayer)	(None, 32, 32, 1)	0
model (Model)	(None, 256)	1418496
model_1 (Model)	(None, 32, 32, 3)	2013315

Total params: 3,431,811
Trainable params: 3,431,811
Non-trainable params: 0

图 4-22 自动编码器模型的摘要信息

编译并训练自动编码器：

```
# 编译模型
autoencoder %>% compile(loss = 'mse', optimizer = 'adam')
# 训练自动编码器
autoencoder %>% fit(x_train_gray,
 x_train,
 validation_data = list(x_test_gray, x_test),
 epochs = 20,
 batch_size = batch_size)
```

使用经过训练的模型来生成测试数据的预测值：

```
predicted <- autoencoder %>% predict(x_test_gray)
```

自动编码器对灰度图像进行着色的结果如图 4-23 所示。

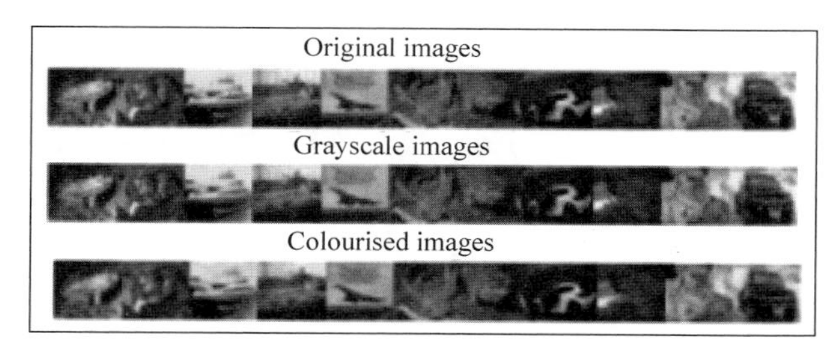

图 4-23 自动编码器对灰度图像进行着色的结果

下面讲解操作步骤的原理。

4.4.3 原理解析

在 4.4.2 节的步骤(1)中,定义自动编码器模型的参数变量。latent_dim 变量设置编码特征的维数。然后,创建了自动编码器的输入层。在步骤(2)中,构建了编码器模型。首先创建编码器的卷积层,然后提取最后一个卷积层的输出数据尺寸。接下来,添加一个平坦层,再添加一个全连接层,全连接层神经元数量等于 latent_dim 变量值。步骤(3)构建了解码器模型,为解码器定义了一个输入层,输入数据尺寸等于 latent_dim 值。

接下来,在解码器中添加其他层,以便反转编码器的操作。在 4.4.2 节的步骤 4 中,组合编码器和解码器模型,构建一个自动编码器。下一步将自动编码器编译并迭代训练 20 步。使用均方误差作为损失函数,使用 adam 作为优化器。在最后一步,输入黑白图像并输出着色后的彩色图片。

4.4.4 参考阅读

要了解有关使用自动编码器的有损图像压缩的知识,请读者参阅论文:https://arxiv.org/pdf/1703.00395.pdf。

第5章 深度生成模型

CHAPTER 5

深度生成神经网络(deep generative neural network)是无监督深度学习模型的主流算法。这类模型旨在学习数据的生成过程。生成模型不仅学习从数据中提取模式，还可估计潜在的概率分布。生成模型用于生成遵循与给定训练集具有相同概率分布的数据。本章将讲解生成模型及其工作方式。

本章将介绍以下实战案例：

- 使用GAN生成图像；
- 实现深度卷积GAN(DCGAN)；
- 实现变分自动编码器(VAE)。

5.1 使用GAN生成图像

生成对抗网络(Generative Adversarial Network,GAN)被广泛用于学习数据中潜在的概率分布并生成相同分布的数据集。GAN由两个网络组成：一个是**生成器**，它可以从正态分布或均匀分布中生成新的数据来构建样本集；另一个是**鉴别器**(也称作评价器或判别器)，它可以对生成的样本进行评估并检查真伪，即它们是否属于原始训练数据分布。生成器和鉴别器彼此对抗，生成器相当于伪造者，鉴别器相当于警察，伪造者的目标是通过生成虚假数据来欺骗警察，而警察的作用是检测数据的真伪。来自鉴别器的反馈被传递到生成器，以便它可以在每次迭代时使用。请注意，尽管两个网络都优化了不同且相反的目标函数，但整个系统的稳定性和准确性取决于这两个网络的各自准确性。

以下是GAN网络的总体目标函数：

$$\min_G \max_D V(D,G)=E_{x\sim p_{\text{data}}(x)}[\log(D(x))]+E_{z\sim p_z(z)}[\log(1-(D(G(z))))]$$

其中，$G(z)$用于将z映射到潜在空间；$D(x)$是从数据空间到概率分数的映射，概率分数表示正确识别真实数据的期望值。

GAN模型的结构如图5-1所示。

本实例使用GAN模型实现手写数字生成。

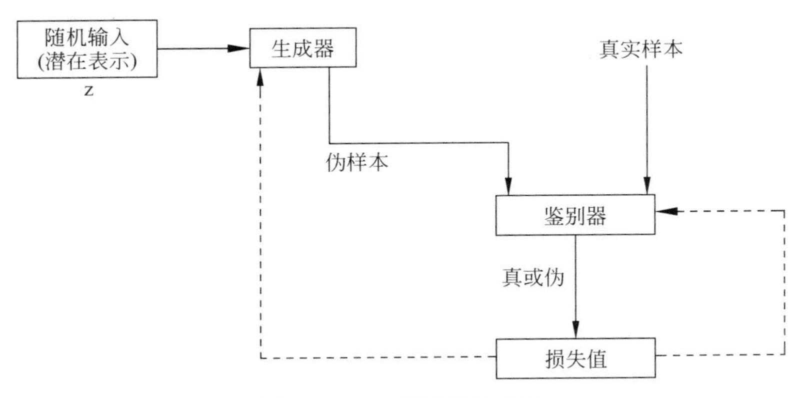

图 5-1　GAN 模型的结构图

5.1.1　准备工作

本实例使用 MNIST 手写数字数据集。它由 60 000 张训练图片和 10 000 张测试灰度图片组成，图片尺寸为 28×28 像素。

首先加载所需的库：

```
library(keras)
library(grid)
library(abind)
```

接着，加载数据集：

```
# 定义输入图像的尺寸变量
img_rows <- 28
img_cols <- 28
# 将数据集的样本随机乱序后分割为训练集和验证集
mnist <- dataset_mnist()
x_train <- mnist$train$x
y_train <- mnist$train$y
x_test <- mnist$test$x
y_test <- mnist$test$y
```

查看数据维度信息：

```
dim(x_train)
```

从图 5-2 可以看到，训练数据中有 60 000 张图片，每个图片的尺寸为 28×28 像素。

60000 28 28

图 5-2　训练数据的图片数量和尺寸

将训练数据尺寸从 28×28 矩阵重构为包含 784 个元素的一维数组。

```
x_train <- array_reshape(x_train, c(nrow(x_train), 784))
```

将训练数据标准化到 0～1 范围内：

```
x_train <- x_train/255
```

输出并查看一个样本图像数据形式：

```
x_train[1,]
```

现在对数据已有所了解，下面进行模型构建。

5.1.2 操作步骤

GAN 网络包含生成器和鉴别器两部分。首先创建单独的生成器和鉴别器网络，然后通过 GAN 模型将这两个网络连接起来并训练。

(1) 因为处理的是灰度图像，所以通道的数量为 1。同时设置随机噪声向量的维数为 100，随机噪声向量作为生成器网络的输入。

```
channels <- 1
set.seed(10)
latent_dimension <- 100
```

(2) 接下来，创建生成器网络。生成器网络将输入图像数据平坦化后叠加随机噪声向量，噪声向量的维度由 latent_dimension 变量定义。生成器网络由 3 层隐藏层组成，激活函数为 Leaky ReLU。

```
input_generator <- layer_input(shape = c(latent_dimension))
output_generator <- input_generator %>%
 layer_dense(256,input_shape = c(784),kernel_initializer =
initializer_random_normal(mean = 0, stddev = 0.05, seed = NULL))
%>%
 layer_activation_leaky_relu(0.2) %>%
 layer_dense(512) %>%
 layer_activation_leaky_relu(0.2) %>%
 layer_dense(1024) %>%
 layer_activation_leaky_relu(0.2) %>%
 layer_dense(784,activation = "tanh")
generator <- keras_model(input_generator, output_generator)
```

查看生成器网络的摘要信息：

```
summary(generator)
```

生成器网络的摘要信息如图 5-3 所示。

Layer (type)	Output Shape	Param #
input_1 (InputLayer)	(None, 100)	0
dense (Dense)	(None, 256)	25856
leaky_re_lu (LeakyReLU)	(None, 256)	0
dense_1 (Dense)	(None, 512)	131584
leaky_re_lu_1 (LeakyReLU)	(None, 512)	0
dense_2 (Dense)	(None, 1024)	525312
leaky_re_lu_2 (LeakyReLU)	(None, 1024)	0
dense_3 (Dense)	(None, 784)	803600

Total params: 1,486,352
Trainable params: 1,486,352
Non-trainable params: 0

图 5-3 生成器网络的摘要信息

(3) 创建鉴别器网络。该网络判定生成器生成的图像为真的概率。

```
input_discriminator <- layer_input(shape = c(784))
output_discriminator <- input_discriminator %>%
 layer_dense(units = 1024,input_shape = c(784),kernel_initializer
 = initializer_random_normal(mean = 0, stddev = 0.05, seed = NULL))
 %>%
 layer_activation_leaky_relu(0.2) %>%
 layer_dropout(0.3) %>%
 layer_dense(units = 512) %>%
 layer_activation_leaky_relu(0.2) %>%
 layer_dropout(0.3) %>%
 layer_dense(units = 256) %>%
 layer_activation_leaky_relu(0.2) %>%
 layer_dropout(0.3) %>%
 layer_dense(1,activation = "sigmoid")
discriminator <- keras_model(input_discriminator,
output_discriminator)
```

查看鉴别器网络摘要信息：

```
summary(discriminator)
```

鉴别器网络的摘要信息如图 5-4 所示。

完成鉴别器网络配置后，需要进行编译。使用 adam 作为优化器和 binary_crossenropy 作为损失函数。学习率设置为 0.0002。参数 clipvalue 定义梯度裁剪值，它限制了每步迭代中梯度的最大取值，在损失函数的梯度较大的位置效果明显。

```
discriminator %>% compile(
 optimizer = optimizer_adam(lr = 0.0002, beta_1 = 0.5,clipvalue = 1),
```

```
Layer (type)                      Output Shape                 Param #
==========================================================================
input_1 (InputLayer)              (None, 784)                  0
__________________________________________________________________________
dense (Dense)                     (None, 1024)                 803840
__________________________________________________________________________
leaky_re_lu (LeakyReLU)           (None, 1024)                 0
__________________________________________________________________________
dropout (Dropout)                 (None, 1024)                 0
__________________________________________________________________________
dense_1 (Dense)                   (None, 512)                  524800
__________________________________________________________________________
leaky_re_lu_1 (LeakyReLU)         (None, 512)                  0
__________________________________________________________________________
dropout_1 (Dropout)               (None, 512)                  0
__________________________________________________________________________
dense_2 (Dense)                   (None, 256)                  131328
__________________________________________________________________________
leaky_re_lu_2 (LeakyReLU)         (None, 256)                  0
__________________________________________________________________________
dropout_2 (Dropout)               (None, 256)                  0
__________________________________________________________________________
dense_3 (Dense)                   (None, 1)                    257
==========================================================================
Total params: 1,460,225
Trainable params: 1,460,225
Non-trainable params: 0
```

图 5-4 鉴别器网络的摘要信息

```
 loss = "binary_crossentropy"
)
```

(4) 在开始训练 GAN 网络之前冻结鉴别器网络的权值。这使得鉴别器不可训练,并且在训练 GAN 时它的权重不会更新。

```
freeze_weights(discriminator)
```

(5) 配置 GAN 网络并进行编译。GAN 网络由生成器网络和鉴别器网络组成。

```
gan_input <- layer_input(shape = c(latent_dimension),name = 'gan_input')
gan_output <- discriminator(generator(gan_input))
gan <- keras_model(gan_input, gan_output)
gan %>% compile(
 optimizer = optimizer_adam(lr = 0.0002, beta_1 = 0.5,clipvalue = 1),
 loss = "binary_crossentropy"
)
```

查看 GAN 模型的摘要信息:

```
summary(gan)
```

GAN 模型的摘要信息如图 5-5 所示。

(6) 训练 GAN 网络。设定 GAN 网络的迭代步数为 1000 次,每次迭代生成 20 个新图像,创建一个名为 gan_images 的目录,并在该目录中存储每次迭代生成的图像。每次迭代后将模型参数存储在 gan_model 目录中。

```
Layer (type)                    Output Shape                  Param #
=====================================================================
gan_input (InputLayer)          (None, 100)                   0
_____________________________________________________________________
model (Model)                   (None, 784)                   1486352
_____________________________________________________________________
model_1 (Model)                 (None, 1)                     1460225
=====================================================================
Total params: 2,946,577
Trainable params: 1,486,352
Non-trainable params: 1,460,225
_____________________________________________________________________
```

图 5-5 GAN 模型的摘要信息

```
iterations <- 1000
batch_size <- 20
# 创建 gan_images 目录保存生成的图像
dir.create("gan_images")
# 创建 gan_model 目录保存模型训练的参数信息
dir.create("gan_model")
```

开始训练 GAN 网络。

```
start_index <- 1
for (i in 1:iterations) {
# 从正态分布数中随机取 batch_size * latent_dimension 个数,定义 latent_vectors 矩阵
 latent_vectors <- matrix(rnorm(batch_size * latent_dimension),
 nrow = batch_size, ncol = latent_dimension)
# 使用生成器网络将上述随机点生成为假图像
 generated_images <- generator %>% predict(latent_vectors)
# 将假图像与真图像结合起来,作为鉴别器的训练数据
 stop_index <- start_index + batch_size - 1
 real_images <- x_train[start_index:stop_index,]
 rows <- nrow(real_images)
 combined_images <- array(0, dim = c(rows * 2,
dim(real_images)[-1]))
 combined_images[1:rows,] <- generated_images
 combined_images[(rows+1):(rows*2),] <- real_images
 dim(combined_images)
# 为真图像和假图像添加标签
 labels <- rbind(matrix(1, nrow = batch_size, ncol = 1),
 matrix(0, nrow = batch_size, ncol = 1))
# 向标签添加随机噪声以增加鉴别器的鲁棒性
 labels <- labels + (0.5 * array(runif(prod(dim(labels))),
 dim = dim(labels)))
# 使用真假图像训练鉴别器
 discriminator_loss <- discriminator %>%
train_on_batch(combined_images, labels)
# latent_vectors 矩阵采用正态分布数重新初始化
```

```
latent_vectors <- matrix(rnorm(batch_size * latent_dimension),
nrow = batch_size, ncol = latent_dimension)

misleading_targets <- array(0, dim = c(batch_size, 1))
# 使用 GAN 模型训练生成器,注意鉴别器的权重被冻结
gan_model_loss <- gan %>% train_on_batch(
latent_vectors,
misleading_targets
)
start_index <- start_index + batch_size
if (start_index > (nrow(x_train) - batch_size))
start_index <- 1
# 指定哪些迭代步要保存模型参数和生成的图像
if(i %in% c(5,10,15,20,40,100,200,500,800,1000)){
# 保存模型
save_model_hdf5(gan,paste0("gan_model/gan_model_",i,".h5"))
# 保存生成的图像
generated_images <- generated_images * 255
generated_images = array_reshape(generated_images ,dim =
c(batch_size,28,28,1))
generated_images = (generated_images - min(generated_images
))/(max(generated_images ) - min(generated_images ))
grid = generated_images [1,,,]
for(j in seq(2,5)){
single = generated_images [j,,,]
grid = abind(grid,single,along = 2)
}
png(file = paste0("gan_images/generated_digits_",i,".png"),
width = 600, height = 350)
grid.raster(grid, interpolate = FALSE)
dev.off()
}
}
```

生成手写数字图像如图 5-6 所示。

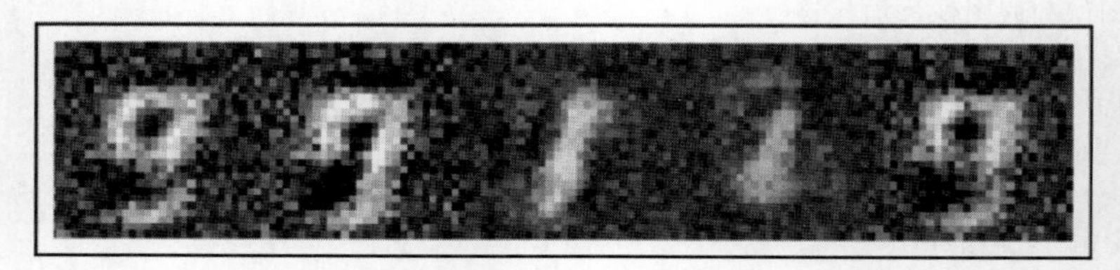

图 5-6 模型生成手写数字图像

从图 5-6 可以看出模型运行良好。下面将深入讲解各步骤的原理。

5.1.3 原理解析

5.1.2节的步骤(1)中,定义了输入图像的尺寸和通道的数量。本实例使用的图像是灰度图,所以指定通道数为1。步骤(1)还定义了噪声数据维度,作为生成器的输入。在步骤(2)中,构建了一个生成器网络。生成器网络根据latent_dimension变量设定的随机噪声向量来生成图像。它生成一个784维的输出张量。本实例使用一个深度神经网络作为生成器网络。注意,在生成器的最后一层使用tanh作为激活函数,因为它的性能比sigmoid激活函数更好。此外,隐藏层中使用Leaky ReLU激活函数,因为该激活函数通过允许较小的负激活值来放宽稀疏梯度约束。

TIP 建议使用正态分布而不是均匀分布中随机采样生成噪声向量,以获得更好的结果。

5.1.2节的步骤(3)定义和编译生成器网络。它将生成器生成的大小为784的向量映射到一个概率值,该概率值指示生成的图像为真的概率。由于本实例的生成网络是一个有3个隐藏层的深度神经网络,所以鉴别器也是一个层数相同的深度神经网络。请注意,在鉴别器的标签中添加了dropout层和随机噪声,引入随机性使GAN模型具有鲁棒性。在步骤(4)中,冻结了鉴别器的权重,使其不可训练。

在5.1.2节的步骤(5)中,配置并编译了GAN网络。GAN网络同时将生成器和鉴别器连接起来。可以将GAN网络表示为:

$$\text{gan}(x) \leftarrow \text{discriminator}(\text{generator}(x))$$

创建的GAN网络,将生成器生成的图像映射到鉴别器,然后评估图像的真伪。在5.1.2节的步骤(6)中,训练了GAN网络。为了训练GAN,需要训练鉴别器,使它能够准确地识别真假图像。生成器使用来自鉴别器的反馈来更新其权值。通过这种方式,鉴别器帮助训练生成器。使用GAN模型的损失函数相对于生成器网络权值来求解梯度值用以训练生成器。这样,在每次迭代时,使生成器的权值朝着一个方向移动,使鉴别器更有可能将生成器解码的图像分类为真实的图像。生成器和鉴别器的鲁棒性对整个网络的准确性至关重要。最后,保存每次迭代的模型参数和生成的图像。

5.1.4 内容拓展

尽管GAN网络已经成为一种非常流行的深度学习技术,但使用GAN网络仍然存在一些挑战。这里列出了一些GAN的缺点。

- GAN非常难训练。通常,模型参数不稳定且不收敛。
- 有时,鉴别器会很准确,以至于生成器有梯度消失问题,无法更新网络。
- 生成器和鉴别器之间的不平衡会导致过拟合。
- GAN网络对模型调优和超参数选择过于敏感。

5.1.5 参考阅读

要了解更多有关其他类型的 GAN 模型,请参阅以下链接:

- 条件生成式对抗网络(https://arxiv.org/pdf/1411.1784.pdf)。
- Wasserstein GAN(WGAN)(https://arxiv.org/pdf/1904.08994.pdf, https://arxiv.org/pdf/1704.00028.pdf)。
- 最小二乘 GAN(https://arxiv.org/pdf/1611.04076.pdf)。

5.2 实现深度卷积生成对抗网络

卷积 GAN 模型是一类非常成功的 GAN 模型。卷积 GAN 模型在生成器和鉴别器网络中都包含卷积层。本实例将实现一个**深度卷积生成对抗网络(Deep Convolutional Generative Adversarial Network,DCGAN)**。该模型对基础 GAN 模型(vanilla GAN)进行改进,因为基础 GAN 模型的结构稳定。遵循以下操作规则有助于提高 DCGAN 模型的鲁棒性。规则具体如下:

- 在判别器中使用卷积步幅替换池化层,并在生成器网络中使用转置卷积;
- 除了输出层外,在生成器和鉴别器中使用批量规范化(batch normalization);
- 不要使用全连接的隐藏层;
- 在生成器中使用 ReLU 激活函数,输出层使用 tanh 激活函数;
- 在鉴别器中使用 Leaky ReLU 激活函数。

5.2.1 准备工作

本实例将使用花朵识别数据集的部分数据,该数据集由 Alexsandr Mamaev 创建。本实例使用的数据集包含大约 2500 张向日葵、蒲公英和雏菊 3 种花卉的图片。每类花朵由大约 800 张照片组成。数据集可以从 Kaggle 网站下载: https://www.kaggle.com/alxmamaev/flowers-recognition

加载所需的库:

```
library(keras)
library(reticulate)
library(abind)
library(grid)
```

现在,可以将数据加载到 R 环境中。利用 Keras 库的 flow_images_from_directory()函数来加载数据。数据存储于 flowers 目录中,该目录包含子目录,每个子目录存储一类花朵图像。由于输入的图像尺寸不是统一的,因此在加载图像数据时,指定了图像尺寸,以便每个图像都相应地调整大小。

```
train_path <- "data/flowers/"
image_width = 32
image_height = 32
target_image_size = c(image_width, image_height)
training_data <- flow_images_from_directory(directory =
train_path, target_size = target_image_size, color_mode = "rgb", class_mode
 = NULL, batch_size = 2500)
training_data = as_iterator(training_data)
training_data = iter_next(training_data)
training_data <- training_data/255
dim(training_data)
```

2500 32 32 3

图 5-7 训练数据的图片数量和尺寸

训练数据的维度信息如图 5-7 所示。

现在对于训练数据已有所了解，下面开始模型建立。

5.2.2 操作步骤

先定义模型所需的几个变量。

（1）根据图片高度、宽度和通道数量来定义图像的尺寸。本实例要对彩色图像进行分析，所以将通道数量保持在 3 个，即 RGB 模式。还要定义噪声向量的尺寸：

```
latent_dim <- 32
height <- 32
width <- 32
channels <- 3
```

（2）创建生成器网络。生成器网络将具有 latent_dim 个元素的随机向量映射到输入图像，本实例中输入图像的尺寸为(32,32,3)。

```
input_generator <- layer_input(shape = c(latent_dim))
output_generator <- input_generator %>%
# 将输入数据转换为 16x16 像素的 128 - 通道的特征图
 layer_dense(units = 128 * 16 * 16) %>%
 layer_activation_leaky_relu() %>%
 layer_reshape(target_shape = c(16, 16, 128)) %>%
# 添加卷积层
 layer_conv_2d(filters = 256, kernel_size = 5,
 padding = "same") %>%
 layer_activation_leaky_relu() %>%
# 调用 layer_conv_2d_transpose()函数将数据转换为 32×32
 layer_conv_2d_transpose(filters = 256, kernel_size = 4,
 strides = 2, padding = "same") %>%
 layer_activation_leaky_relu() %>%
# 在网络中添加更多卷积层
 layer_conv_2d(filters = 256, kernel_size = 5,
 padding = "same") %>%
```

```
 layer_activation_leaky_relu() %>%
 layer_conv_2d(filters = 256, kernel_size = 5,
 padding = "same") %>%
 layer_activation_leaky_relu() %>%
# 生成 32×32 像素的 1-通道特征图
 layer_conv_2d(filters = channels, kernel_size = 7,
 activation = "tanh", padding = "same")
generator <- keras_model(input_generator, output_generator)
```

查看生成器网络的摘要信息：

```
summary(generator)
```

生成器网络的摘要信息如图 5-8 所示。

Layer (type)	Output Shape	Param #
input_1 (InputLayer)	(None, 32)	0
dense (Dense)	(None, 32768)	1081344
leaky_re_lu (LeakyReLU)	(None, 32768)	0
reshape (Reshape)	(None, 16, 16, 128)	0
conv2d (Conv2D)	(None, 16, 16, 256)	819456
leaky_re_lu_1 (LeakyReLU)	(None, 16, 16, 256)	0
conv2d_transpose (Conv2DTranspose)	(None, 32, 32, 256)	1048832
leaky_re_lu_2 (LeakyReLU)	(None, 32, 32, 256)	0
conv2d_1 (Conv2D)	(None, 32, 32, 256)	1638656
leaky_re_lu_3 (LeakyReLU)	(None, 32, 32, 256)	0
conv2d_2 (Conv2D)	(None, 32, 32, 256)	1638656
leaky_re_lu_4 (LeakyReLU)	(None, 32, 32, 256)	0
conv2d_3 (Conv2D)	(None, 32, 32, 3)	37635

Total params: 6,264,579
Trainable params: 6,264,579
Non-trainable params: 0

图 5-8 生成器网络的摘要信息

(3) 创建鉴别器网络。该鉴别器网络将图像映射为尺寸(32,32,3)的二值张量,并估计生成图像为真的概率。

```
input_discriminator <- layer_input(shape = c(height, width,
channels))
output_discriminator <- input_discriminator %>%
 layer_conv_2d(filters = 128, kernel_size = 3) %>%
 layer_activation_leaky_relu() %>%
 layer_conv_2d(filters = 128, kernel_size = 4, strides = 2) %>%
 layer_activation_leaky_relu() %>%
```

```
  layer_conv_2d(filters = 128, kernel_size = 4, strides = 2) %>%
  layer_activation_leaky_relu() %>%
  layer_conv_2d(filters = 128, kernel_size = 4, strides = 2) %>%
  layer_activation_leaky_relu() %>%
  layer_flatten() %>%
  # 添加 dropout 层
  layer_dropout(rate = 0.3) %>%
  # 分类器层(全连接层)
  layer_dense(units = 1, activation = "sigmoid")
discriminator <- keras_model(input_discriminator,
output_discriminator)
```

查看鉴别器模型的摘要信息：

```
summary(discriminator)
```

鉴别器模型的摘要信息如图 5-9 所示。

Layer (type)	Output Shape	Param #
input_1 (InputLayer)	(None, 32, 32, 3)	0
conv2d (Conv2D)	(None, 30, 30, 128)	3584
leaky_re_lu (LeakyReLU)	(None, 30, 30, 128)	0
conv2d_1 (Conv2D)	(None, 14, 14, 128)	262272
leaky_re_lu_1 (LeakyReLU)	(None, 14, 14, 128)	0
conv2d_2 (Conv2D)	(None, 6, 6, 128)	262272
leaky_re_lu_2 (LeakyReLU)	(None, 6, 6, 128)	0
conv2d_3 (Conv2D)	(None, 2, 2, 128)	262272
leaky_re_lu_3 (LeakyReLU)	(None, 2, 2, 128)	0
flatten (Flatten)	(None, 512)	0
dropout (Dropout)	(None, 512)	0
dense (Dense)	(None, 1)	513

Total params: 790,913
Trainable params: 790,913
Non-trainable params: 0

图 5-9　判别器模型的摘要信息

完成模型配置后，需要编译模型。使用 rmsprop 为优化器、binary_crossentropy 为损失函数，学习率为 0.0008。参数 clipvalue 设定梯度裁剪值，限制迭代中最大和最小梯度值，在损失函数的梯度较陡峭的位置效果明显。

```
discriminator %>% compile(
  optimizer = optimizer_rmsprop(lr = 0.0008,clipvalue = 1.0,decay = 1e-8),
  loss = "binary_crossentropy"
)
```

(4) 在开始训练 GAN 网络之前,先冻结鉴别器的权值,使其不可训练:

```
freeze_weights(discriminator)
```

(5) 配置 DCGAN 网络并编译。GAN 网络由生成器网络和鉴别器网络组成。

```
gan_input <- layer_input(shape = c(latent_dim),name =
'dc_gan_input')
gan_output <- discriminator(generator(gan_input))
gan <- keras_model(gan_input, gan_output)
gan %>% compile(
 optimizer = optimizer_rmsprop(lr = 0.0004,clipvalue = 1.0,decay = 1e-8),
 loss = "binary_crossentropy"
)
```

查看 GAN 模型的摘要信息:

```
summary(gan)
```

GAN 模型的摘要信息如图 5-10 所示。

Layer (type)	Output Shape	Param #
dc_gan_input (InputLayer)	(None, 32)	0
model (Model)	(None, 32, 32, 3)	6264579
model_1 (Model)	(None, 1)	790913

Total params: 7,055,492
Trainable params: 6,264,579
Non-trainable params: 790,913

图 5-10 GAN 模型的摘要信息

(6) 开始训练网络。设置 DCGAN 网络迭代 2000 次,每次迭代生成 40 个新图像。创建一个名为 dcgan_images 的目录,将为每次迭代生成的图像存储在该目录中。将每次迭代时的模型参数存储在 dcgan_model 目录中。

```
iterations <- 2000
batch_size <- 40
dir.create("dcgan_images")
dir.create("dcgan_model")
```

开始模型训练。

```
start_index <- 1
for (i in 1:iterations) {
# 从正态分布数中随机取 batch_size * latent_dimension 个数,定义 latent_vectors 矩阵
 random_latent_vectors <- matrix(rnorm(batch_size * latent_dim),
 nrow = batch_size, ncol = latent_dim)
# 使用生成器网络将上述随机点生成为假图像
```

```
 generated_images <- generator %>% predict(random_latent_vectors)
# 将假图像与真图像结合起来,作为鉴别器的训练数据
 stop_index <- start_index + batch_size - 1
 real_images <- training_data[start_index:stop_index,,,]
 rows <- nrow(real_images)
 combined_images <- array(0, dim = c(rows * 2,
dim(real_images)[-1]))
 combined_images[1:rows,,,] <- generated_images
 combined_images[(rows+1):(rows*2),,,] <- real_images
 # 为真图像和假图像添加标签
 labels <- rbind(matrix(1, nrow = batch_size, ncol = 1),
 matrix(0, nrow = batch_size, ncol = 1))
 # 向标签添加随机噪声以增加鉴别器的鲁棒性
 labels <- labels + (0.5 * array(runif(prod(dim(labels))),
 dim = dim(labels)))
 # 使用真假图像训练鉴别器
 discriminator_loss <- discriminator %>%
train_on_batch(combined_images, labels)
 # latent_vectors 矩阵采用正态分布数重新初始化
 random_latent_vectors <- matrix(rnorm(batch_size * latent_dim),
 nrow = batch_size, ncol = latent_dim)
 misleading_targets <- array(0, dim = c(batch_size, 1))
 # 使用 GAN 模型训练生成器,注意鉴别器的权重被冻结
 gan_model_loss <- gan %>% train_on_batch(
 random_latent_vectors,
 misleading_targets
 )
 start_index <- start_index + batch_size
 if (start_index > (nrow(training_data) - batch_size))
 start_index <- 1
# 指定哪些迭代步要保存模型参数和生成的图像
if(i %in% c(5,10,15,20,40,100,200,500,800,1000,1500,2000)){
# 保存模型
save_model_hdf5(gan,paste0("dcgan_model/gan_model_",i,".h5"))
# 保存生成的图像
 generated_images <- generated_images *255
 generated_images = array_reshape(generated_images ,dim =
c(batch_size,32,32,3))
 generated_images = (generated_images - min(generated_images
))/(max(generated_images ) - min(generated_images ))
 grid = generated_images [1,,,]
 for(j in seq(2,5)){
 single = generated_images [j,,,]
 grid = abind(grid,single,along = 2)
 }
```

```
png(file = paste0("dcgan_images/generated_flowers_",i,".png"),
width = 600, height = 350)
grid.raster(grid, interpolate = FALSE)
dev.off()
}
}
```

经过2000次迭代后,生成图像如图5-11所示。

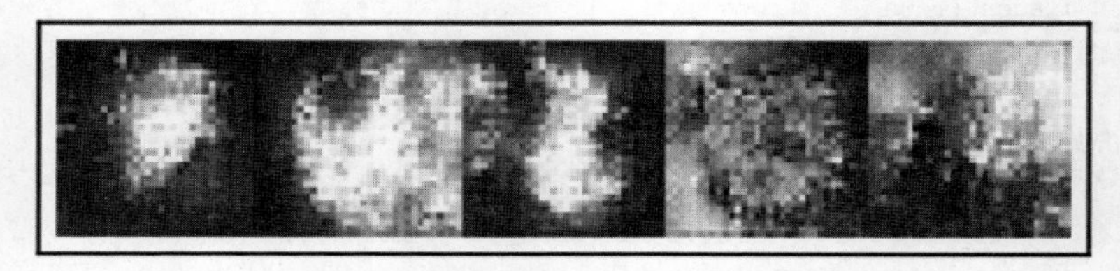

图5-11 模型2000次迭代后生成的图像

如果想要模型更精确,则需要增加迭代步数。

5.2.3 原理解析

在5.2.2节的步骤(1)中,定义了输入图像的形状和通道的数量。由于使用的图像是彩色的,指定通道的数量为3,采用RGB模式。步骤(1)还定义了随机噪声的维数。在步骤(2)中,构建了一个生成器网络。生成器网络将具有latent_dim个元素的随机向量映射到尺寸为(32,32,3)的图像数据中。

TIP 建议使用正态分布而不是均匀分布中随机采样生成噪声向量,以获得更好的结果。

本实例使用深度卷积网络作为生成器网络。Layer_conv_2d_transpose()函数用于对图像做上采样。在生成器的最后一层使用tanh作为激活函数,在隐藏层使用Leaky Relu作为激活函数。

TIP 在下采样时,建议使用较大的卷积步幅替代最大池化,以避免出现梯度稀疏的风险。

在5.2.2节的步骤(3)中,配置并编译鉴别器网络。鉴别器将生成器生成的尺寸(32,32,3)的图像映射到一个概率值,以表明生成的图像为真的概率。由于生成器网络是卷积网络,所以鉴别器也是卷积网络。为了GAN模型添加随机性以提高模型的鲁棒性,在判别器的类标签上添加了dropout层和随机噪声。

在5.2.2节的步骤(4)中,冻结鉴别器的权重,使其不可训练。在步骤(5)中,配置并编译GAN网络。GAN网络将生成器生成的图像映射到鉴别器获得真图像的概率估计。在最后一步,训练GAN网络。在训练GAN时,需要训练鉴别器,使其能够准确地识别真伪图像。生成器使用来自鉴别器的反馈来更新其权值。使用GAN模型的损失函数相对于生成器网络权值来求解梯度值用以训练生成器。最后,为每次迭代保存模型参数和生成的图像。

5.2.4 内容拓展

尽管 DCGAN 的体系结构是稳定的，但仍然不能保证模型收敛，训练可能是不稳定的。在训练 GAN 时应用一些架构特性和训练过程，模型的性能会显著提高。这些技术利用启发式算法解决收敛问题，改进了模型的学习性能和样本生成。事实上，在一些特定数据集上，GAN 生成的数据与原数据集的真实数据几乎真假难辨，例如 MNIST、CIFAR 数据集等。

以下是一些可以用来提升效果的技巧：

- **特征匹配(feature matching)**。该技术为生成器提供了一个新的目标，使生成的数据与真实数据的统计信息相匹配，而不是直接最大化判别器的输出。标识符用来指定值的匹配的统计信息，并训练生成器匹配标识符中间层特征的期望值。
- **小批量判别(minibatch discrimination)**。与 GAN 相关的一个挑战是生成器总是被一个特定的参数设置所破坏，这使得它总是生成类似的数据。这是因为鉴别器的梯度可能指向许多相似点的相似方向，因为它独立处理每个批次，单个批次之间没有关联。因此，生成器不需要学习如何区分不同批次。小批量判别允许判别器关联地而不是孤立地查看多个样本，从而帮助生成器相应地调整其梯度。
- **历史平均(historical averaging)**。在这种技术中，在更新参数时考虑每个参数过去值的平均值。这种学习方式适用于长时间序列。将生成器和判别器的成本值修改为包含以下项：

$$\left\| \boldsymbol{\theta} - \sum_{i=1}^{t} \boldsymbol{\theta}[i] \right\|^2$$

其中，$\boldsymbol{\theta}[i]$表示参数$\boldsymbol{\theta}$ 的过去第 i 个取值。

- **单边标签平滑(one-sided label smoothing)**。这种技术用平滑的值替换分类器的 0 和 1 标签值，例如 0.9 或 0.1，这在处理对抗例子时提高了模型的性能。
- **虚拟批量归一化(virtual batch normalization)**。虽然批量归一化在神经网络中会带来更好的性能，但会导致训练样本的输出依赖于来自同一批次的其他训练样本。虚拟批量归一化通过在训练开始前从固定的参考批次样本计算统计数据，然后对每个训练样本的结果进行归一化来避免这种依赖性。这种技术很耗费计算量，因为前向传播是在两个小批量数据上运行的。因此，这只用于生成器网络。

5.2.5 参考阅读

要了解更多关于使用 ACGAN(Auxiliary Classifier GAN)进行条件图像合成的知识，请读者参阅论文 https://arxiv.org/pdf/1610.09585.pdf。

5.3 实现变分自动编码器

第 4 章介绍了自动编码器,自动编码器学习输入数据在降维的潜在特征空间中的表示。自动编码器学习一个任意函数来表示输入数据的压缩潜在表示。**一个变分自动编码器(Variational AutoEncoder,VAE)**,不是学习任意函数,而是学习压缩表示的概率分布的参数。如果可以从这个分布中采样,则可以产生新的数据。VAE 由编码器网络和解码器网络组成。

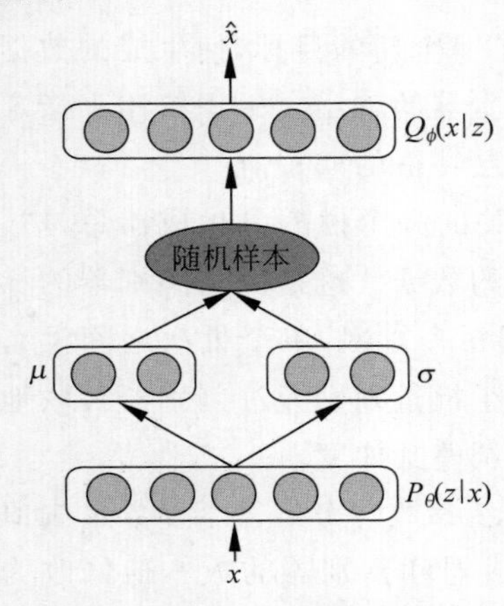

图 5-12 VAE 模型的结构图

VAE 模型的结构如图 5-12 所示。

构成 VAE 模型的编码器和解码器原理如下:

- **编码器**。编码器是一个神经网络,输入数据用符号 x 表示,输出数据是对输入的潜在表示,记为 z。编码器的功能是求解数据潜在分布的均值(μ)和标准差(σ),生成潜在分布的一个随机样本 z。本质上,VAE 编码器学习概率分布 $P_\theta(z|x)$,其中 θ 是编码器网络的参数。
- **解码器**。解码器是从随机样本 z 重建编码器网络的输入数据 x,z 是均值为 μ 和标准差为 σ 的分布的一个随机样本。本质上是得到一个概率分布 $Q_\phi(x|z)$,其中 ϕ 是解码器网络的参数。

在典型的自动编码器中,损失函数由两部分组成:重构损失和一个正则项(惩罚项)。一个训练样本的 VAE 损失函数如下式所示:

$$l(\theta,\phi)=-E_{z\sim P_\theta(z|x)}[\log(Q_\phi(x \mid z))]+\mathrm{KL}(P_\theta(z \mid x) \mid P(z))$$

方程的第一项为损失值,也就是数据的负对数似然。第二项是学习概率分布 $P_\theta(z|x)$ 和潜在概率分布 $P(z)$ 之间的 KL 散度。在 VAE 中,可以假定隐变量的概率分布是标准正态分布,即 $P(z)$ 是 $N(0,1)$。

本实例实现一个变分自动编码器来生成图像。

5.3.1 准备工作

本实例使用 MNIST 数据集。在第 2 章中使用过这个数据集,分为训练集和验证集。本实例将每个尺寸为 28×28 像素的图像重构为一个包含 784 个元素的数组。

首先导入所需的库:

```
library(keras)
library(abind)
library(grid)
```

加载并重构数据集：

```
mnist <- dataset_fashion_mnist()
x_train <- mnist$train$x/255
x_test <- mnist$test$x/255
x_train <- array_reshape(x_train, c(nrow(x_train), 784), order = "F")
x_test <- array_reshape(x_test, c(nrow(x_test), 784), order = "F")
```

数据准备好后，下面将构建一个 VAE 模型。

5.3.2 操作步骤

本节将通过构建 VAE 模型来重建 MNIST 数据集图像。首先从定义 VAE 的网络参数开始。

（1）需要定义一些变量来设置网络参数，如样本批量值、输入维数、隐变量维数和迭代次数。

```
# 模型参数
batch_size <- 100L
input_dim <- 784L
latent_dim <- 2L
epochs <- 10
```

（2）定义 VAE 网络的编码器部分的输入层和隐藏层。

```
input <- layer_input(shape = c(input_dim))
x <- input %>% layer_dense(units = 256, activation = "relu")
```

（3）配置代表潜在分布的对数标准差和均值的全连接层。

```
# 潜在分布的均值
z_mean <- x %>% layer_dense(units = latent_dim,name = "mean")
# 潜在分布的对数标准差
z_log_sigma <- x %>% layer_dense(units = latent_dim,name = "sigma")
```

（4）定义一个采样函数，这样就可以从潜在空间中采集新的样本。

```
# 采样函数
sampling <- function(arg) {
 z_mean <- arg[, 1:(latent_dim)]
 z_log_var <- arg[, (latent_dim + 1):(2 * latent_dim)]
 epsilon <- k_random_normal(shape = list(k_shape(z_mean)[1],
latent_dim),
 mean = 0, stddev = 1)
 z_mean + k_exp(z_log_sigma) * epsilon
}
```

(5) 创建一个层,取潜在分布的均值和标准差,并从中生成一个随机样本。

```
# 潜在分布的随机点
z <- layer_concatenate(list(z_mean, z_log_sigma)) %>%
layer_lambda(sampling)
```

(6) 到目前为止,已经定义了一个层来提取一个随机样本。现在,为 VAE 的解码器部分创建一些隐藏层,并将它们组合起来创建输出层。

```
# VAE 解码器的隐藏层
x_1 <- layer_dense(units = 256, activation = "relu")
x_2 <- layer_dense(units = input_dim, activation = "sigmoid")
# 解码器输出
vae_output <- x_2(x_1(z))
```

(7) 构建一个变分自动编码器并可视化输出模型摘要信息:

```
# 变分自动编码器
vae <- keras_model(input, vae_output)
summary(vae)
```

VAE 模型的摘要信息如图 5-13 所示。

Layer (type)	Output Shape	Param #	Connected to
input_1 (InputLayer)	(None, 784)	0	
dense (Dense)	(None, 256)	200960	input_1[0][0]
mean (Dense)	(None, 2)	514	dense[0][0]
sigma (Dense)	(None, 2)	514	dense[0][0]
concatenate (Concatenate)	(None, 4)	0	mean[0][0] sigma[0][0]
lambda (Lambda)	(None, 2)	0	concatenate[0][0]
dense_1 (Dense)	(None, 256)	768	lambda[0][0]
dense_2 (Dense)	(None, 784)	201488	dense_1[0][0]

Total params: 404,244
Trainable params: 404,244
Non-trainable params: 0

图 5-13 VAE 模型的摘要信息

(8) 创建一个单独的编码器模型:

```
# 创建编码器,将输入映射到潜在空间
encoder <- keras_model(input, c(z_mean,z_log_sigma))
summary(encoder)
```

编码器模型的摘要信息如图 5-14 所示。

Layer (type)	Output Shape	Param #	Connected to
input_1 (InputLayer)	(None, 784)	0	
dense (Dense)	(None, 256)	200960	input_1[0][0]
mean (Dense)	(None, 2)	514	dense[0][0]
sigma (Dense)	(None, 2)	514	dense[0][0]

Total params: 201,988
Trainable params: 201,988
Non-trainable params: 0

图 5-14　编码器模型的摘要信息

(9) 创建一个独立的解码器模型：

```
# 解码器的输入层
decoder_input <- layer_input(k_int_shape(z)[-1])
# 解码器的隐藏层
decoder_output <- x_2(x_1(decoder_input))
# 创建解码器
decoder <- keras_model(decoder_input,decoder_output)
summary(decoder)
```

解码器模型的摘要信息如图 5-15 所示。

Layer (type)	Output Shape	Param #
input_2 (InputLayer)	(None, 2)	0
dense_1 (Dense)	(None, 256)	768
dense_2 (Dense)	(None, 784)	201488

Total params: 202,256
Trainable params: 202,256
Non-trainable params: 0

图 5-15　解码器模型的摘要信息

(10) 定义 VAE 模型的损失函数：

```
# 损失函数
vae_loss <- function(x, decoded_output){
 reconstruction_loss <- (input_dim/1.0) * loss_binary_crossentropy(x,
decoded_output)
 kl_loss <- -0.5 * k_mean(1 + z_log_sigma - k_square(z_mean) -
k_exp(z_log_sigma), axis = -1L)
 reconstruction_loss + kl_loss
}
```

(11) 编译模型：

```
vae %>% compile(optimizer = "rmsprop", loss = vae_loss)
```

接着训练模型：

```
vae %>% fit(
 x_train, x_train,
 shuffle = TRUE,
 epochs = epochs,
 batch_size = batch_size,
 validation_data = list(x_test, x_test)
)
```

(12) 查看由模型生成的部分样本图像：

```
random_distribution = array(rnorm(n = 20,mean = 0,sd = 4),dim = c(10,2))
predicted = array_reshape(predict(decoder,matrix(c(0,0),ncol = 2)),dim = c(28,28))
for(i in seq(1,nrow(random_distribution))){
 one_pred = predict(decoder,matrix(random_distribution[i,],ncol = 2))
 predicted = abind(predicted,array_reshape(one_pred,dim =
c(28,28)),along = 2)
}
options(repr.plot.width = 10, repr.plot.height = 1)
grid.raster(predicted,interpolate = FALSE)
```

第 10 次迭代生成的图像如图 5-16 所示。

图 5-16 模型第 10 次迭代生成的图像

下面将详细解释实现步骤的原理。

5.3.3 原理解析

5.3.2 节的步骤(1)定义了自动编码器网络的参数。设置输入数据为 784 个元素的向量,784 是 MNIST 数据集中图像展成的一维向量的元素个数。步骤(2)定义了 VAE 模型的输入层、第一个隐藏层,该隐藏层包括 256 个神经元,激活函数是 ReLU。步骤(3)创建了两个全连接层：z_mean 和 z_sigma。这两层的神经元数量等于潜在分布的维度。本实例中,将 784 维的输入数据压缩表示为二维的潜在空间。注意,这些层分别与它们的前一层进行全连接。这些层表示的是均值为 μ 和标准偏差为 σ 的潜在分布。步骤(4)定义了一个抽样函数,它从一个均值和方差已知的分布中产生一个随机样本。它以一个四维张量作为输入,从张量中提取均值和标准偏差,并从该分布中生成一个随机样本。根据生成新的随机样本 $\mu+\sigma(\varepsilon)$,其中 ε 是服从标准正态分布的随机值。

在 5.3.2 节的步骤(5)中,创建了一个层来连接 z_mean 和 z_sigma 层的输出张量,然后堆叠到一个 Lambda 层。Keras 中的 Lambda 层是一个包装器,它将任意表达式包装为一个神经网络层(用户自定义的层)。本实例中 Lambda 层封装了在上一步中定义的抽样函数。这一层的输出是 VAE 解码器的输入。步骤(6)构建了 VAE 的解码器网络。实例化了两个层,x_1 和 x_2,分别有 256 和 784 个神经元。将这些层组合起来创建输出层。步骤(7)创建了 VAE 模型。

在 5.3.2 节的步骤(8)和步骤(9)中,分别创建了编码器和解码器模型。步骤(10)定义了 VAE 模型的损失函数。它是重构损失值加上 Kullback-Leibler 散度值,Kullback-Leibler 散度值通过隐变量的假设真实概率分布形式和输入数据条件下隐变量出现的条件概率分布来求解。步骤(11)编译了 VAE 模型,并使用 rmsprop 优化器对其进行了 10 次迭代训练,以使 VAE 损失函数最小化。在最后一步中,生成了一个新的合成图像样本。

5.3.4 参考阅读

要了解更多关于自然语言处理的生成模型,请查看以下链接:

- GPT-2: https://openai.com/blog/better-language-models/
- BERT: https://arxiv.org/pdf/1810.04805.pdf

第 6 章 使用大规模深度学习处理大数据

CHAPTER 6

训练一个神经网络是计算密集型任务，需要耗费大量计算时间。随着数据的增加和神经网络层数的增加，训练深度学习模型变得更加复杂，需要更多的计算能力和内存。为了有效地训练模型，可以使用带有 GPU 的硬件系统。R 中的深度学习库支持在多个 GPU 上训练模型来加速训练过程。也可以使用云计算来建立深度学习模型。云基础设施可以便捷地扩展，并允许用户以更低的成本、更优的性能来更快地对模型进行原型化。大多数基于云的解决方案所提供的按次付费模式使得获得计算资源更便捷，可快速扩展计算和存储能力。本章将学习如何在各种云平台上创建可扩展的深度学习环境。本章还将学习如何使用 MXNet 构建不同的神经网络和加速训练深度学习模型。

本章将介绍以下实战案例：

- 基于亚马逊云服务的深度学习；
- 基于微软 Azure 平台的深度学习；
- 基于谷歌云平台的深度学习；
- 基于 MXNet 的深度学习；
- 使用 MXNet 实现深度神经网络；
- 使用 MXNet 实现预测建模。

6.1 基于亚马逊云服务的深度学习

亚马逊云服务(Amazon Web Services，AWS)提供了可伸缩、可靠且易用的按需云计算平台和 API，这些平台和 API 都是按需付费的。AWS 是一个综合性的云平台，提供多种云计算服务，如计算、安全服务、分析、数据库、存储、开发人员工具及许多其他基础设施即服务(Infrastructures as a Service，IaaS)、平台即服务(Platform as a Service，PaaS)和软件即服务(Software as a Service，SaaS)产品。AWS 为个人、营利和非营利组织以及教育机构提供了广泛的服务，被认为是最成功的云基础设施公司之一，占据了大部分市场份额。本节将主要使用亚马逊弹性计算云(Elastic Compute Cloud，EC2)，EC2 是一个虚拟计算环境(虚拟机）。本节将使用亚马逊云机器镜像(Amazon Machine Image，AMI)实现基于 R 语言的深度学习开发。AMI 预装了所需的软件和库。

在 AWS 中，租用虚拟机有 3 种选择：

- **按需实例**。用户可以根据运行的实例按小时或秒为计算能力付费。根据应用程序的需求，可以灵活地增加或减少计算量，它适用于不需要长时间使用计算资源的情况。
- **Spot 实例**。用户可以竞标闲置的 Amazon EC2 实例。投标价格根据需求和供应情况实时波动。一旦用户出价超过了当前的现价，用户的实例就会运行。Spot 实例推荐用于具有灵活的开始和结束时间的应用程序，因为选择 spot 实例，所以 AWS 可以在任何时候终止用户实例。
- **预留实例**。此选项比按需实例定价便宜 50%左右，并且在用户承诺租用机器一定时间时提供容量预留。

用户可以根据自己的需要和便利性需求使用上述任何方式来在 AWS 上设置深度学习实例。本实例将通过在 AWS 中建立一个深度学习环境的来训练深度学习模型。

6.1.1 准备工作

在使用 AWS 服务之前，如果还没有 AWS 账户，需要先创建一个 AWS 账户。为此，用户可以访问这个链接 https://portal.aws.amazon.com/billing/signup。更多关于 AWS 计费方式的内容，请参考链接 https://aws.amazon.com/pricing/?nc2=h_ql_pr_ln。本实例使用的 AWS AMI 系统镜像已经预装了 RStudio，并且在 Rstudio 中安装了 TensorFlow 和 Keras 库。

6.1.2 操作步骤

创建 AWS 账户后，按照以下步骤启动具有 RStudio AMI 的 EC2 实例。

(1) 登录到 AWS 管理控制台，如图 6-1 所示。

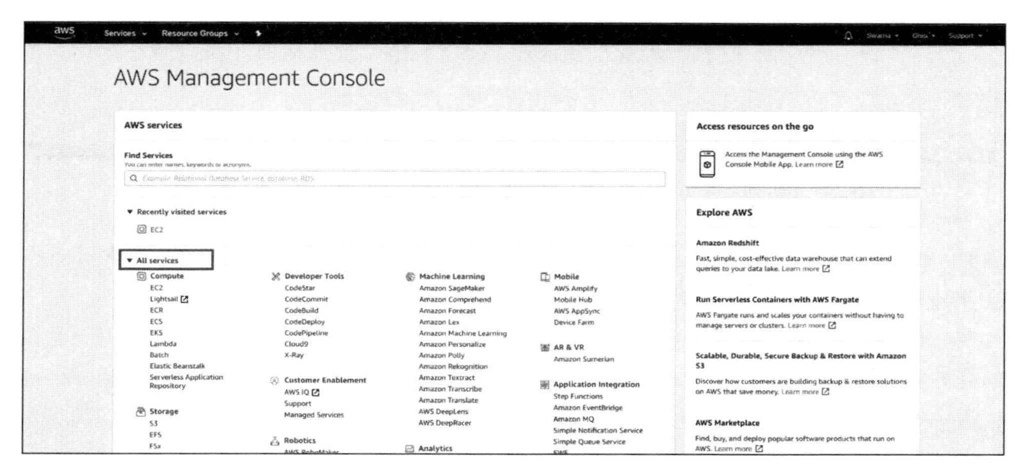

图 6-1 AWS 管理控制台

(2) 从 All Services 选项卡中单击 EC2 选项,进入如图 6-2 所示的 EC2 控制台页面。单击 Launch Instance 按钮启动 EC2 实例。

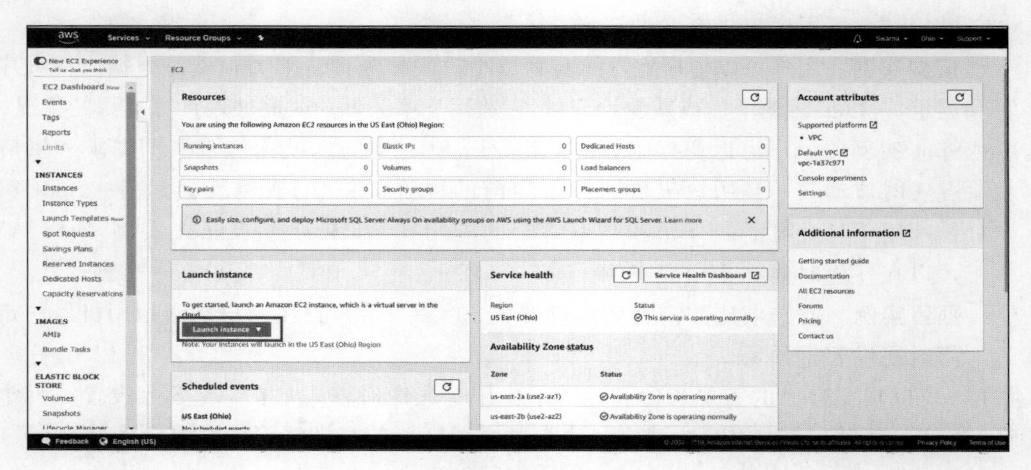

图 6-2 EC2 控制台

(3) 跳转到图 6-3 所示的页面。接下来,单击 AWS Marketplace 选项,然后在搜索框中输入 RStudio Server with Tensorflow-GPU for AWS。

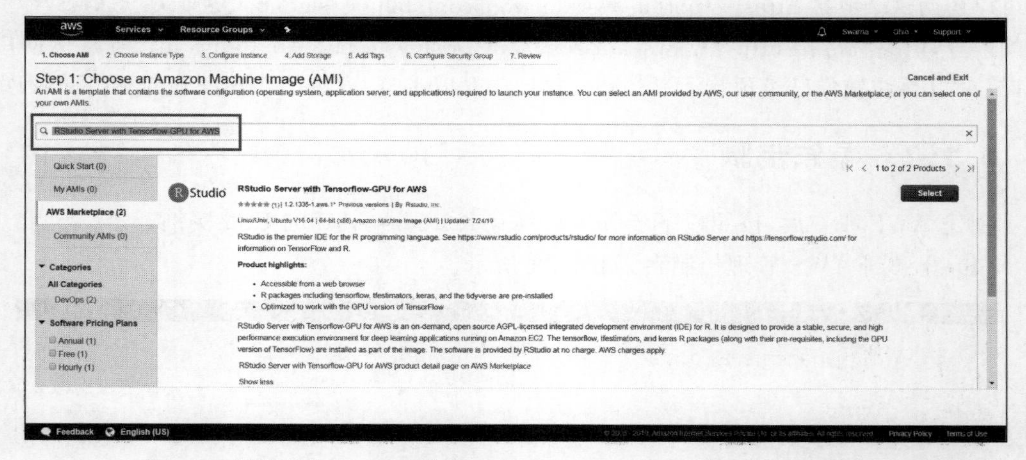

图 6-3 搜索带有 RStudio 软件(已装 Tensorflow-GPU)的 AWS 系统镜像

(4) 在图 6-3 中的 RStudio Server with Tensorflow-GPU for AWS 区域单击 Select 按钮,会出现如图 6-4 所示的窗口。单击 Continue 按钮继续下一步骤。

(5) 进入选择实例类型页面,如图 6-5 所示。对于训练复杂的深度学习模型,建议使用带有 GPU 的实例。为此,从 Filter by 下拉列表框中选择 GPU instances,然后选择 p2. xlarge。单击 Next: Configure Instance Details 按钮继续下一步。

(6) 在这个步骤中,可以根据用户的需求配置实例。本例只使用默认选项。单击

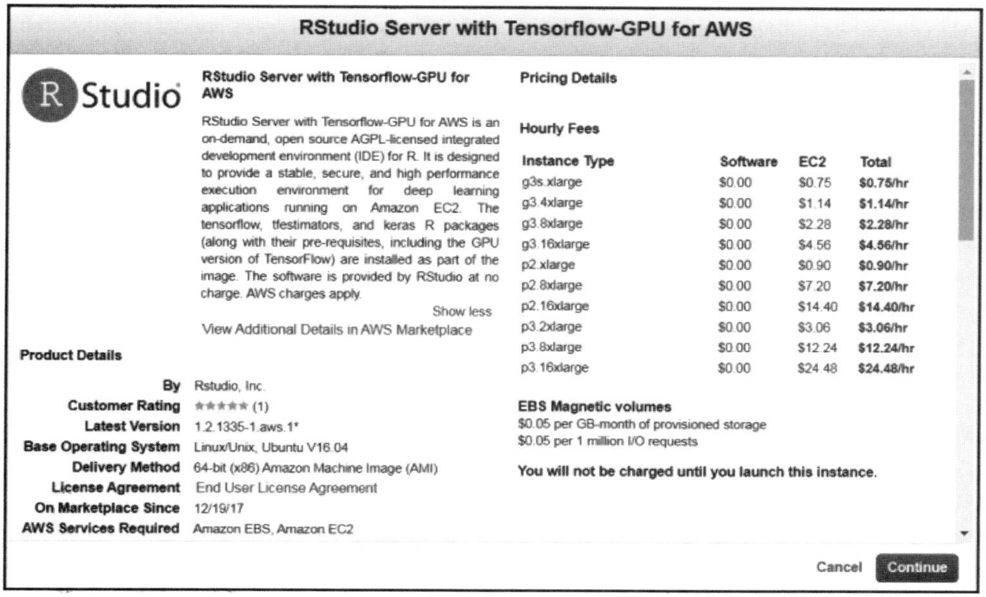

图 6-4　带有 RStudio 软件(已装 Tensorflow-GPU)的 AWS 系统镜像

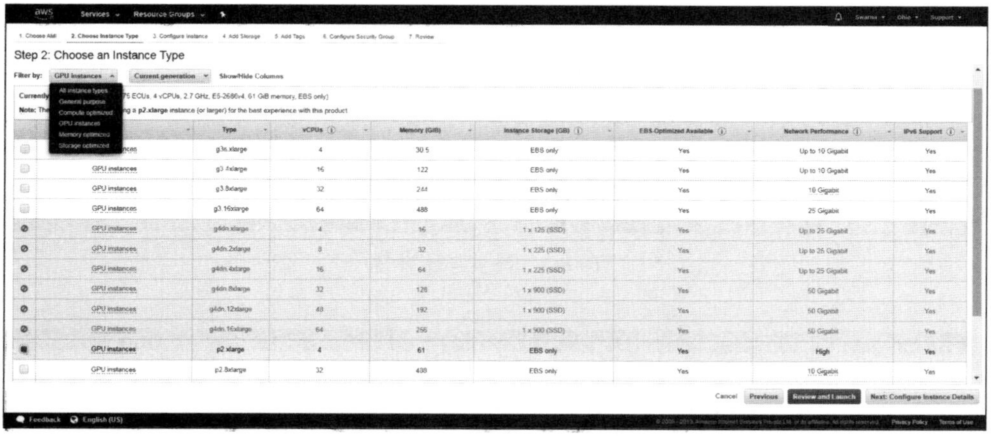

图 6-5　选择实例类型

Next：Add Storage 按钮到下一步，如图 6-6 所示。

(7) 根据数据的大小更改存储选项。单击 Next：Add Tags 按钮继续下一步，如图 6-7 所示。

(8) 在 AWS 中，可以将元数据以标签的形式分配资源。可以添加由键-值对组成的标记。完成后，单击 Next：Configure Security Group 按钮继续，如图 6-8 所示。

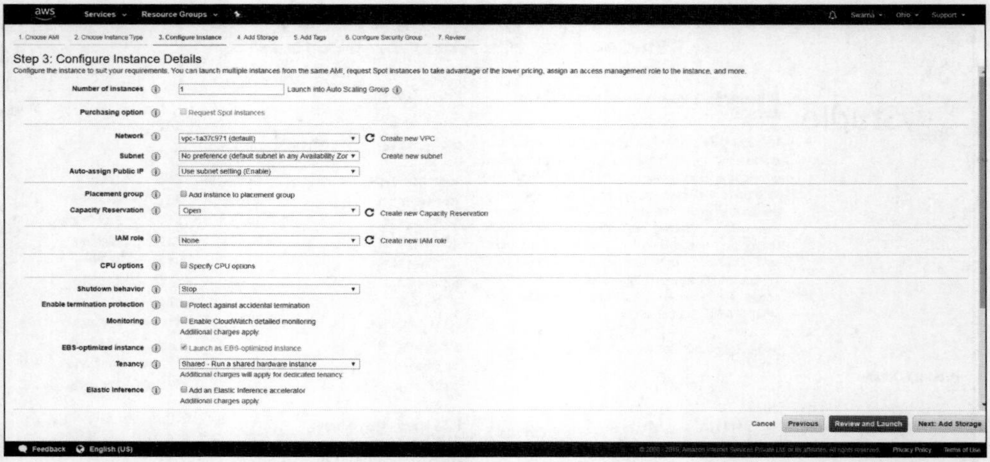

图 6-6　配置实例信息

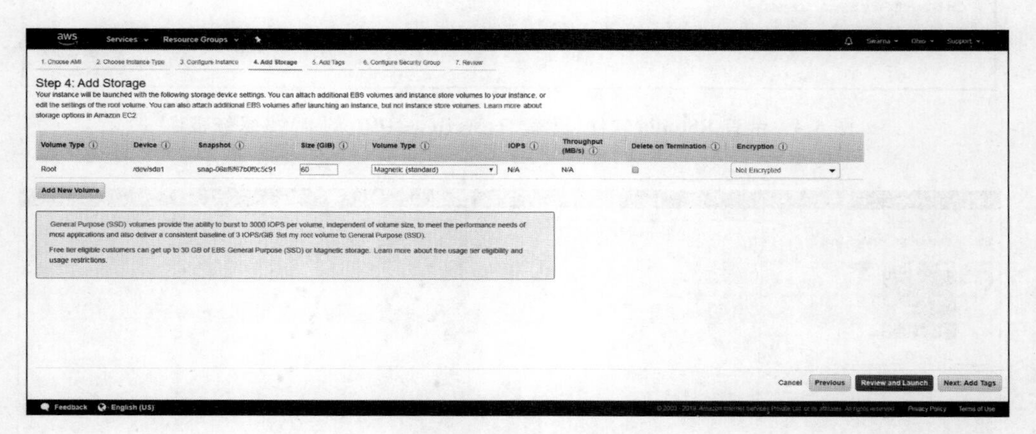

图 6-7　配置存储容量

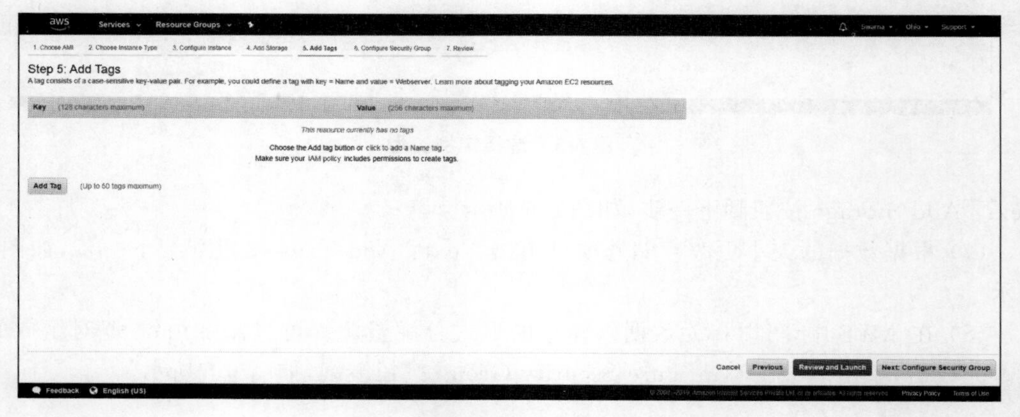

图 6-8　添加标签

（9）如图 6-9 所示，可以通过添加规则来为实例配置安全选项。单击 Review and Launch 按钮进入下一步。

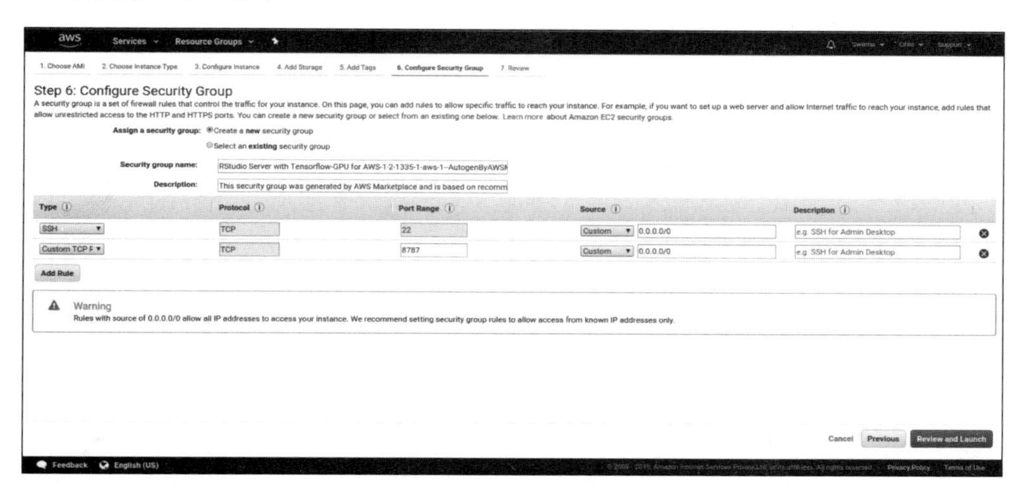

图 6-9　配置安全组

（10）如图 6-10 所示，在弹出的 Boot from General Purpose (SSD)窗口中，根据需要选择一个选项，单击 Next 按钮。

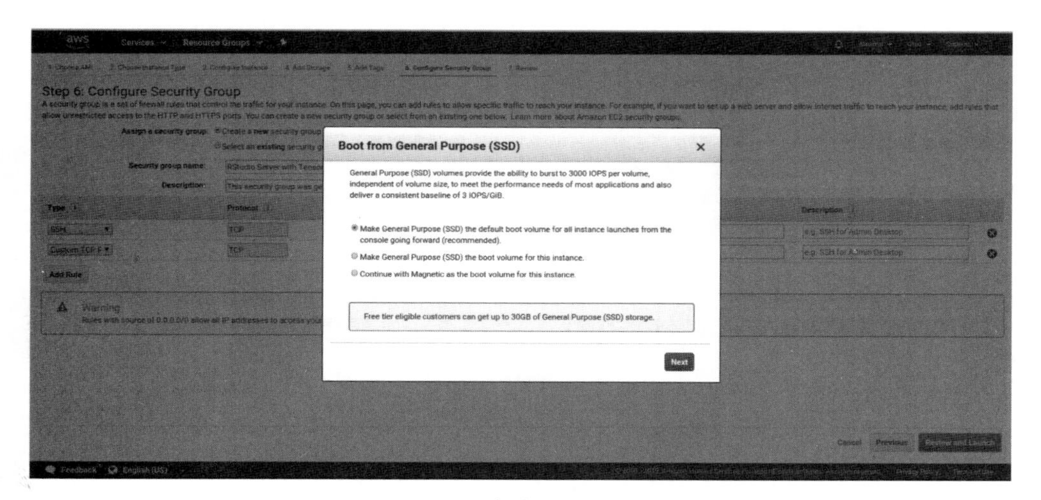

图 6-10　启动通用型实例

在如图 6-11 所示的页面，需要处理某些警告消息。检查实例配置，然后单击 Launch 按钮。

如果还没有创建密钥对，则会有创建密钥对的选项；若已有密钥对，则使用现有的密钥。下载密钥对并单击 Launch Instances 按钮，如图 6-12 所示。

（11）回到 EC2 仪表盘，可以看到有一个正在运行的实例，如图 6-13 所示。

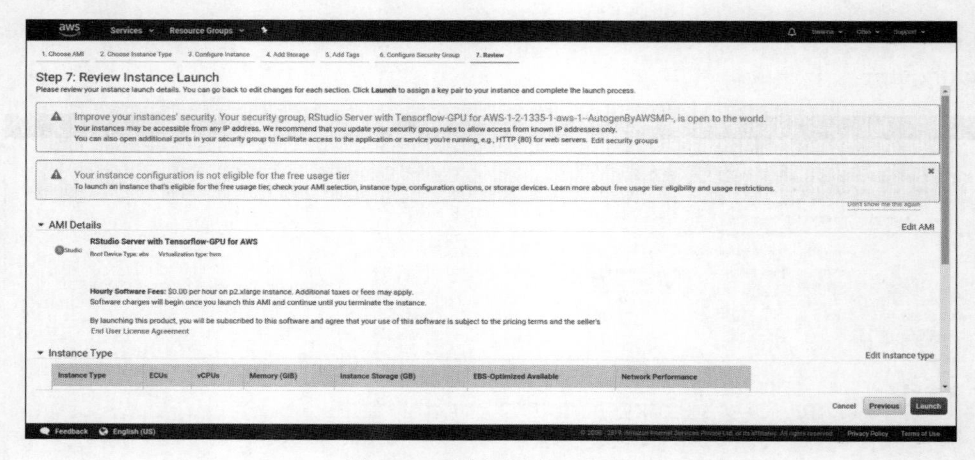

图 6-11　实例配置汇总页面

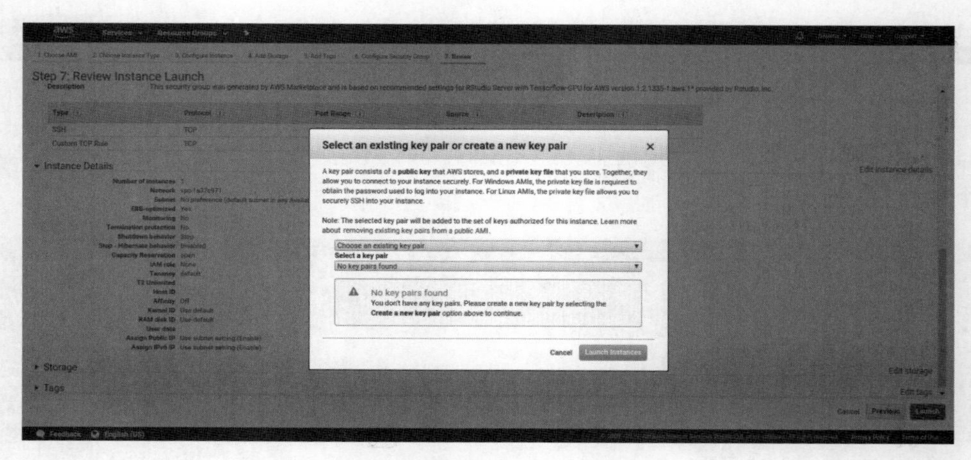

图 6-12　密钥选择或创建页面

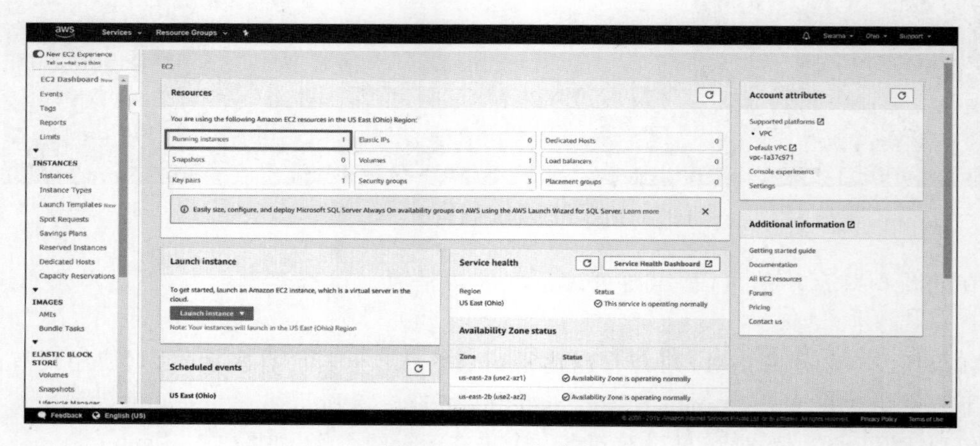

图 6-13　EC2 仪表盘

可以单击仪表盘上的对应内容查看实例的详细信息，跳转到如图 6-14 所示的页面。

图 6-14 运行中的实例的详细信息

（12）AWS 系统会提供一个 IP 地址和端口号，以便在 Web 页面上启动 AWS RStudio。要连接到 RStudio，请使用 rstudio-user 作为用户名，实例 ID 作为密码。AWS RStudio 界面如图 6-15 所示。

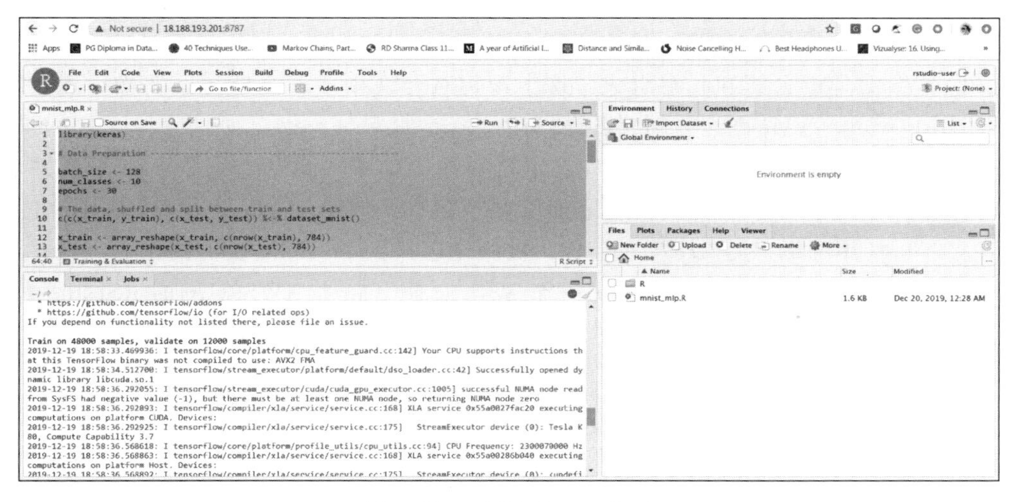

图 6-15 AWS RStudio 界面

从图 6-15 可以看到，已经成功地执行了 R 脚本来对手写数字进行分类。

6.1.3 原理解析

6.1.2 节的步骤(1)和步骤(2)展示了如何启动 EC2 实例，它是 AWS 中的一个虚拟机。步骤(3)和步骤(4)选择了预装有 RStudio 软件(已装 TensorFlow 和 Keras 库)的 AMI 系统镜像。实例的所有软件配置细节(如应用服务器、操作系统和其他应用程序)都存储在AMI模板中。

在6.1.2节的步骤(5)中,实例类型选择GPU实例。AWS为应用程序提供了一种混合资源选择。在步骤(6)中,根据用户需求配置实例。在配置实例时,还可以从同一个AMI系统镜像启动多个实例。

接下来,根据所使用的数据大小配置存储容量。用户可以根据需求添加存储设备和增加EBS(Elastic Block Store)存储卷。EBS是一种灵活的块级存储设备,可以添加到EC2实例中,并可以用作需要频繁更新数据的应用服务的主存储器。

AWS根据性能和价格提供了5种类型的EBS存储卷:

- 通用型SSD存储;
- 预配置IOPS存储;
- 吞吐量优化HDD存储;
- 云HDD存储;
- 磁性存储。

本案例在配置实例时,没有定义任何标记(tag)。标记是一种将元数据分配给资源的方法,比如资源的用途、所有者详细信息和版本详细信息。

6.1.2节的步骤(9)使用默认选项配置安全组。安全组是一组防火墙规则,用于控制到实例的访问流量。在步骤(10)中,检查实例配置并启动了实例。本案例还创建了一个密钥对,它由AWS存储的公钥和私钥组成。这个密钥对允许用户安全地访问实例。通过加密方式,使用RStudio AMI创建并配置EC2实例。

一旦创建和配置实例完成,在6.1.2节的步骤(11)中,就可回到EC2仪表盘并单击Running Instances选项来查看实例的详细信息。在本案例中,AWS提供的IP地址是18.188.193.201,使用的端口是8787。实例ID被用作连接到RStudio实例的密码。在最后一步中,使用提供的IP地址和端口号在另一个Web页面上启动AWS实例的RStudio程序。本案例实现了一个MNIST手写数字的分类模型。

6.2 基于微软Azure平台的深度学习

与亚马逊云服务类似,微软是另一家领先的云服务提供商,通过微软管理的数据中心创建和管理应用程序。微软云服务的名称是Microsoft Azure,它提供SaaS、PaaS和IaaS服务,并支持各种工具和框架。为了在Azure上运行深度学习模型,可以使用它的深度学习虚拟机,Azure深度学习虚拟机安装了必要的深度学习库。微软Azure是一个快速、灵活、可扩展、成本更低的云平台,提供全天候服务支持。它为虚拟机提供自动补丁管理,这样用户就可以专注于构建和部署的应用程序,而不是管理基础设施。本案例将在微软Azure上建立一个深度学习环境并训练深度学习模型。

6.2.1 准备工作

在模型训练之前，需要在 Azure 上创建一个账户，请访问网站 https://portal.azure.com/。要了解 Azure 计费方式，请参考链接 https://azure.microsoft.com/en-in/pricing/。

6.2.2 操作步骤

在 Azure 中创建账户后，登录 Azure 门户。按照以下步骤，在 Azure 平台中创建一个深度学习虚拟环境。

(1) 单击 Create a resource 按钮，如图 6-16 所示。

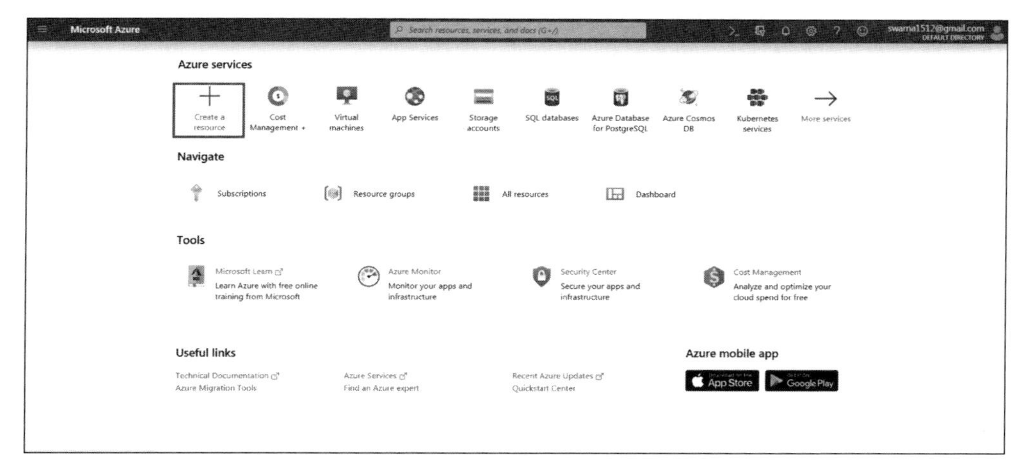

图 6-16 登录 Azure 门户

在如图 6-17 所示页面的搜索栏中输入 Deep learning virtual machine(深度学习虚拟机)。

(2) 在选择 Deep learning virtual machine 后，出现如图 6-18 所示页面，单击 Create 按钮。

(3) 单击 Create 按钮后，页面跳转到步骤(4)的配置窗口，如图 6-19 所示。在 Basics 选项卡中，可以设置实例的名称、操作系统的类型、用户名和密码，以及希望收费的订阅。如果没有资源组，则创建一个新的资源组。在 Settings 选项卡中，请选择与 GPU 兼容的虚拟机大小。本例选择使用 1 x Standard ND6s 虚拟机。Summary 页面汇总了用户配置信息。单击 OK 按钮继续。

Basics 选项卡信息如图 6-19 所示。

Settings 选项卡信息如图 6-20 所示。

Summary 选项卡信息如图 6-21 所示。

Buy 选项卡信息如图 6-22 所示。向下拖动选中复选框，然后单击 Create 按钮。

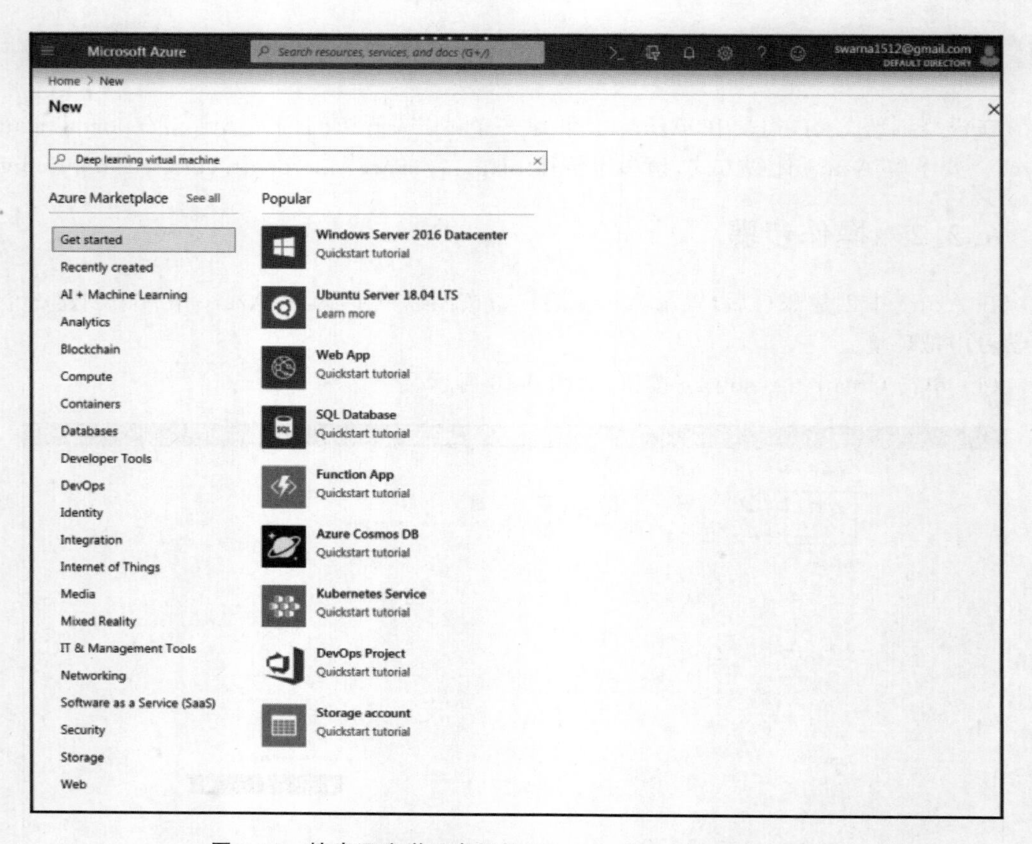

图 6-17 搜索深度学习虚拟机 Deep learning virtual machine

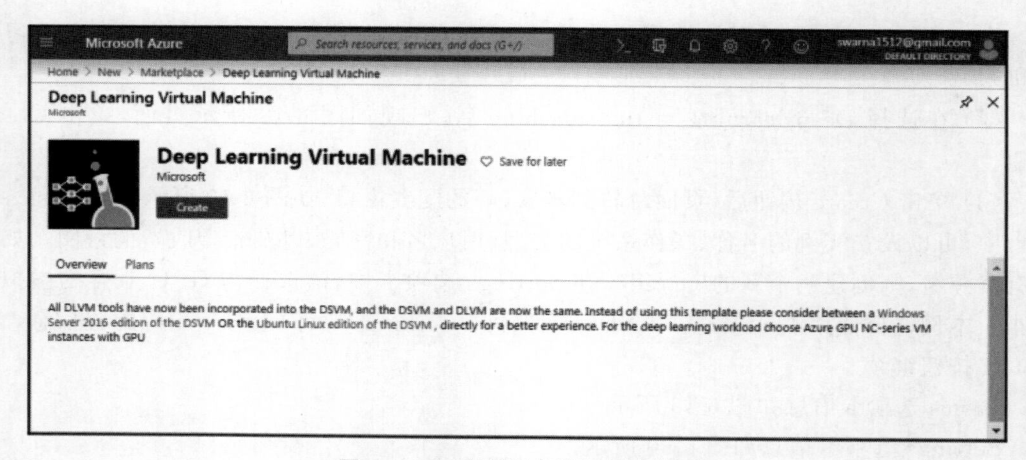

图 6-18 深度学习虚拟机创建页面

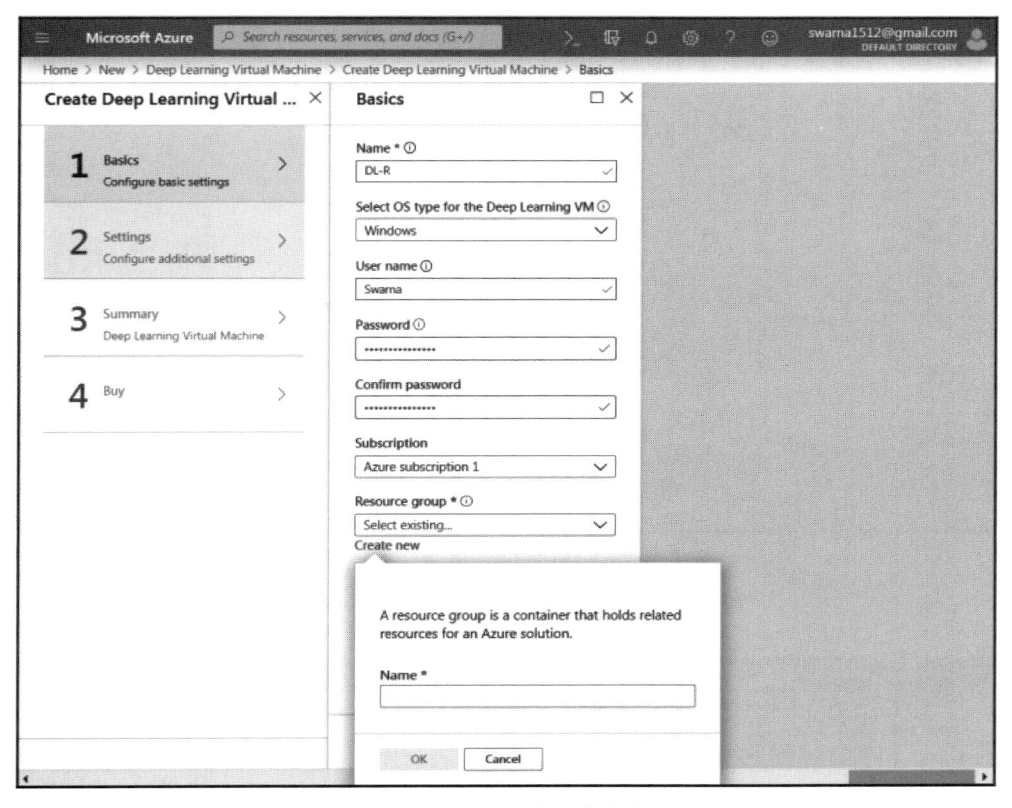

图 6-19　Basics 选项卡信息

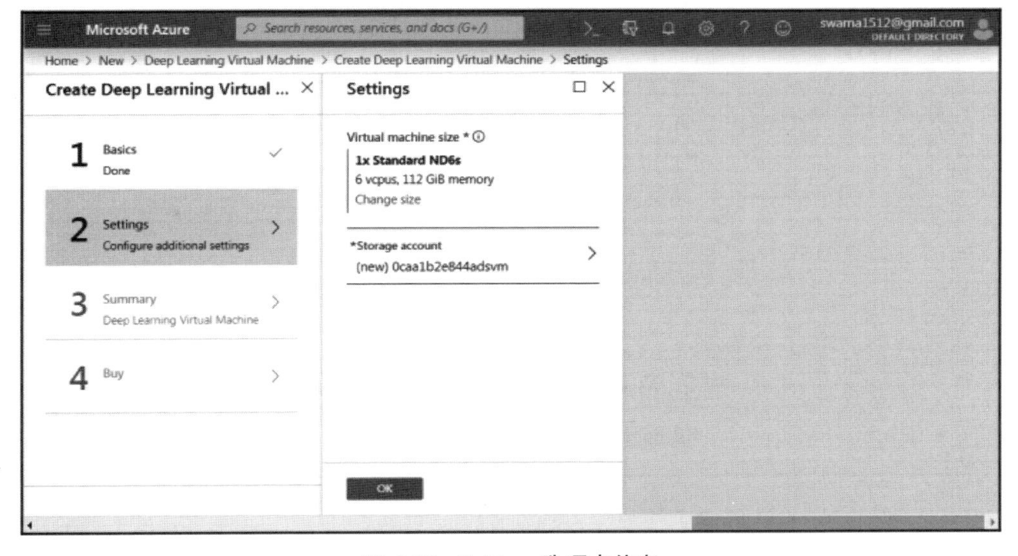

图 6-20　Settings 选项卡信息

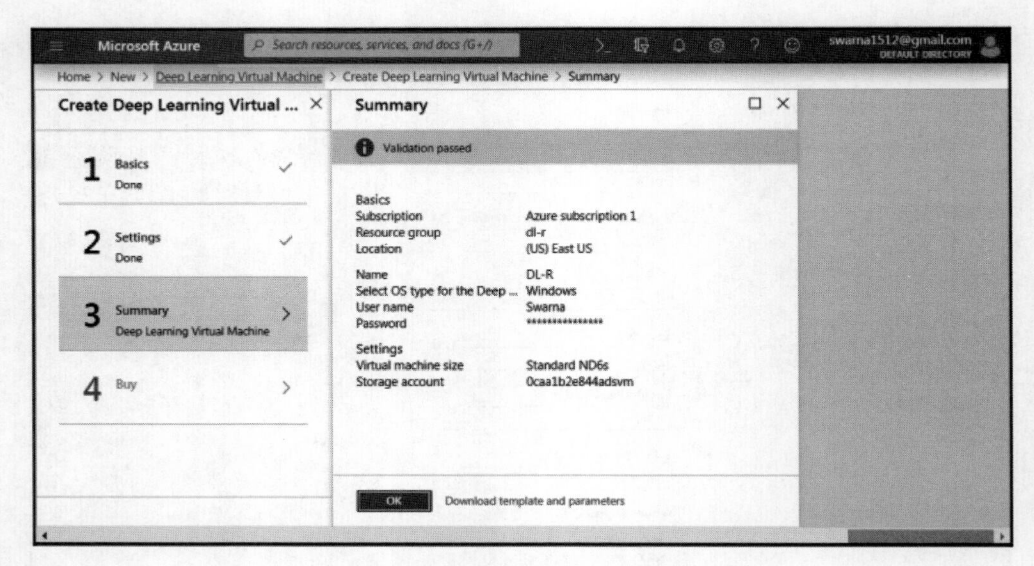

图 6-21　Summary 选项卡信息

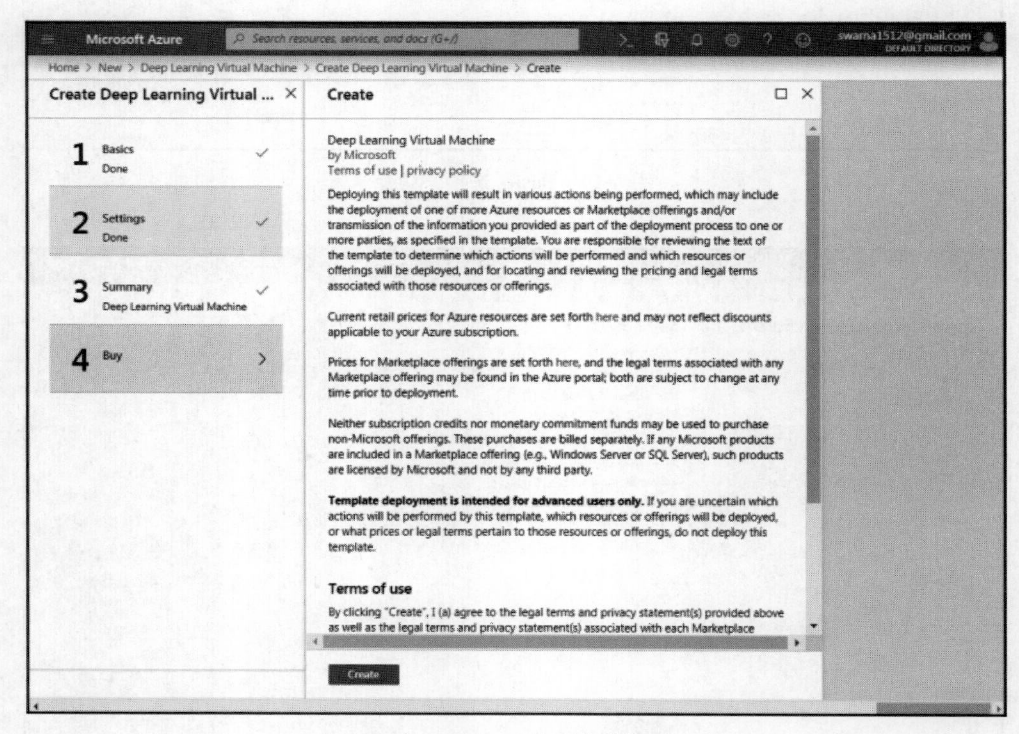

图 6-22　Buy 选项卡信息

（4）在创建资源之后，选择左侧的 All resources，页面跳转到控制台窗口，其中显示了所提供的所有资源，如图 6-23 所示。

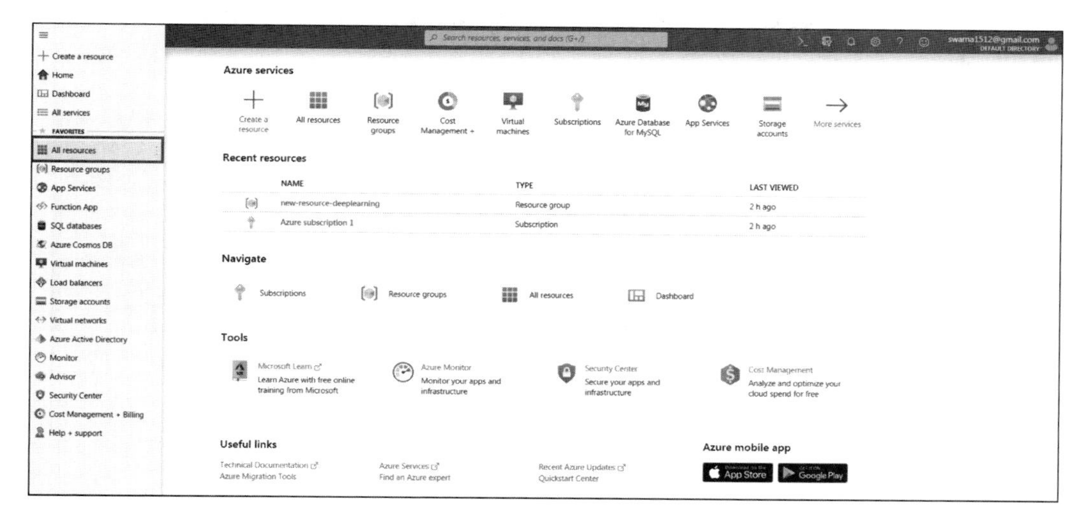

图 6-23　Azure 控制台窗口

（5）在 All resources 页面中，选择 Type 列为 Virtual machine 且名称与在步骤（3）中创建的虚拟机 DL-R 相对应的行，如图 6-24 所示。单击 Connect 按钮。

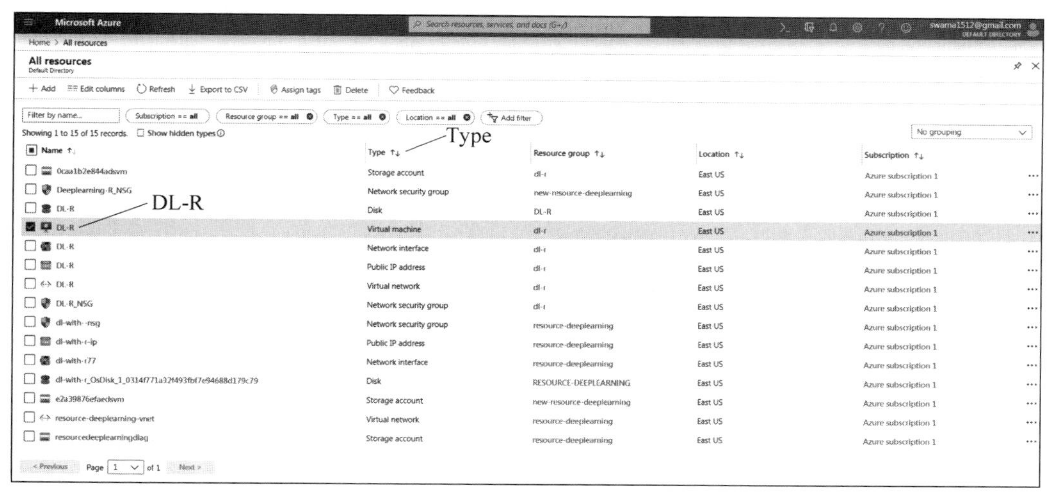

图 6-24　All resources 页面信息

(6) 在屏幕的右侧会出现一个窗口,其中有一个按钮可用于下载 RDP 文件。单击该按钮,下载文件后,双击它,如图 6-25 所示。

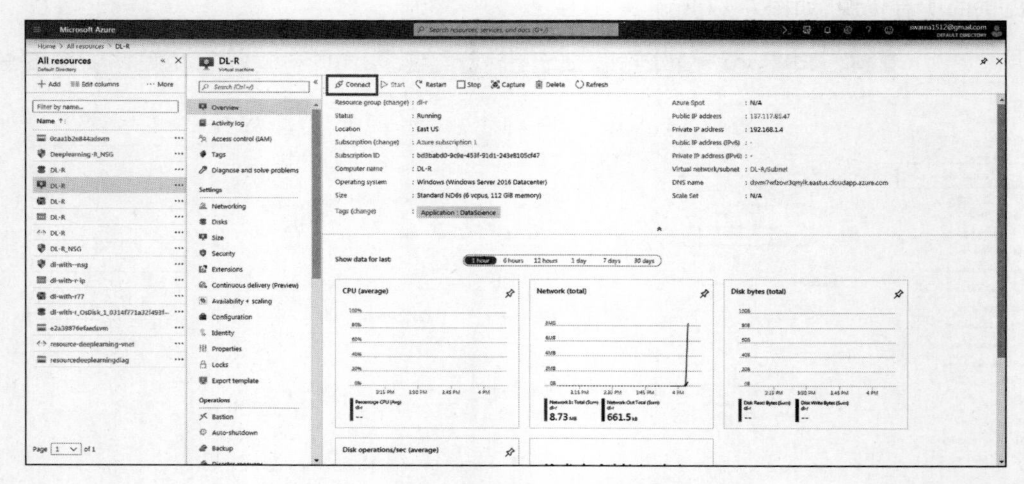

图 6-25 DL-R 深度学习虚拟机

图 6-26 显示了如何下载 RDP 文件。

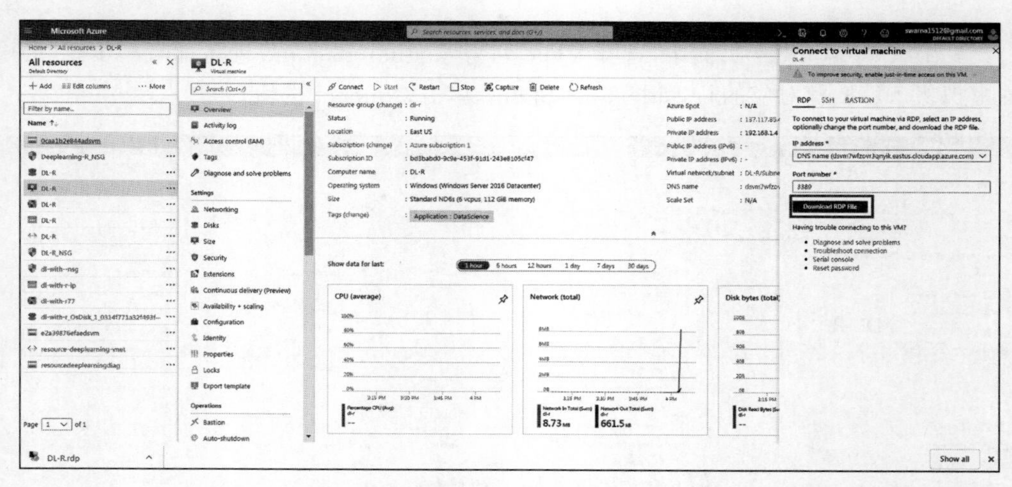

图 6-26 下载 RDP 文件

(7) 页面跳转到登录窗口以连接到云实例。需要输入用户名和密码才能连接到实例。连接完成后,应该会看到如图 6-27 所示页面。

(8) 现在可以启动 RStudio,Keras 库已经预装好了,可以在 R 中运行任何深度学习代码,如图 6-28 所示。

通过上述方式,可以在 Microsoft Azure 云平台上采用 R 语言编写深度学习代码。

图 6-27　登录到虚拟机桌面

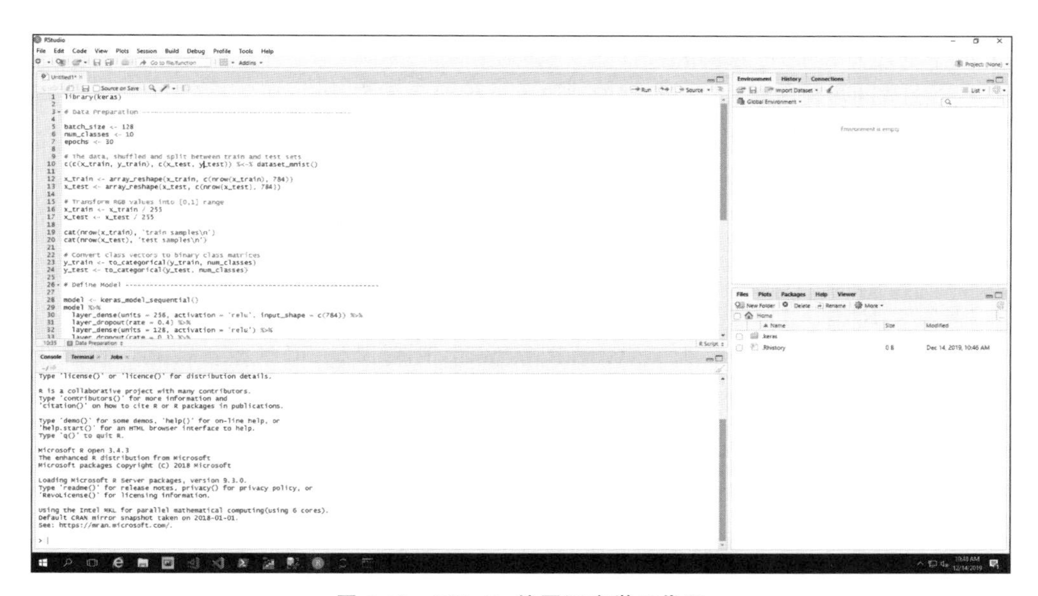

图 6-28　RStudio 编写深度学习代码

6.2.3　原理解析

6.2.2 节的步骤(1)和步骤(2)在 Azure 中创建了一个深度学习虚拟机。Azure 中的深度学习虚拟机是一个预先配置的环境,它使用带有 GPU 的虚拟机实例来训练深度学习模型。它支持 Windows 2016 或 Ubuntu 操作系统,并预装了许多数据科学分析工具,以支持构建高级数据分析应用程序。

在 6.2.2 节的步骤(3)中,根据需求配置虚拟机。在 Basic 选项卡中,需要提供以下配置信息。

- 名称:虚拟机实例的名称。
- 操作系统类型:选择需要的操作系统类型,Windows 或 Ubuntu。
- 用户名:登录虚拟机时使用的用户名。
- 密码:登录虚拟机时使用的密码。
- 订阅:希望为虚拟机实例计费的订阅,可以根据不同的资源使用权限创建订阅。
- 资源组:Azure 解决方案中资源组是所有资源的容器。需要创建一个新的组或使用一个已经存在的组。
- 位置:数据中心的位置。为了更快地访问,可以选择离用户的物理位置最近的中心或用户的大部分数据所在的数据中心。

在 Settings 选项卡中,选择虚拟机的大小。ND6s 是 Azure 中最便宜的 ND 系列 GPU 虚拟机之一,专为人工智能和深度学习工作而设计。ND 实例具有良好的性能,系统由 NVIDIA Tesla P40 GPU 和 Intel Xeon E5-2690 v4(Broadwell 架构)CPU 组成。Summary 选项卡汇总了用户配置的需求信息。

在 6.2.2 节的步骤(4)中,可以看到虚拟机中提供的所有资源的列表。在步骤(5)、步骤(6)和步骤(7)中,通过远程桌面协议(RDP)连接到已配置的虚拟机。最后,连接到远程虚拟机,启动了一个 RStudio 会话,并运行了一个识别手写数字(MNIST)的分类模型。

6.2.4 内容拓展

众所周知,R 是一个单线程的应用程序,但有很多工具和架构可以实现 R 程序并行处理。微软 Azure 开发了一个名为 doAzureParallel 的 R 程序包,可以在 Azure 上实现分布并行计算。doAzureParallel 包允许用户利用 Azure 批处理服务,能够直接从 R 会话运行并行程序。doAzureParallel 包是 R 的 foreach 包的并行后端,支持多个 Azure 虚拟机的多个进程执行,因此不需要手动创建和配置多个虚拟机。还可以根据工作负载调整集群的大小。要了解 doParallelAzure 包的安装说明和先决条件,请参考链接 https://github.com/Azure/doAzureParallel。

6.2.5 参考阅读

Azure 批处理服务通过管理 Azure 中的计算节点池来支持并行和高性能的计算批处理作业。要了解更多关于 Azure 批处理的知识,请参考链接 https://docs.microsoft.com/en-us/azure/batch/batch-technical-overview。

6.3 基于谷歌云平台的深度学习

在过去几年中，云计算服务使个人和企业能够在不同的云服务提供商上开发和部署解决方案。谷歌云平台(Google Cloud Platform，GCP)是谷歌提供的一套最新的云计算服务，支持计算、存储、大数据、分析、应用开发等多种服务。它还支持GPU实例，相较其他云服务提供商提供了更优惠的价格。谷歌云平台提供了健壮、可扩展和创新的基础设施及其跨各种功能的精简解决方案，允许用户以安全的方式在这个平台上轻松地创建应用程序。本案例将介绍如何在GCP上训练一个深度学习模型。

6.3.1 准备工作

在使用CloudML之前，需要做的第一件事是创建一个谷歌云账户。

如果没有谷歌云账户，可以从下面这个链接创建账户：https://console.cloud.google.com

要了解更多谷歌云平台计费的信息，请参阅链接：https://cloud.google.com/pricing/

6.3.2 操作步骤

在谷歌上创建账户后，按照以下步骤在GCP中训练深度学习模型。

(1) 登录谷歌云平台网站，在菜单中选择APIs & Services，如图6-29所示。

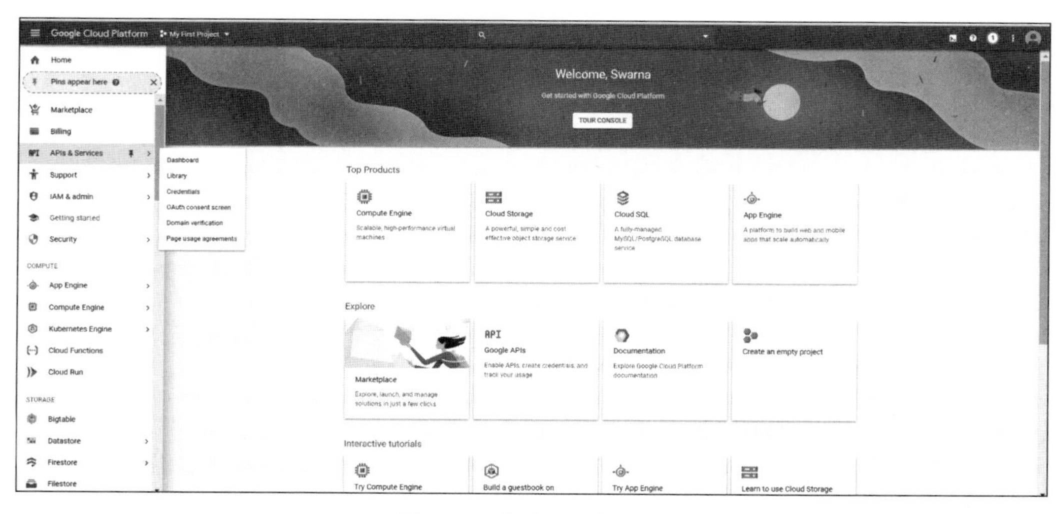

图6-29　谷歌云平台网站

(2) 单击 APIs & Services 链接后,应该可以看到以下页面。单击 ENABLE APIS AND SERVICES 选项,如图 6-30 所示。

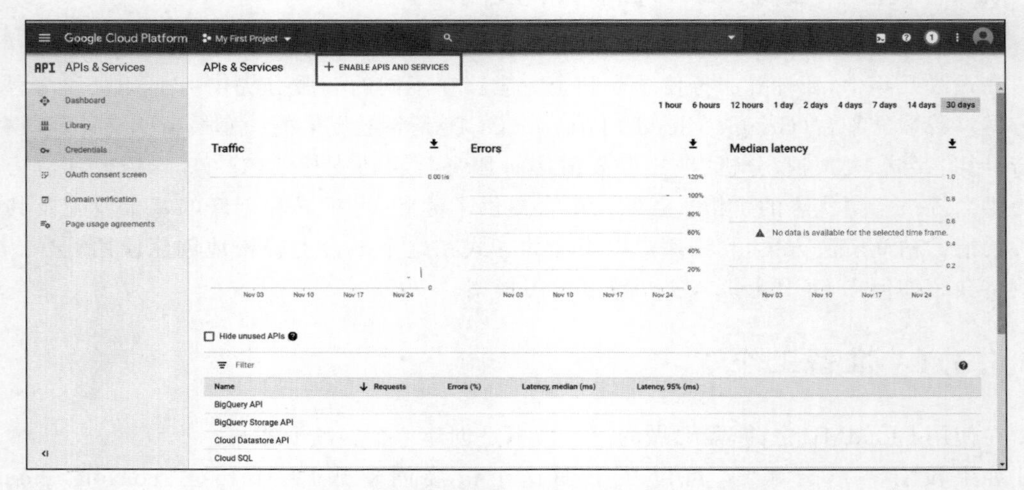

图 6-30　谷歌云平台 APIs & Services 页面

(3) 页面跳转到 API 库页面,如图 6-31 所示。这些 API 是分组组织的,单击 Machine learning 组的 VIEW ALL,选择 AI Platform Training & Prediction API。

图 6-31　API 库页面

(4) 在如图 6-32 所示的页面中单击 ENABLE 按钮。

(5) AI Platform Training and Prediction API 启用后,在 RStudio 执行以下代码来安装 cloudml 库和谷歌云 SDK。

```
nstall.packages("cloudml")
 library(cloudml)
```

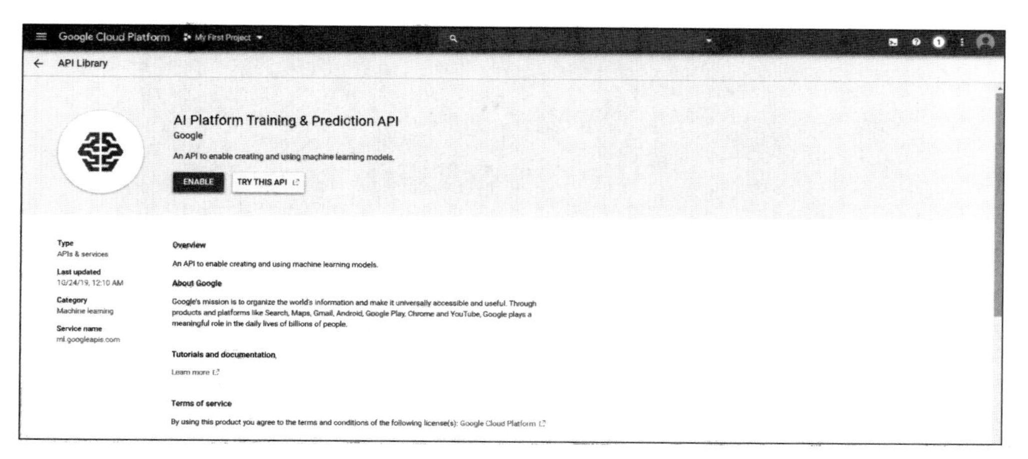

图 6-32　AI Platform Training & Prediction API 页面

```
gcloud_install()
```

谷歌云 SDK 安装界面如图 6-33 所示。

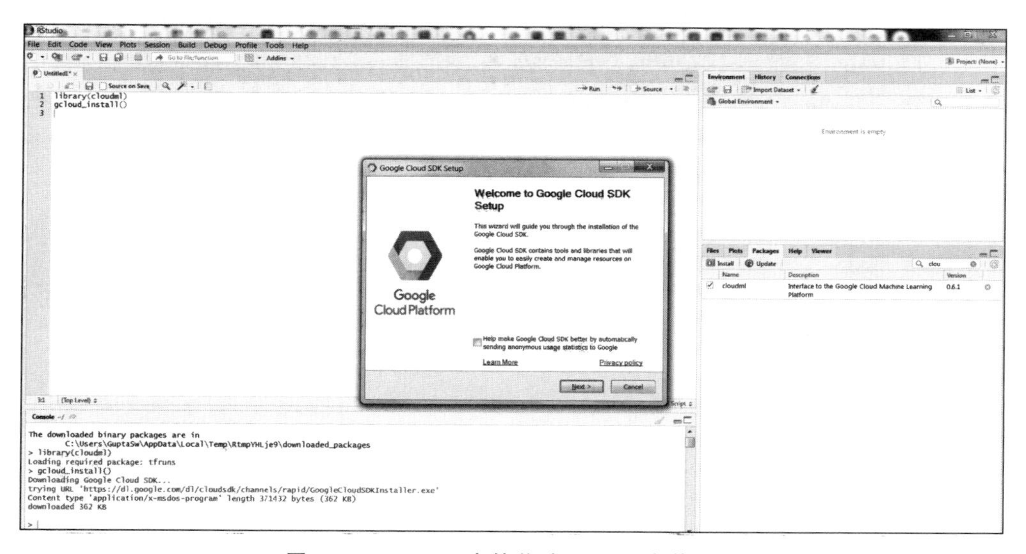

图 6-33　RStudio 中的谷歌云 SDK 安装界面

(6) 在安装谷歌云 SDK 之后，需要用户账户登录。然后在终端窗口中会出现一系列选项提示，如图 6-34 所示。选择一个已经存在的项目，谷歌账户将链接到谷歌云 SDK。

(7) 现在可以使用谷歌的机器学习 API 提交作业来执行深度学习代码。本例中将使用 MNIST 手写体数字数据集训练一个用于数字分类的多层深度神经网络，如图 6-35 所示。

(8) 提交作业后，可以使用 AI platform 菜单下的 Jobs 选项来监控作业。

图 6-36 为深度学习任务在 GCP 上的运行状态。

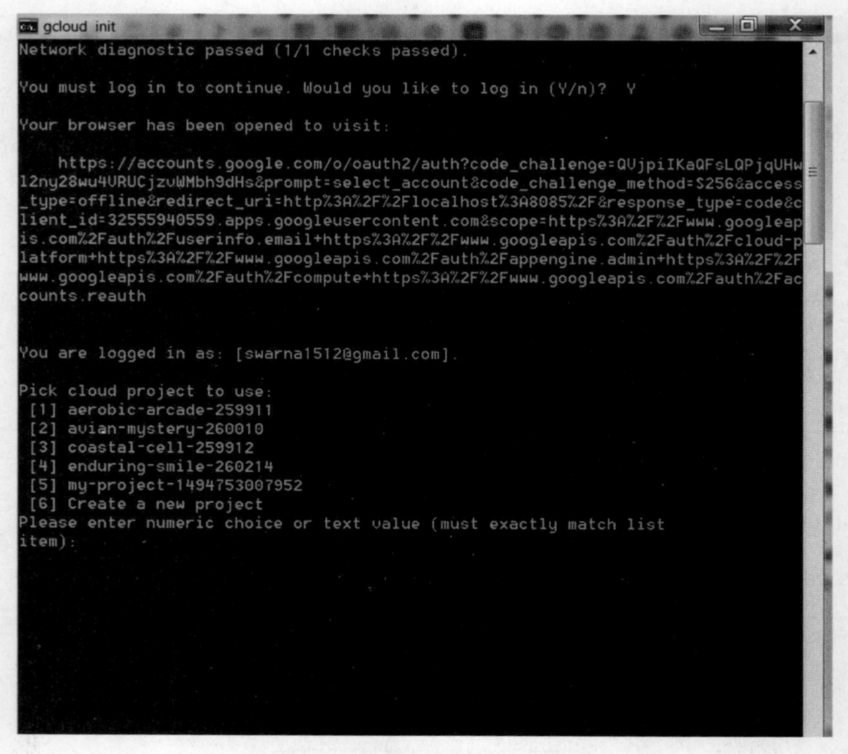

图 6-34　谷歌云 SDK 用户账户登录

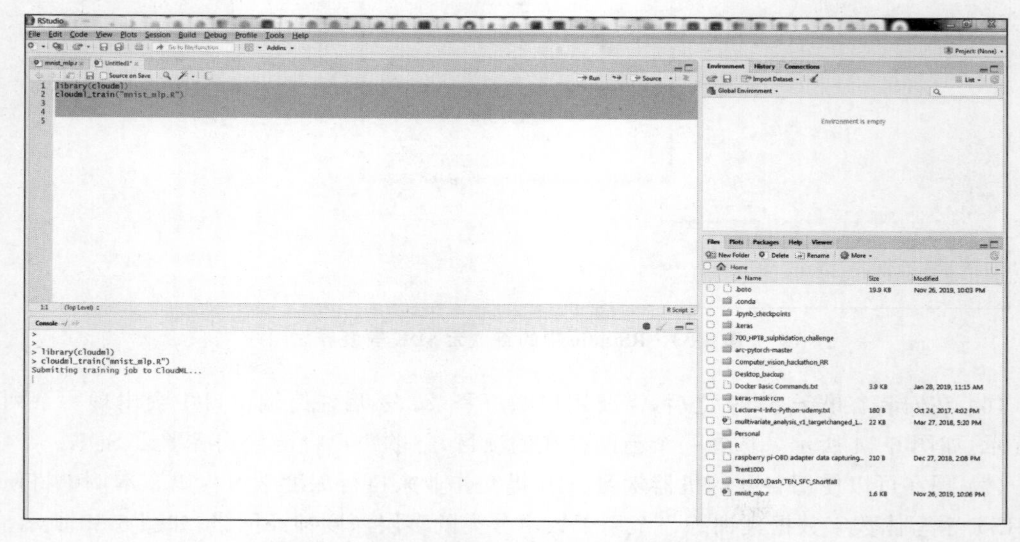

图 6-35　RStudio 中执行代码将作业提交给 GCP

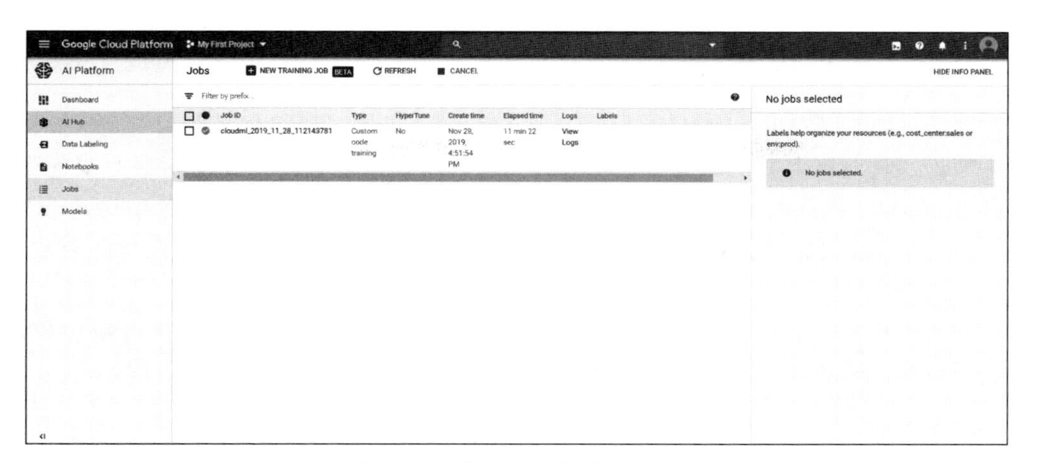

图 6-36 谷歌云平台管理页面

6.3.3 原理解析

在 6.3.2 节的步骤(1)和步骤(2)中,登录到谷歌云平台网站并导航到 APIs & Services 页面。这些 API 为访问存储、计算、应用程序部署等资源和服务提供了用户友好的接口。使用这些 API,可以使用多种编程语言和工具定义自动化工作流,而不必担心硬件和软件的烦琐配置。在步骤(3)和步骤(4)中,启用了用于创建机器学习模型的 AI 平台训练和预测 API。

AI 平台训练和预测 API 使得用户能够以一种可移植的、低成本的方式无缝地构建、部署和监控机器学习应用程序。在 6.3.2 节的步骤(5)中,使用 RStudio 和谷歌云 SDK 在 R 中安装了 CloudML 包。这个 SDK 包含很多实用工具,允许用户采用谷歌云账户与 R 开发平台交互。

在安装过程中,需要为谷歌云指定默认的账户、项目和计算区域,这些信息将用于所有 CloudML 作业。在 6.3.2 节的步骤(6)中,提供了需要链接到谷歌云 SDK 的谷歌账户详细信息。在步骤(7)中,提交了一份深度学习程序到云端进行训练。一个较好的方法是,首先使用较小的数据在本地运行程序,然后在输出符合预期的情况下在云平台中提交作业。在本例中,使用 MNIST 手写数字数据集训练分类器模型。为此,创建了一个名为 mnist_mlp 的 R 语言脚本。然后将其保存在当前工作目录中。本例的 R 程序在本章的 GitHub 存储库中可以下载。

然后,在一个新的 R 脚本中,执行以下代码来将作业提交给 GCP。

```
library(cloudml)
cloudml_train("mnist_mlp.R")
```

在最后一步中,跳转转到谷歌云平台网站来监控步骤(7)中提交的作业。

6.3.4 内容拓展

谷歌云机器学习(Cloud Machine Learning,CloudML)引擎提供了模型超参数调优的自动化工具。它允许用户在训练模型时测试不同的超参数配置。要提交超参数调优作业,需要将 CloudML 训练配置文件传递给 cloudml_train()函数。在第 1 章中讨论过使用 Keras 进行超参数调优,在 1.8.4 节展示了如何调整模型参数,首先为想要优化的参数定义标记,然后在模型定义中使用这些标记。

谷歌云机器学习引擎同样可以定义标记和模型,然后用 CloudML 来执行超参数调优作业。下面的代码块展示了采用 CloudML 如何实现 1.8.4 节的参数调优过程。

```
trainingInput:
    scaleTier: CUSTOM
    masterType: standard_gpu
    hyperparameters:
        goal: MAXIMIZE
        hyperparameterMetricTag: acc
        maxTrials: 10
        maxParallelTrials: 2
        params:
            - parameterName: dense_units1
            type: INTEGER
            minValue: 8
            maxValue: 16
            scaleType: UNIT_LINEAR_SCALE
            - parameterName: dropout1
            type: DOUBLE
            minValue: 0.2
            maxValue: 0.4
            scaleType: UNIT_LINEAR_SCALE
            - parameterName: dense_units2
            type: INTEGER
            minValue: 8
            maxValue: 16
            scaleType: UNIT_LINEAR_SCALE
            - parameterName: dropout2
            type: DOUBLE
            minValue: 0.2
            maxValue: 0.4
            scaleType: UNIT_LINEAR_SCALE
```

在前面的配置文件中,参数 goal 表示目标函数,参数 hyperparameterMetricTag 表示需要优化的度量。参数 maxTrials 指定需要尝试优化参数的试验次数。

本例中,goal 定义为最大化模型准确率。参数 params 表示要调优的参数集。形参可以是 integer、double 或 categorical 类型，通过传递来的实参类型确定。参数 minValue(最小值)和 maxValue(最大值)表示定义的参数为 integer 或 double 类型时用于优化参数的定义域。对于 categorical 类型的参数，不用设置最小值和最大值。参数 scaleType 定义缩放参数的方法。关于配置文件的更多细节内容，请参考链接 https://cloud.google.com/ml-engine/reference/rest/v1/projects.jobs#HyperparameterSpec。

在提交参数调优作业之前，需要将前面代码块的内容保存在 cloudml_tuning 中。然后将配置文件的名称传递给 cloudml_train()函数。

```
cloudml_train("hyperparameter_tuning_model.R", config = "cloudml_tuning.yml")
```

上面的代码演示了如何在训练模型时传递.yml 文件。

6.4 基于 MXNet 的深度学习

MXNet 是一个灵活和可扩展的深度学习框架，用于开发和部署深度学习模型。它能够以一种高效的使用内存的方式在各种异构系统上运行。MXNet 还得到了很多云服务提供商的支持，如 Amazon Web Services 和 Microsoft Azure。开发人员可以灵活地进行命令式编程和符号编程，在最大化开发效率的同时更容易进行调试和超参数调优。MXNet 提供的另一个优势是它支持多种编程语言，如 Python、R、Scala、Clojure、Julia、Perl、MATLAB 和 JavaScript。本案例将演示如何在 Windows 和 Linux 系统中配置 MXNet。

6.4.1 准备工作

MXNet 通过在多个 CPU/ GPU 上分配模型训练任务来提高性能。为了利用 GPU 并行计算，系统需要一个 NVIDIA GPU，用户需要安装 CUDA 工具箱和 cuDNN 库。安装 CUDA 和 cuDNN 操作方法可以访问以下链接：

https://developer.nvidia.com/cuda-downloads

https://docs.nvidia.com/deeplearning/sdk/cudnn-install/index.html

6.4.2 操作步骤

下面在操作系统上安装 MXNet。不同的操作系统有不同的安装方法。

(1) 在 Windows 操作系统上安装 CPU 版本的 MXNet。

```
cran <- getOption("repos")
cran["dmlc"] <- "https://apache-mxnet.s3-accelerate.dualstack.amazonaws.com/R/CRAN/"
options(repos = cran)
install.packages("mxnet")
```

请注意，MXNet 需要采用 R 3.5 版。在撰写本书时，还没有支持 R 3.6 版的 MXNet。

(2)在 Windows 操作系统下安装 GPU 版本的 MXNet。

```
cran <- getOption("repos")
cran["dmlc"] <-
"https://apache-mxnet.s3-accelerate.dualstack.amazonaws.com/R/CRAN/GPU/cu100"
options(repos = cran)
install.packages("mxnet")
```

需要安装不同版本的 CUDA,可以将前面代码块第三行最后的 cu100 改为其他版本,例如,cu92 或 cu101。

(3)在 Linux 下安装 GPU/CPU 版本的 MXNet 的操作步骤如下。

安装 MXNet 需要 Ubuntu 16.4。目前还不支持更高版本。安装前需要先安装 Git、OpenBLAS 和 OpenCV。要安装这些依赖库,请在终端中执行以下命令:

```
apt-get install -y build-essential git
apt-get install -y libopenblas-dev liblapack-dev
apt-get install -y libopencv-dev
```

要在 Linux 系统上安装 MXNet,R 软件版本需要高于 3.4.4,GCC 版本需要不低于 4.8 用于编译 C++11 程序,并安装 GNU Make。

安装好上述软件后,从 GitHub 上下载 MXNet 项目到本地:

```
git clone --recursive https://github.com/apache/incubator-mxnet
cd incubator-mxnet
```

然后,更新配置文件来设置编译选项:

```
echo "USE_OPENCV = 1" >> ./config.mk
echo "USE_BLAS = openblas" >> ./config.mk
```

执行以下命令编译和构建 MXNet:

```
make -j$(nproc)
make rpkg
```

为了安装 GPU 版本,在构建 MXnet 之前需要设置以下选项:

```
echo "USE_CUDA = 1" >> config.mk
echo "USE_CUDA_PATH = /usr/local/cuda" >> config.mk
echo "USE_CUDNN = 1" >> config.mk
```

在本节中,学习了如何在 Window 和 Linux 操作系统上安装 MXNet。

6.4.3 原理解析

在 Windows 操作系统中使用二进制包安装 MXNet。使用 getOption()函数来获取 R 中的各种全局选项。repos 参数设置为 CRAN(R 综合档案网络)网站的 URL,R 从该 URL

获取 MXNet。为了安装 MXNet,添加了一个新的 URL 来获取 MXNet R 包。使用 options()函数添加新的 URL。注意,安装 CPU 版本和 GPU 版本的唯一区别是添加的 URL 不同。还可以从源代码构建 MXNet 库。构建说明可在以下网页上获得:https://mxnet.apache.org/get_started/windows_setup.html#install-mxnetpackage-for-r

在 Linux 操作系统中要预安装 MXNet 所有依赖项,然后下载 MXNet 源代码,设置编译选项并构建库。

6.4.4 内容拓展

到目前为止,已学习了如何在本地系统中设置 MXNet。各种云平台也支持 MXNet,如 AWS、Microsoft Azure 和 GCP。

为了在 AWS 上使用 MXNet,可以使用 Amazon SageMaker,它提供了一个成熟的平台,以可伸缩的方式构建、训练和部署深度学习模型。还可以利用 AWS 的深度学习 AMI(NVIDIA 的深度学习 AMI),它们是预先配置的系统镜像,可以快速创建深度学习应用程序原型。在 AWS 中,可以为 MXNet 构建用户定制的深度学习环境。

GCP 提供了 NVIDIA GPU 云镜像,提供了一个优化后的环境来运行 GPU 优化容器以支撑使用 MXNet 并行执行深度学习应用程序。

微软 Azure 提供了用于深度学习和高性能计算的 NVIDIA NGC 系统镜像,该镜像通过 NGC 容器注册表管理 GPU 加速容器,使用户可以更便捷地使用 GPU 加速深度学习算法,镜像中包括 MXNet、CNTK 和 Theano 等框架。

6.5 使用 MXNet 实现深度学习网络

6.4 节介绍了 MXNet,并演示了如何安装 MXNet。本案例将实现一个神经网络来预测波士顿郊区不同位置的房价。本实例将使用波士顿房价数据集。该数据集包含波士顿不同地点房屋的属性信息,如房间的平均数量、犯罪率和房产税率等。

波士顿房价数据集的属性信息可以访问以下链接了解:
https://www.cs.toronto.edu/~delve/data/boston/bostonDetail.html

6.5.1 准备工作

波士顿房价数据集可以直接从 Keras 库中加载。它有 404 个训练样本和 102 个测试样本。首先加载所需的库:

```
library(mxnet)
library(keras)
```

加载数据集,并将其拆分为训练集和验证集:

```
boston = dataset_boston_housing()
train_x = boston$train$x
train_y = boston$train$y
test_x = boston$test$x
test_y = boston$test$y
```

数据规范化处理：

```
# 训练数据的中心化和标准化
train_x <- scale(train_x)
# 测试数据的中心化和标准化
train_means <- attr(train_x, "scaled:center")
train_stddevs <- attr(train_x, "scaled:scale")
test_x <- scale(test_x, center = train_means, scale = train_stddevs)
```

至此，就完成了数据预处理。

6.5.2 操作步骤

对数据集有所了解后，继续构建和训练人工神经网络。

(1) 创建一个人工神经网络。下面代码块的第一行创建了一个符号变量 in_layer，接下来的几行添加了隐藏层。

```
in_layer <- mx.symbol.Variable("data")
layer1 = mx.symbol.FullyConnected(in_layer,name = "dense1",num_hidden = 64)
activation1 <- mx.symbol.Activation(layer1, name = "relu1",act_type = "relu")
layer2 = mx.symbol.FullyConnected(activation1,name = "dense2",num_hidden = 64)
activation2 <- mx.symbol.Activation(layer2, name = "relu2",act_type = "relu")
layer3 = mx.symbol.FullyConnected(activation2,name = "dense3",num_hidden = 1)
out = mx.symbol.LinearRegressionOutput(layer3)
```

(2) 将 CPU 设置为使用，用于训练模型。

```
devices <- mx.cpu()
```

(3) 设置随机数种子和迭代次数，然后训练模型。

```
mx.set.seed(0)
epochs = 100
model = mx.model.FeedForward.create(symbol = out,X = train_x,y =
train_y,ctx = devices,num.round = epochs,optimizer =
"rmsprop",array.batch.size = 50,learning.rate = 0.001,eval.metric = mx.metric.rmse)
```

(4) 可视化输出模型。

```
graph.viz(model$symbol)
```

模型的可视化输出如图 6-37 所示。

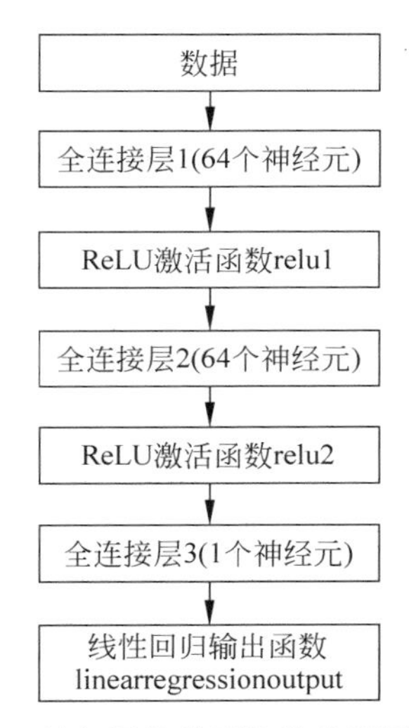

图 6-37　神经网络模型结构的可视化输出

(5) 在验证集上评估模型性能：

```
predicted <- predict(model,test_x)
paste("Test error:",sqrt(mean((predicted - as.numeric(test_y))^2)))
```

模型在验证集上的误差如图 6-38 所示。

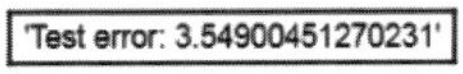

'Test error: 3.54900451270231'

图 6-38　模型在验证集上的误差

从图 6-38 可以看出验证集上的误差约为 3.55。

6.5.3　原理解析

在 6.5.2 节的步骤(1)中，首先定义一个 symbol 类型变量 in_layer，使用这个变量来配置网络。mx.symbol.Variable("data") 函数使用 data 参数来表示输入数据，执行该函数创建神经网络的输入层。接着调用 mx.symbol.FullyConnected() 函数添加隐藏层，它的形参是 symbol 类型变量、神经网络层的名称、层中的神经元个数。使用 mx.symbol.Activation() 函数给神经网络层添加激活函数。在神经网络的最后一层添加一个线性回归输出层。步骤(2)选择训练该神经网络的硬件设备，可以调用 mx.gpu() 函数设置在 GPU 上进行神经网络训练。

6.5.2 节的步骤(3)训练了模型。步骤(4)可视化输出网络结构。步骤(5)评估了模型的性能。

6.6 使用 MXNet 实现预测建模

时间序列预测是深度学习最常用的应用场景之一。MXNet 使用户能够将其深度学习框架用于各种应用,包括时间序列预测。本案例使用 LSTM 网络实现一个一对一预测解决方案来预测洗发水的销售。在编写本书时,MXNet 只支持两类序列预测问题:一对一和多对一。

6.6.1 准备工作

本案例使用洗发水销售数据集,该数据集包含 3 年期间洗发水的月度销售量。原始数据集由 Makridakis、Wheelwright 和 Hyndman 在 1998 年构建。该数据集可以在本章 GitHub 存储库的 data 目录中找到。下载 shampoo_sales.txt 文件并将其复制到工作目录的 data 目录中。

首先加载所需的库,并读入数据集:

```
library("mxnet")
sales_data <- read.table("data/shampoo_sales.txt",sep = ",",header = TRUE)
# 只需要数据集的销售量这一列
sales_data <- as.data.frame(sales_data[,2])
```

使用最小-最大归一化操作,将数据转换到 0 到 1 范围内。

```
min_max_scaler <- function(x) {
 (x - min(x))/(max(x) - min(x))
}
norm_sales_data <- min_max_scaler(sales_data)
t_sales_data <- t(norm_sales_data)
```

为了使用 MXNet-R 训练一个一对一的序列预测模型,需要将训练数据转换成合适的形式。训练特征集的形式应该是(n_dim×seq_len×num_samples),训练标签的形式应该是(seq_len×num_samples)。因为销售数据为一维数据,所以 n_dim 等于 1。

以下代码块将数据转换为所需的结构:

```
n_dim <- 1
seq_len <- 4
num_samples <- 7
# 从数据集中截取所需要的销售量数据
x_data <- t_sales_data[1, 1:(seq_len * num_samples)]
dim(x_data) <- c(n_dim, seq_len, num_samples)
y_data <- t_sales_data[1, 2:(1 + (seq_len * num_samples))]
dim(y_data) <- c(seq_len, num_samples)
```

下面将使用 RNN 和 MXNet 构建预测模型。

6.6.2　操作步骤

使用符号编程来创建神经网络。

(1) 首先将数据采样到训练集和验证集中,并创建各自的迭代器:

```
batch_size <- 3
train_ids <- 1:4
val_ids <- 5:6
## 创建数据迭代器
train_data <- mx.io.arrayiter(data = x_data[,,train_ids, drop = F],
label = y_data[, train_ids], batch.size = batch_size,shuffle = TRUE)
val_data <- mx.io.arrayiter(data = x_data[,,val_ids, drop = F],
label = y_data[, val_ids], batch.size = batch_size, shuffle = FALSE)
```

(2) 创建一个 RNN 模型,config 参数设定为一对一模型:

```
symbol <- rnn.graph(num_rnn_layer = 2,
 num_hidden = 30,
 input_size = NULL,
 num_embed = NULL,
 num_decode = 1,
 masking = F,
 loss_output = "linear",
 ignore_label = -1,
 cell_type = "lstm",
 output_last_state = T,
 config = "one-to-one")
```

(3) 定义损失函数:

```
seq_metric_mse <- mx.metric.custom("MSE", function(label, pred) {
 label = mx.nd.reshape(label, shape = -1)
 pred = mx.nd.reshape(pred, shape = -1)
 res <- mx.nd.mean(mx.nd.square(label - pred))
 return(as.array(res))
})
```

(4) 设置用于训练模型的设备,然后,定义权值初始化方法并配置优化器:

```
ctx <- mx.cpu()
initializer <- mx.init.Xavier(rnd_type = "gaussian",
 factor_type = "avg",
 magnitude = 1)
optimizer <- mx.opt.create("adadelta",
 rho = 0.9,
 eps = 1e-06,
```

```
 wd = 1e-06,
 clip_gradient = 1,
 rescale.grad = 1/batch_size)
```

(5) 通过 buckets 函数设置模型训练参数,迭代步数 50 次:

```
model <- mx.model.buckets(symbol = symbol,
 train.data = train_data,
 eval.data = val_data,
 num.round = 50,
 ctx = ctx,
 verbose = TRUE,
 metric = seq_metric_mse,
 initializer = initializer,
 optimizer = optimizer)
```

(6) 对网络进行训练后,从训练好的模型中提取状态符号:

```
internals <- model$symbol$get.internals()
sym_state <- internals$get.output(which(internals$outputs %in% "RNN_state"))
sym_state_cell <- internals$get.output(which(internals$outputs %in% "RNN_state_cell"))
sym_output <- internals$get.output(which(internals$outputs %in% "loss_output"))
symbol <- mx.symbol.Group(sym_output, sym_state, sym_state_cell)
```

(7) 使用步骤(6)中创建的状态符号来创建 RNN 模型进行预测。并使用第 6 个数据样本来获得 RNN 状态的初始值,这些初始值将用于启动对未来时间戳的预测。

注意,标签只在创建迭代器时才需要,不会在预测中使用。

```
data <- mx.nd.array(x_data[, , 6, drop = F])
label <- mx.nd.array(y_data[, 6, drop = F])
inference_data <- mx.io.arrayiter(data = data,
 label = label,
 batch.size = 1,
 shuffle = FALSE)
infer <- mx.infer.rnn.one(infer.data = inference_data,
 symbol = symbol,
 arg.params = model$arg.params,
 aux.params = model$aux.params,
 input.params = NULL,
 ctx = ctx)
```

(8) 迭代生成第 7 个样本的未来 3 个时间步的预测值。使用前一个时间步的实际值,而不是预测值,来生成 RNN 状态信息。

```
pred_length <- 3
predicted <- numeric()
for (i in 1:pred_length) {
 data <- mx.nd.array(x_data[, i, 7, drop = F])
```

```
    label <- mx.nd.array(y_data[i, 7, drop = F])
    infer.data <- mx.io.arrayiter(data = data,
    label = label,
    batch.size = 1,
    shuffle = FALSE)
    ## 使用前一步的 RNN 状态值
    infer <- mx.infer.rnn.one(infer.data = infer.data,
    symbol = symbol,
    ctx = ctx,
    arg.params = model$arg.params,
    aux.params = model$aux.params,
    input.params =
    list(rnn.state = infer[[2]],
    rnn.state.cell = infer[[3]]))
    pred <- infer[[1]]
    predicted <- c(predicted, as.numeric(as.array(pred)))
  }
  predicted
```

下面讲解操作步骤的原理。

6.6.3 原理解析

在 6.6.2 节的步骤(1)中,将输入数据分为训练集和验证集,并分别创建数据迭代器。这些数据迭代器是迭代器对象,通过调用 next 操作来连续获取一批数据,每一批数据包含一些训练样本和对应的标签信息。在步骤(2)中,创建了一个 RNN symbol。将层数指定为 2,隐藏单元数指定为 30。将 RNN 神经元的类型配置为 LSTM,并将 config 参数设置为一对一。在下一步中,定义了损失函数。在步骤(4)中,使用 mx.opt.create()函数根据名称和参数创建优化器,案例中创建了一个 adadelta 优化器并配置了它的参数。wd 参数是 L2 正则化系数,clip_gradient 参数将梯度裁剪到[-clip_gradient,clip_gradient]范围。使用 Xavier 函数初始化模型权值,使得神经网络每一层的方差保持相同,以防止产生梯度消失或梯度爆炸问题。

要想了解更多关于权值初始化的知识,请参阅文档:http://proceedings.mlr.press/v9/glorot10a/glorot10a.pdf

在 6.6.2 节的步骤(5)中,用 bucket 函数设置迭代步数 50 次。bucket 是一种用于训练多个网络的技术,这些网络具有不同但相似的体系结构,它们共享同一组参数。在下一步中,从训练过的模型中提取状态符号,并将其用于预测。在步骤(7)中,创建了一个预测模型。在最后一步,对第一个测试样本的值进行了预测。

第7章 自然语言处理

CHAPTER 7

自然语言处理(Natural Language Processing,NLP)是一个快速发展的领域,其总体目标是在计算机和人类之间架起一座理解和沟通的桥梁。随着 NLP 相关技术和应用的不断发展,计算机可以准确地理解文本、语音和情感,并对其进行分析,从而产生实际意义。人类语言的本质及其规则使自然语言处理成为计算机科学中最具挑战性的研究热点之一。NLP 的工作原理主要是将语言分解成词和句子,并试图理解它们之间的关系和语义。本章将使用 R 语言实现一些流行的基于深度学习的 NLP 应用。

本章将介绍以下案例:

- 神经机器翻译;
- 使用深度学习生成文本摘要;
- 语音识别。

7.1 神经机器翻译

随着谷歌等科技巨头推出机器翻译服务后,神经机器翻译技术开始流行起来。神经机器翻译技术出现已经有很多年了,至今依然是处理非常复杂的语言模型的最具挑战性的任务之一。本案例将实现一个端到端的编码器-解码器长短时记忆(LSTM)模型,将德语短语翻译成英语。这种编码器-解码器 LSTM 体系结构是解决序列到序列(Sequence-to-Sequence,Seq2Seq)问题(如语言翻译、单词预测等)的最先进的方法,并广泛应用于各种工业级翻译应用程序。

序列预测问题通常被定义为这样一类问题,即预测序列中的下一个值或一组值,或预测输入序列的类标签。本案例中,Seq2Seq 学习的目标是将序列从一种语言转换成另一种语言,比如,从德语到英语。

7.1.1 准备工作

本案例使用的数据集由数千个带有英语翻译的德语短语组成。数据集可以从链接

http://www.manythings.org/anki/deu-eng.zip 下载。这些数据集来自 Tatoeba 项目。

首先加载所需的编程库：

```
library(keras)
library(stringr)
library(reshape2)
library(purrr)
library(ggplot2)
library(readr)
library(stringi)
```

数据以制表符分隔的文本文件形式存储。本案例使用前 10 000 个短语。

加载数据集，并查看前 10 条示例数据：

```
lines <- readLines("data/deu.txt", n = 10000)
sentences <- str_split(lines, "\t")
sentences[1:10]
```

```
1. 'Hi.'   'Hallo!'
2. 'Hi.'   'GrÃ¼ÃŸ Gott!'
3. 'Run!'   'Lauf!'
4. 'Wow!'   'Potzdonner!'
5. 'Wow!'   'Donnerwetter!'
6. 'Fire!'   'Feuer!'
7. 'Help!'   'Hilfe!'
8. 'Help!'   'Zu HÃ¼lf!'
9. 'Stop!'   'Stopp!'
10. 'Wait!'   'Warte!'
```

图 7-1　数据集的前 10 条示例数据

图 7-1 显示了数据中的一些记录，包含德语短语和对应的英文翻译。

下面将使用上述数据集来构建神经机器翻译模型。

7.1.2　操作步骤

在开始模型构建之前，需要预处理输入数据。

(1) 首先进行数据清洗，删除所有标点符号和非字母的字符，将所有 Unicode 字符转换 ASCII 编码，并将所有字母转换为小写：

```
data_cleaning <- function(sentence) {
 sentence = gsub('[[:punct:]]+','',sentence)
 sentence = gsub("[^[:alnum:]\\-\\.\\s]", " ", sentence)
 sentence = stringi::stri_trans_general(sentence, "latin-ascii")
 sentence = tolower(sentence)
 sentence
}
sentences <- map(sentences,data_cleaning)
```

(2) 接下来，创建德语和英语短语的单独列表，并获取数据集短语列表中语句的数量，按照这个数量填充德语和英语短语两个列表：

```
english_sentences = list()
german_sentences = list()
for(i in 1:length(sentences)){
 current_sentence <- sentences[i] %>% unlist() %>% str_split('\t')
 english_sentences <- append(english_sentences,current_sentence[1])
```

```
german_sentences <- append(german_sentences,current_sentence[2])
}
```

然后,将数据存储为数据框对象,以方便后续操作:

```
data <- do.call(rbind, Map(data.frame,
"German" = german_sentences,"English" = english_sentences))
head(data,10)
```

图 7-2 显示了以数据框形式存储的数据。

German	English
hallo	hi
gra a gott	hi
lauf	run
potzdonner	wow
donnerwetter	wow
feuer	fire
hilfe	help
zu ha lf	help
stopp	stop
warte	wait

图 7-2 德语和英语短语对照列表

现在,可以查看德语和英语短语中句子的最大单词数。

```
german_length = max(sapply(strsplit(as.character(data[,"German"] )," "), length))
print(paste0("Maximum length of a sentence in German data:",german_length))
eng_length = max(sapply(strsplit(as.character(data[,"English"] ), ""), length))
print(paste0("Maximum length of a sentence in English data:",eng_length))
```

从图 7-3 中可以看出,句子的最大长度在德语中是 10,而在英语中是 6。

```
[1] "Maximum length of a sentence in German data:10"
[1] "Maximum length of a sentence in English data:6"
```

图 7-3 查看德语和英语短语中句子的最大单词数

(3) 现在,构建一个分词器函数,并使用它来分隔德语和英语短语:

```
tokenization <- function(lines){
 tokenizer = text_tokenizer()
 tokenizer = fit_text_tokenizer(tokenizer,lines)
 return(tokenizer)
}
```

先创建一个德语的分词器:

```
german_tokenizer = tokenization(data[,"German"])
german_vocab_size = length(german_tokenizer$word_index) + 1
```

```
print(paste0('German Vocabulary Size:',german_vocab_size))
```

从图 7-4 可以看到德语的词汇量是 3542。

现在准备英语分词器：

```
eng_tokenizer = tokenization(data[,"English"])
eng_vocab_size = length(eng_tokenizer$word_index) + 1
print(paste0('English Vocabulary Size:',eng_vocab_size))
```

从图 7-5 中可以看到，英语单词数是 2189。

[1] "German Vocabulary Size:3542"

图 7-4 查看德语的词汇量

[1] "English Vocabulary Size:2189"

图 7-5 查看英语的词汇量

(4) 接下来，创建一个函数，将短语编码成一个整数序列，并填充序列，使每个短语的长度一致。

```
# 创建函数 encode_pad_sequences 用于编码和填充序列
encode_pad_sequences <- function(tokenizer, length, lines){
  # 将短语编码成一个整数序列
  seq = texts_to_sequences(tokenizer,lines)
  # 按最长的短语长度来填充序列
  seq = pad_sequences(seq, maxlen = length, padding = 'post')
  return(seq)
}
```

(5) 接下来，将数据集划分为训练集和测试数据集，并将在步骤(4)中定义的 encode_pad_sequences()函数应用于这些数据集。

```
train_data <- data[1:9000,]
test_data <- data[9001:10000,]
```

准备训练数据和测试数据：

```
x_train <- encode_pad_sequences(german_tokenizer,german_length,train_data[,"German"])
y_train <- encode_pad_sequences(eng_tokenizer,eng_length,train_data[,"English"])
y_train <- to_categorical(y_train,num_classes = eng_vocab_size)
x_test <- encode_pad_sequences(german_tokenizer,german_length,test_data[,"German"])
y_test <- encode_pad_sequences(eng_tokenizer,eng_length,test_data[,"English"])
y_test <- to_categorical(y_test,num_classes = eng_vocab_size)
```

(6) 现在，定义模型，初始化一些参数，这些参数将被输入到模型的配置中。

```
in_vocab = german_vocab_size
out_vocab = eng_vocab_size
in_timesteps = german_length
out_timesteps = eng_length
```

```
units = 512
epochs = 70
batch_size = 200
```

接着，配置模型的层：

```
model <- keras_model_sequential()
model %>%
 layer_embedding(in_vocab,units, input_length = in_timesteps,
mask_zero = TRUE) %>%
 layer_lstm(units = units) %>%
 layer_repeat_vector(out_timesteps) %>%
 layer_lstm(units,return_sequences = TRUE) %>%
 time_distributed(layer_dense(units = out_vocab,
activation = 'softmax'))
```

查看模型的摘要信息：

```
summary(model)
```

翻译模型的摘要信息如图 7-6 所示。

Layer (type)	Output Shape	Param #
embedding (Embedding)	(None, 10, 512)	1813504
lstm (LSTM)	(None, 512)	2099200
repeat_vector (RepeatVector)	(None, 6, 512)	0
lstm_1 (LSTM)	(None, 6, 512)	2099200
time_distributed (TimeDistributed)	(None, 6, 2189)	1122957

Total params: 7,134,861
Trainable params: 7,134,861
Non-trainable params: 0

图 7-6 查看模型的摘要信息

（7）编译和训练模型：

```
model %>% compile(optimizer = "adam",loss = 'categorical_crossentropy')
```

然后，定义回调和检查点：

```
model_name <- "model_nmt"
checkpoint_dir <- "checkpoints_nmt"
 dir.create(checkpoint_dir)
 filepath <- file.path(checkpoint_dir,
paste0(model_name,"weights.{epoch:02d} -
{val_loss:.2f}.hdf5",sep = ""))
cp_callback <- list(callback_model_checkpoint(mode = "min",
```

```
 filepath = filepath,
 save_best_only = TRUE,
 verbose = 1))
```

接下来，训练模型拟合数据：

```
model %>% fit(x_train,y_train,epochs = epochs,batch_size =
batch_size,validation_split = 0.2,callbacks = cp_callback,verbose = 2)
```

(8) 生成测试数据的预测值。

```
predicted = model %>% predict_classes(x_test)
```

创建一个函数来实现单词索引的键值对的反向列表。用这个列表来解码德语和英语中的短语。

```
reverse_word_index <- function(tokenizer){
 reverse_word_index <- names(tokenizer$word_index)
 names(reverse_word_index) <- tokenizer$word_index
 return(reverse_word_index)
}
german_reverse_word_index <- reverse_word_index(german_tokenizer)
eng_reverse_word_index <- reverse_word_index(eng_tokenizer)
```

从德语测试数据中解码样本短语，看看它翻译成英语后对应的句子。

```
index_to_word <- function(data_sample,word_index_dict){
 phrase = list()
 for(i in 1:length(data_sample)){
 index = data_sample[[i]]
 word = word_index_dict[index]
# word = if(!is.null(word)) word else "?"
 phrase = paste0(phrase," ",word)
 }
 return(phrase)
}
```

现在，输出一个德语例句、对照的英文原文和模型预测输出的英语译文。

```
cat(paste0("The german sample phrase is -->",
index_to_word(x_test[90,],german_reverse_word_index)))
cat('\n')
cat(paste0("The actual translation in english is -
->",as.character(test_data[90,"English"])))
cat('\n')
cat(paste0("The predicted translation in english is -
->",index_to_word(predicted[90,],eng_reverse_word_index)))
```

图 7-7 显示了模型处理的一个翻译示例。可以看出,本例的模型做得很好。

再看一个翻译例句,如下面的代码所示:

```
cat(paste0("The german sample phrase is -
->",index_to_word(x_test[6,],german_reverse_word_index)))
cat('\n')
cat(paste0("The actual translation in english is -
->",as.character(test_data[6,"English"])))
cat('\n')
cat(paste0("The predicted translation in english is -
->",index_to_word(predicted[6,],eng_reverse_word_index)))
```

图 7-8 显示了模型完成的另一个准确的翻译示例。

```
The german sample phrase is --> du kannst nicht verlieren
The actual translation in english is -->you can t lose
The predicted translation in english is --> you can t lose
```

图 7-7 模型处理的翻译示例

```
The german sample phrase is --> wer hat das kaputtgemacht
The actual translation in english is -->who broke this
The predicted translation in english is --> who broke this
```

图 7-8 模型处理的翻译示例

下面将详细解释模型的原理和实现细节。

7.1.3 原理解析

在 7.1.2 节的步骤(1)中,对原始数据进行了预处理,删除了所有标点符号和非字母数字字符,将所有 Unicode 字符转换为 ASCII 编码,并将所有字母转换为小写。接着创建了德语和英语短语的列表,并存储为数据框对象,以方便数据操作。

在序列对序列模型中,输入和输出短语都需要转换成固定长度的整数序列。因此,在 7.1.2 节的步骤(2)中,计算了每个列表中最长的语句的单词数量,这些单词将用于在后续步骤中填充它们各自语言的句子。

在 7.1.2 节的步骤(3)中,为德语和英语短语创建了分词器。为了使用语言模型,将输入文本切分为一个个单词。分词器生成一个索引列表,该列表以单词在数据集中出现的频率为索引来创建。text_tokenizer()的 num_words 参数可用于根据单词索引列表中的单词频率定义要保留的单词的最大数量。

在 7.1.2 节的步骤(4)中,创建了一个函数 encode_pad_sequences(),通过使用 texts_to_sequences()函数将德语和英语文本映射到特定的整数值序列。每个整数代表前面步骤中创建的词汇表中的一个特定单词。该函数还用 0 填充这些序列,使所有序列具有统一的长度,该长度值为数据集中最长语句的长度值。注意,pad_sequences()函数中的 padding='post'参数设置每个序列的末尾填充 0。接下来,在步骤(5)中,将数据分割为训练集和验证集,并通过应用步骤(4)中创建的 encode_pad_sequences 函数将语句编码为整数序列。

在 7.1.2 节的步骤(6)中,定义了序列到序列模型的配置。使用一个编码器-解码器 LSTM 模型,其中输入序列由一个编码器模型编码,接着是一个解码器,然后逐字解码文本。编码器由一个嵌入层和一个 LSTM 层组成，而解码器模型由另一个 LSTM 层和一个全连接层组成。编码器中的嵌入层将输入特征空间转化为 n 维的潜在特征；在本例中，编码器将输入特征空间转换为 512 个潜在特性。在这种架构中，编码器产生一个二值输出矩阵，其长度等于层中神经元的数量。解码器需要一个 3D 输入来产生解码序列。对于这个问题，使用 layer_repeat_vector()，它重复提供的 2D 输入多次来创建 3D 输出，以满足解码器所需的输入数据格式。

在 7.1.2 节的步骤(7)中，编译模型，并使用训练数据训练模型。对于模型编译，使用 RMSprop 作为优化器，使用 categorical_crossenropy()作为损失函数。为了训练模型，对训练和验证数据集分别使用 80：20 分割。模型训练迭代步数为 50 步，批量样本数 500 个。然后，绘制训练损失和验证损失值图像。

在最后一步中，输出测试数据集中的一个德语短语的对应英语翻译。本例创建了一个自定义的 reverse_word_index()函数，以便为德语和英语创建索引和单词的键-值对。然后，利用这个函数将整数序列的映射为对应的单词序列。

7.1.4 内容拓展

评估生成文本的质量与评估分类任务的工作原理类似。**双语评价替补评分(BiLingual Evaluation Understudy，BLEU)**是比较一段文本生成的翻译和参考翻译的常用指标，其值为 0～1。生成的文本越接近原始文本，得分越高，1 表示完全匹配。通过 BLEU 评分，将候选文本的 n-gram(长度是 n 的字节片段序列)与参考翻译的 n-gram 进行比较，计算匹配的单词数量，这种匹配是位置无关的。为防止机器翻译系统通过多次生成“合理”的词来达到高准确率，修正 n-gram 精确率计算方法根据参考翻译设定每个词出现的上限数量，候选文本中同一个词出现的次数超过其上限数量后将不再统计。

例如，假设有以下参考文本和生成的文本：

参考译文 I am feeling very enthusiastic.

生成文字 1 I am feeling very very enthusiastic enthusiastic.

生成文字 2 I feel enthusiastic.

在这个例子中，可以看到生成文字 2 对参考译文有更好的预测，尽管生成文字 1 的精度可能更高。通过修正 n-gram 精确率可解决这个问题。另外，可以快速计算 BLEU 评分。然而，BLEU 指标也存在一些缺点。例如，它既不考虑句子的意思，也不考虑句子的结构，因此它不能很好地体现人类的翻译过程。

与一个或多个参考翻译相比，我们可以使用一些其他指标来评估生成的翻译的质量，例如基于回忆的基础评价替补研究(Recall Oriented Understudy for Gisting Evaluation，ROGUE)和带有明确排序的翻译评价指标(Metric for Evaluation for Translation with Explicit Ordering，METEOR)。

7.1.5 参考阅读

- 论文 Learning Phrase Representations using an RNN Encoder-Decoder for StatisticalMachine Translation(使用 RNN 编码器-解码器学习短语表示以进行统计机器翻译)：https://arxiv.org/pdf/1406.1078.pdf。
- 论文 Neural Machine Translation by Jointly Learning to Align and Translate(神经机器翻译通过共同学习来调整和翻译)：https://arxiv.org/pdf/1409.0473.pdf。

7.2 使用深度学习生成文本摘要

随着互联网的发展，人们已经被大量来自不同来源的数据淹没，如新闻文章、社交媒体平台、博客等等。自然语言处理领域中的文本摘要是一种对文本数据创建简明而准确的摘要的技术，它保留与源文本一致的重要信息。

文本摘要有两种类型，分别是：

- **抽取式摘要**——这种方法从原文中提取出关键句子或短语不做修改组成摘要。这种方法比较简单。
- **抽象式摘要**——这种方法处理源文本上下文和摘要之间的复杂映射，而不仅仅是将单词从输入复制到输出。这种方法的一个重大挑战是，需要大量的数据来训练模型，这样机器生成的摘要可以达到人工生成的摘要的水平。

编码器-解码器 LSTM 体系结构已经被证明可以有效地解决序列到序列的问题，并且能够处理多个输入和输出。本案例通过引入一种称为**强制教学(teacher forcing)**的训练技术，略微修改 7.1 节中使用的基础独热编码器-解码器架构。强制教学是一种训练递归网络的常用策略，使用前一个时间步的模型输出作为下一个时间步的输入。在这种架构中，编码器获取输入文本并将其转换为固定长度的内部表示，并适当考虑输入文本的上下文信息。解码器使用由编码器生成的内部表示，以及已经生成的单词或短语序列生成摘要。因此，在这种架构中，解码器可以灵活地利用迄今为止生成的所有单词的分布表示作为输入来预测下一个单词。

7.2.1 准备工作

本案例将使用来自 Kaggle 公司提供的亚马逊美食评论数据集，该数据集可以从 https://www.kaggle.com/snap/amazon-fine-good-reviews 下载。数据集包括来自亚马逊(Amazon)的美食评论，时间跨度超过 10 年。在本案例的分析中，将只使用评论文本及其摘要数据。

首先，加载所需的库：

```
pckgs <- c("textclean","keras","stringr","tm","qdap")
```

```
lapply(pckgs, library, character.only = TRUE ,quietly = T)
```

现在,从数据中读取两列,即:评论文本和摘要文本。本案例将只使用前 10 000 条评论。

```
reviews <- read.csv("data/Reviews.csv", nrows = 10000)[,c('Text','Summary')]
head(reviews)
```

图 7-9 显示了输入数据的一些记录。

Text	Summary
I have bought several of the Vitality canned dog food products and have found them all to be of good quality. The product looks more like a stew than a processed meat and it smells better. My Labrador is finicky and she appreciates this product better than most.	Good Quality Dog Food
Product arrived labeled as Jumbo Salted Peanuts...the peanuts were actually small sized unsalted. Not sure if this was an error or if the vendor intended to represent the product as "Jumbo".	Not as Advertised
This is a confection that has been around a few centuries. It is a light, pillowy citrus gelatin with nuts - in this case Filberts. And it is cut into tiny squares and then liberally coated with powdered sugar. And it is a tiny mouthful of heaven. Not too chewy, and very flavorful. I highly recommend this yummy treat. If you are familiar with the story of C.S. Lewis' "The Lion, The Witch, and The Wardrobe" - this is the treat that seduces Edmund into selling out his Brother and Sisters to the Witch.	"Delight" says it all
If you are looking for the secret ingredient in Robitussin I believe I have found it. I got this in addition to the Root Beer Extract I ordered (which was good) and made some cherry soda. The flavor is very medicinal.	Cough Medicine
Great taffy at a great price. There was a wide assortment of yummy taffy. Delivery was very quick. If your a taffy lover, this is a deal.	Great taffy
I got a wild hair for taffy and ordered this five pound bag. The taffy was all very enjoyable with many flavors: watermelon, root beer, melon, peppermint, grape, etc. My only complaint is there was a bit too much red/black licorice-flavored pieces (just not my particular favorites). Between me, my kids, and my husband, this lasted only two weeks! I would recommend this brand of taffy -- it was a delightful treat.	Nice Taffy

图 7-9 亚马逊美食评论数据集的部分数据

我们只对那些在数据中既有评论文本又有摘要文本的样本感兴趣。

```
reviews <- reviews[complete.cases(reviews),]
rownames(reviews) <- 1:nrow(reviews)
```

下面将预处理输入数据,并为生成文本摘要构建一个模型。

7.2.2 操作步骤

在模型构建之前,要先进行数据清理。

(1) 创建一个自定义函数 clean_data(),对数据集进行清理。把这个函数应用到评论和对应的摘要数据中,然后将清理后的数据存储在数据框对象中,以便后续操作使用。

```
clean_data <- function(data,remove_stopwords = TRUE){
 data <- tolower(data)
 data = replace_contraction(data)
 data = gsub('<br />', '', data)
 data = gsub('[[:punct:] ]+',' ',data)
 data = gsub("[^[:alnum:]\\-\\.\\s]", " ", data)
 data = gsub('&', '', data)
 data = if(remove_stopwords ==
"TRUE"){paste0(unlist(rm_stopwords(data,tm::stopwords("english"))),
collapse = " ")}else{data}
 data = gsub('\\.', "", data)
 data = gsub('\\s+', " ", data)
```

```
 return(data)
}
cleaned_text <-
unlist(lapply(reviews$Text,clean_data,remove_stopwords = TRUE))
cleaned_summary <-
unlist(lapply(reviews$Summary,clean_data,remove_stopwords = FALSE))
# 清理过的评论及其摘要存储到数据框对象中
cleaned_reviews <- data.frame("Cleaned_Text" =
cleaned_text,"Cleaned_Summary" = cleaned_summary)
#将 Text 和 Summary 列转换为字符数据类型
cleaned_reviews$Cleaned_Text <-
as.character(cleaned_reviews$Cleaned_Text)
cleaned_reviews$Cleaned_Summary <-
as.character(cleaned_reviews$Cleaned_Summary)
head(cleaned_reviews)
```

图 7-10 显示了清理后的数据中的一些示例记录。

Cleaned_Text	Cleaned_Summary
bought several vitality canned dog food products found good quality product looks like stew processed meat smells better labrador finicky appreciates product better	Good quality dog food
product arrived labeled jumbo salted peanuts peanuts actually small sized unsalted sure error vendor intended represent product jumbo	Not as advertised
confection around centuries light pillowy citrus gelatin nuts case filberts cut tiny squares liberally coated powdered sugar tiny mouthful heaven chewy flavorful highly recommend yummy treat familiar story c s lewis lion witch wardrobe treat seduces edmund selling brother sisters witch	Delight says it all
looking secret ingredient robitussin believe found got addition root beer extract ordered good made cherry soda flavor medicinal	Cough medicine
great taffy great price wide assortment yummy taffy delivery quick taffy lover deal	Great taffy
got wild hair taffy ordered five pound bag taffy enjoyable many flavors watermelon root beer melon peppermint grape etc complaint bit much red black licorice flavored pieces just particular favorites kids husband lasted two weeks recommend brand taffy delightful treat	Nice taffy

图 7-10　数据清理后的部分示例记录

(2) 使用< start >和< end >标记分别表示摘要中的序列的开始和结束：

```
cleaned_reviews[,"Cleaned_Summary"] <- sapply(X =
cleaned_reviews[,2],FUN = function(X){paste0("< start > ",X,"< end >")})
```

(3) 确定评论和摘要序列的最大长度：

```
max_length_text = 110
max_length_summary = 10
```

(4) 接下来，创建一个分词函数，并使用它对评论文本和摘要文本进行分词：

```
tokenization <- function(lines){
 tokenizer = text_tokenizer()
 tokenizer = fit_text_tokenizer(tokenizer, lines)
 return(tokenizer)
}
```

在评论文本上应用分词器，并统计评论文本中单词数：

```
x_tokenizer <- tokenization(cleaned_reviews$Cleaned_Text)
```

```
x_tokenizer$word_index
x_voc_size = length(x_tokenizer$word_index) + 1
print(paste0('Xtrain vocabulary size:', x_voc_size))
```

图 7-11 显示了评论文本分词后的单词列表和单词总数。

然后，在摘要数据上采用分词器进行分词，计算摘要数据的词数：

```
y_tokenizer <- tokenization(cleaned_reviews$Cleaned_Summary)
y_tokenizer$word_index[1:5]
y_voc_size = length(y_tokenizer$word_index) + 1
print(paste0('Ytrain data vocabulary size:', y_voc_size))
```

图 7-12 显示了摘要文本分词后的单词列表和单词总数。

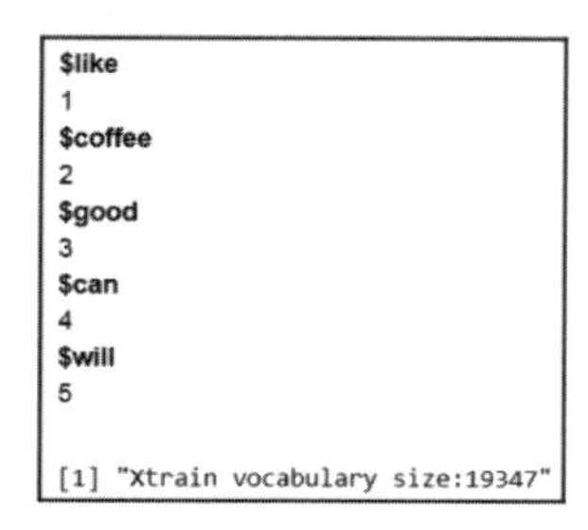

图 7-11 评论数据分词后的单词列表和单词总数

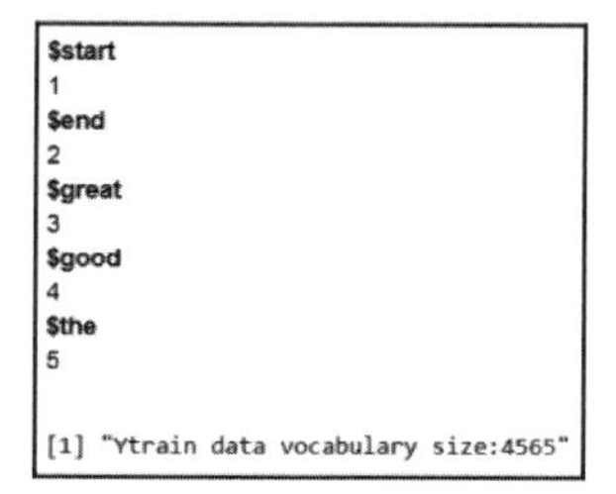

图 7-12 摘要文本分词后的单词列表和单词总数

(5) 创建自定义函数 encode_pad_sequences()，以便将文本和摘要数据编码为一个整数序列，并填充这些序列以使每个句子的长度一致。需要将数据分为训练和测试数据集并采用 encode_pad_sequences 函数分别处理。encode_pad_sequences 函数定义如下：

```
aencode_pad_sequences <- function(tokenizer, length, lines){
 # Encoding text to integers
 seq = texts_to_sequences(tokenizer,lines)
 # Padding text to maximum length sentence
 seq = pad_sequences(seq, maxlen = length, padding = 'post')
 return(seq)
}
```

将数据分为训练和验证数据集：

```
sample_size <- floor(0.80 * nrow(cleaned_reviews))
## 设置随机种子,以便实验结果可复现
set.seed(0)
train_indices <- sample(seq_len(nrow(cleaned_reviews)), size = sample_size)
x_train <- cleaned_reviews[train_indices,"Cleaned_Text"]
y_train <- cleaned_reviews[train_indices,"Cleaned_Summary"]
x_val <- cleaned_reviews[ - train_indices,"Cleaned_Text"]
y_val <- cleaned_reviews[ - train_indices,"Cleaned_Summary"]
```

现在,将训练和验证数据集编码为整数序列,并将这些序列填充到各自的最大长度:

```
num_train_examples = length(x_train)
num_val_examples = length(x_val)
x <- encode_pad_sequences(x_tokenizer,max_length_text,x_train)
x_val <- encode_pad_sequences(x_tokenizer,max_length_text,x_val)
y_encoded <- encode_pad_sequences(y_tokenizer,max_length_summary,y_train)
y1 <- encode_pad_sequences(y_tokenizer,max_length_summary,
y_train)[, - max_length_summary]
y2 <- encode_pad_sequences(y_tokenizer,max_length_summary,y_train)[, - 1]
y2 <- array_reshape(x = y2,c(num_train_examples,(max_length_summary - 1),1))
y_val_encoded <- encode_pad_sequences(y_tokenizer,max_length_summary,y_val)
y_val1 <- encode_pad_sequences(y_tokenizer,max_length_summary,
y_val)[, - max_length_summary]
y_val2 <- encode_pad_sequences(y_tokenizer,max_length_summary,y_val)[, - 1]
y_val2 <- array_reshape(x = y_val2,c(num_val_examples,(max_length_summary - 1),1))
```

(6) 接着开始构建模型。首先,初始化一些参数,这些参数将被输入到模型的配置中。

```
latent_dim = 500
batch_size = 200
epochs = 100
```

接下来配置模型的编码器和解码器的神经网络层。使用的是堆叠的 LSTM 配置,LSTM 的三层相互叠加。

配置网络的编码器部分:

```
# 定义输入层
encoder_inputs <- layer_input(shape = c(max_length_text),name = "encoder_inputs")
# 向编码器添加嵌入层
embedding_encoder <- encoder_inputs %>% layer_embedding(input_dim =
x_voc_size, output_dim = latent_dim,trainable = TRUE,name = "encoder_embedding")
# 将第一个 LSTM 层添加到编码器
encoder_lstm1 <- layer_lstm(units = latent_dim, return_sequences =
TRUE, return_state = TRUE, name = "encoder_lstm1")
encoder_results1 <- encoder_lstm1(embedding_encoder)
encoder_output1 <- encoder_results1[1]
state_h1 <- encoder_results1[2]
state_c1 <- encoder_results1[3]
# 将第二个 LSTM 层添加到编码器
encoder_lstm2 <- layer_lstm(units = latent_dim, return_sequences =
TRUE, return_state = TRUE,name = "encoder_lstm2")
encoder_results2 <- encoder_lstm2(encoder_output1)
encoder_output2 <- encoder_results2[1]
state_h2 <- encoder_results2[2]
state_c2 <- encoder_results2[3]
# 将第三个 LSTM 层添加到编码器
```

```
encoder_lstm3 <- layer_lstm(units = latent_dim, return_sequences =
TRUE, return_state = TRUE, name = "encoder_lstm3")
encoder_results3 <- encoder_lstm3(encoder_output2)
encoder_outputs <- encoder_results3[1]
state_h <- encoder_results3[2]
state_c <- encoder_results3[3]
encoder_states <- encoder_results3[2:3]
```

配置网络的解码器部分：

```
# 配置解码器
decoder_inputs <- layer_input(shape = list(NULL),name = "decoder_inputs")
# 向解码器添加嵌入层
embedding_layer_decoder <- layer_embedding(input_dim =
y_voc_size,output_dim = latent_dim,trainable = TRUE,name = "decoder_embedding")
embedding_decoder <- embedding_layer_decoder(decoder_inputs)
# 将 LSTM 层添加到编码器
decoder_lstm <- layer_lstm(units = latent_dim,
return_sequences = TRUE,return_state = TRUE,name = "decoder_lstm")
decoder_results <- decoder_lstm(embedding_decoder,
initial_state = encoder_states)
decoder_outputs <- decoder_results[1]
decoder_fwd_state <- decoder_results[2]
decoder_back_state <- decoder_results[3]
decoder_dense <- time_distributed(layer = layer_dense(units =
y_voc_size, activation = 'softmax'))
decoder_outputs <- decoder_dense(decoder_outputs[[1]])
```

现在，需要将编码器和解码器组合成一个模型：

```
model <- keras_model(inputs = c(encoder_inputs,
decoder_inputs),outputs = decoder_outputs)
```

查看模型的摘要信息：

```
summary(model)
```

编码器和解码器组合后的模型摘要信息如图 7-13 所示。

(7) 使用 RMSprop 优化器，并使用 sparse_categorical_crossentropy 作为损失函数，编译模型。然后，将训练数据放入模型中进行训练。

```
model %>% compile(optimizer = "rmsprop",loss = 'sparse_categorical_crossentropy')
```

为模型定义回调和检查点：

```
model_name <- "model_TextSummarization"
# 检查点
checkpoint_dir <- "checkpoints_text_summarization"
dir.create(checkpoint_dir)
```

```
Layer (type)              Output Shape       Param #  Connected to
==================================================================================
encoder_inputs (InputLaye (None, 110)        0
----------------------------------------------------------------------------------
encoder_embedding (Embedd (None, 110, 500)   9673500  encoder_inputs[0][0]
----------------------------------------------------------------------------------
encoder_lstm1 (LSTM)      [(None, 110, 500)  2002000  encoder_embedding[0][0]
----------------------------------------------------------------------------------
decoder_inputs (InputLaye (None, None)       0
----------------------------------------------------------------------------------
encoder_lstm2 (LSTM)      [(None, 110, 500)  2002000  encoder_lstm1[0][0]
----------------------------------------------------------------------------------
decoder_embedding (Embedd (None, None, 500)  2282500  decoder_inputs[0][0]
----------------------------------------------------------------------------------
encoder_lstm3 (LSTM)      [(None, 110, 500)  2002000  encoder_lstm2[0][0]
----------------------------------------------------------------------------------
decoder_lstm (LSTM)       [(None, None, 500  2002000  decoder_embedding[0][0]
                                                      encoder_lstm3[0][1]
                                                      encoder_lstm3[0][2]
----------------------------------------------------------------------------------
time_distributed_3 (TimeD (None, None, 4565  2287065  decoder_lstm[0][0]
==================================================================================
Total params: 22,251,065
Trainable params: 22,251,065
Non-trainable params: 0
----------------------------------------------------------------------------------
```

图 7-13 编码器和解码器组合后的模型摘要信息

```
filepath <- file.path(checkpoint_dir,
paste0(model_name,"weights.{epoch:02d} -
{val_loss:.2f}.hdf5",sep = ""))
# 回调
ts_callback <- list(callback_model_checkpoint(mode = "min",
 filepath = filepath,
 save_best_only = TRUE,
 verbose = 1,
 callback_early_stopping(patience = 100)))
```

开始训练模型：

```
model %>% fit(x = list(x,y1),y = y2,epochs = epochs,batch_size =
batch_size,validation_data = list(list(x_val, y_val1), y_val2),callbacks = ts_callback,
verbose = 2)
```

(8) 使用上一步构建的模型为验证集生成预测。为此,实例中创建一个编码器和一个解码器推理模型来解码未知的输入序列。首先创建函数 reverse_word_index 用于生成单词索引的键值对的反向列表。使用它来解码文本和摘要中的内容,因为反向单词索引将整数序列映射回对应单词,并使内容可读。

```
reverse_word_index <- function(tokenizer){
 reverse_word_index <- names(tokenizer$word_index)
 names(reverse_word_index) <- tokenizer$word_index
 return(reverse_word_index)
}
x_reverse_word_index <- reverse_word_index(x_tokenizer)
y_reverse_word_index <- reverse_word_index(y_tokenizer)
```

```
# 反向查找标记索引,将整数序列解码为有意义的文本
sentences or phrases
reverse_target_word_index = y_reverse_word_index
reverse_source_word_index = x_reverse_word_index
target_word_index = y_tokenizer$word_index
```

下面的代码块显示了解码句子的推理模式:

```
# 定义抽样模型
encoder_model <- keras_model(inputs = encoder_inputs, outputs = encoder_results3)
decoder_state_input_h <- layer_input(shape = latent_dim)
decoder_state_input_c <- layer_input(shape = latent_dim)
decoder_hidden_state_input <- layer_input(shape =
c(max_length_text, latent_dim))
decoder_embedding2 <- embedding_layer_decoder(decoder_inputs)
decoder_results2 <- decoder_lstm(decoder_embedding2, initial_state =
c(decoder_state_input_h, decoder_state_input_c))
decoder_outputs2 <- decoder_results2[1]
state_h2 <- decoder_results2[2]
state_c2 <- decoder_results2[3]
decoder_outputs2 <- decoder_dense(decoder_outputs2[[1]])
inp = c(decoder_hidden_state_input, decoder_state_input_h, decoder_state_input_c)
dec_states = c(state_h2, state_c2)
decoder_model <- keras_model(inputs = c(decoder_inputs, inp), outputs
= c(decoder_outputs2, dec_states))
```

接着定义了一个名为 decode_sequence()的函数用于实现文本摘要生成。这个函数对输入序列进行编码并检索编码器状态。然后,它运行解码器的一个步骤,以编码器状态为初始状态,从 start 标记开始输出,直到遇到 end 标记。通过这种方式,递归地调用模型并在其后面追加先前生成的单词来构建摘要。

```
decode_sequence <- function(input_seq) {
 # 将输入编码为状态向量
 encoder_predict <- predict(encoder_model, input_seq)
 e_out = encoder_predict[[1]]
 e_h = encoder_predict[[2]]
 e_c = encoder_predict[[3]]
 # 生成长度为 1 的空的目标序列
 target_seq <- array(0, dim = c(1,1))
 # 用起始字符填充目标序列的第一个字符
 target_seq[1,1] <- target_word_index[['start']]
 stop_condition = FALSE
 decoded_sentence = ''
 niter = 1
 while (stop_condition == FALSE) {
 decoder_predict <- predict(decoder_model, list(target_seq,
e_out, e_h, e_c))
```

```
output_tokens <- decoder_predict[[1]]
h <- decoder_predict[[2]]
c <- decoder_predict[[3]]
## 词采样
sampled_token_index <- which.max(output_tokens[1, 1, ])
sampled_token <- reverse_target_word_index[sampled_token_index]
if (sampled_token != 'end'){
decoded_sentence = paste0(decoded_sentence,sampled_token," ")
if(sapply(strsplit(decoded_sentence, " "), length) >= max_length_summary){
stop_condition = TRUE
}
}
target_seq <- array(0,dim = c(1,1))
target_seq[ 1,1] <- sampled_token_index
e_h = h
e_c = c
}
return(decoded_sentence)
}
```

现在,需要分别定义两个函数将评论和摘要对应的整数序列转换为单词序列:

```
seq2summary <- function(input_seq){
 newString = ''
 for(i in input_seq){
 if((i!= 0 & i!= target_word_index[['start']]) &
i!= target_word_index[['end']]){
 newString = paste0(newString,reverse_target_word_index[[i]],' ')
 }
 }
 return(newString)
}
seq2text <- function(input_seq){
newString = ''
for(i in input_seq){
if(i!= 0){
newString = paste0(newString,reverse_source_word_index[[i]],' ')
}}
return(newString)
}
```

下面的代码展示了如何解码示例评论,并查看模型生成评论对应的摘要文本:

```
for(i in 1:dim(x_val)[1]){
 print(paste0("Review:",seq2text(x_val[i,])))
 print(paste0("Original summary:",seq2summary(y_val_encoded[i,])))
 print(paste0("Predicted
```

```
summary:",decode_sequence(array_reshape(x_val[i,],dim =
c(1,max_length_text)))))
 print("\n")
}
```

查看其中一个评论文本对应的摘要文本,如图 7-14 所示。

```
[1] "Review:these backyard bbq kettle chips were a great deal with the promo code it was nice to have a larger size bag some
kettle chips in the grocery store are only about 5 ounces and we polish them off in one family lunch they arrived fresh and
were not in crumbles as some other chips from amazon grocery have been great flavor and all natural "
[1] "Original summary:great deal "
[1] "Predicted summary:and tasty for best for buy great great great great "
```

图 7-14 一个评论文本对应的摘要文本

以上学习了如何使用编码器-解码器模型实现抽象的文本摘要模型。

7.2.3 原理解析

在 7.2.2 节的步骤(1)中,预处理了评论和摘要文本中的原始数据,将所有单词转换为小写,并分别替换"don't""I'm""to""do not""I am"等缩写。然后,删除所有标点符号、非字母数字字符和停止词,如"I""me""you""for"等。

注意,本例没有从摘要中删除任何停用词,因为这样做会导致摘要的含义发生变化。例如,如果用户的评论摘要中说的是"not that great",那么在移除停止词后,评论就会变成"great",语义正好相反。

7.2.2 节的步骤(2)在摘要文本前后添加开始和结束标记,在本例中摘要文本即为目标文本。当为模型提供 start 标记开始的目标文本时,模型就会对目标文本的第一个单词进行预测。end 标记表示句子的结束。

在 7.2.2 节的步骤(3)中确定了评论文本和摘要文本的最大长度,以便后续对评论文本和摘要文本按最大长度进行填充。请注意,案例中已经根据大多数评论的长度来确定最大长度。接下来,在步骤(4)中,为评论文本和摘要文本创建了分词器。分词器会生成索引列表,该列表根据词在数据集中的总词频建立索引。

7.2.2 节的步骤(5)创建了一个名为 encode_pad_sequences()的自定义函数,将评论和相关的摘要映射到特定的整数值序列。每个整数表示上一步创建的索引列表中的一个特定单词。这个函数还用 0 填充序列,以使所有序列的长度都一致,步骤(3)中确定了评论文本和摘要文本的最大长度。pad_sequences()函数中的参数 padding='post'表示在每个序列的末尾填充 0。案例代码中将数据分割为训练和测试数据集,并对它们应用 encode_pad_sequences()函数处理。注意,在这一步中,从原始摘要文本生成训练模型所需的格式化数据(添加了开始和结束标记),标记为 y1。原始摘要文本标记为 y2,它不包含开始标记。对验证数据也做类似处理。

在 7.2.2 节的步骤(6)中,配置了一个堆叠 LSTM 的编码器-解码器模型架构。首先,创建编码器网络,然后是解码器网络。编码器 LSTM 网络将输入评论转换成两个状态向量:隐藏状态和单元状态。案例中丢弃了编码器的输出,只保留了状态信息。解码器 LSTM 被配置为学习将目标序列(即摘要信息的内部表示)转换为相同的序列,但在未来有一个时间步幅偏移,这种类型的训练被称为**强制教学**。解码器 LSTM 的初始状态是来自动编码器的状态向量。这样做是为了给定 t 时刻的目标,以输入序列为条件,让解码器学会在 $t+1$ 时刻生成目标。

7.2.2 节的步骤(7)编译模型并对其进行训练,使用 RMSprop 作为优化器,使用 sparse_categorical_crossentropy 作为损失函数。这个损失函数将整数序列动态转换为一个独热编码向量,并克服了分类交叉熵损失函数内存占用过多的问题。模型迭代 100 次,批量样本规模为 200 个。

7.2.2 节的步骤(8)创建了一个推理模型,该模型生成未知输入序列的摘要。在该推理模式下,对输入序列进行编码,得到状态向量。然后,生成了一个大小为 1 的目标序列,它实际上是序列字符的开始(start 标记)。接下来,这个目标序列,连同状态向量,被提供给解码器来预测下一个单词。预测的单词被添加到目标序列。同样的过程递归地进行,直到达到输入序列单词的结尾(end 标记)或达到序列长度限制。这个模型体系结构使解码器有机会利用以前生成的单词以及源文本作为上下文来生成下一个单词。最后,预测了一些示例评论的摘要文本。

7.2.4 内容拓展

许多流行的神经机器翻译模型都属于编码器-解码器体系结构模型。然而,这种体系结构限制了编码器只能将输入序列编码为固定长度的表示,这导致了冗长输入序列使得模型性能下降。克服这一性能瓶颈的一种方法是在序列中使用**注意力机制**(**attention mechanism**),使网络学会选择性地注意与预测目标输出相关的输入。最重要的是,注意允许网络将输入序列编码为一个向量序列,并在解码时在这些向量中进行选择,从而使网络可以将所有信息编码在一个固定长度的向量中。虽然注意力机制的思想起源于神经机器翻译领域,但它可以应用于更广泛的问题,如图像字幕和描述、语音识别、文本摘要。

7.2.5 参考阅读

要了解有关注意力机制的更多信息,请参阅以下论文 https://arxiv.org/pdf/1706.03762.pdf。

7.3 语音识别

在过去的几十年中,研究者针对将深度学习用于语音相关领域进行了大量的研究。语音识别已成为许多日常应用程序的一部分,例如智能手机、智能手表、智能家居、游戏等等。

苹果和亚马逊等科技巨头在许多语音搜索应用程序(例如,Siri 和 Alexa)中将其作为必备功能。声波是时域信号,这意味着在绘制声波时,其中一个轴是时间(自变量),而另一个轴是波的振幅(因变量)。

为了创建声波的数字记录,通过执行采样将模拟声音信号转换为数字形式。采样通过在称为采样间隔的固定时间间隔内对声波振幅进行测量,从而将模拟音频信号转换为数字信号。较小的采样间隔可产生更好的声音质量。为了评价录制的声音的质量,经常使用术语**采样率(sampling rate)**而不是采样间隔。采样率定义了每秒从模拟声波中获取的采样数。

采样率可以表示为:

$$\text{采样率} = \frac{1}{\text{采样间隔}}$$

声音的时域表示并不总是最好的。最关键的信息隐藏在信号的频谱中。诸如傅里叶变换(Fourier Transform,FT)之类的数学变换可用于将声波变换到其频域。当在时域中对信号应用傅里叶变换时,获得其频率幅度表示。由于声音的数字记录是时间上的离散过程,因此使用离散傅里叶变换(Discrete Fourier Transform,DFT)将其变换到其频域。快速傅里叶变换(Fast Fourier Transform,FFT)是一种用于快速计算 FT 的算法。对整个声音进行 FFT 运算信息量不够,为了提取更多的信息,需要使用短时傅里叶变换(Short-Time Fourier Transform,STFT)。STFT 算法在信号上滑动一个窗口,并在每个滑动窗口上做 DFT 以计算频谱的幅度。

7.3.1 准备工作

本案例将训练一个神经网络,该网络基于频谱对声波进行分类。为此,将使用谷歌语音命令数据集。它由 TensorFlow 和 AIY 团队创建,用于 TensorFlow API 的语音识别示例程序。它包含许多口语的录音文件,每个录音文件均以 16kHz 频率采样。可以从 https://storage.cloud.google.com/download.tensorflow.org/data/speech_commands_v0.01.tar.gz 下载。本例将使用 tuneR 包读取 WAV 文件,并使用 seewave 包对音频信号执行短时傅里叶变换。

首先导入所需的编程库:

```
library(seewave)
library(stringr)
library(keras)
library(tuneR)
library(splitstackshape)
```

接着加载一个语音文件并查看文件信息:

```
# 读取语音文件
wav_file =
readWave("data/data_speech_commands_v0.01/no/012c8314_nohash_0.wav")
wav_file
```

从图 7-15 可以看到,该语音样本具有 16 000 个采样点,采样率为 16kHz,语音时长为 1s。

查看语音文件的具体属性值:

```
# 采样
head(wav_file@left)
# 采样率
paste("Sampling rate of the audio:", wav_file@samp.rate)
# 采样点数
paste("Number of samples in the audio:",length(wav_file@left))
# 语音时长
paste("Duration of audio is:",length(wav_file@left)/wav_file@samp.rate,"second")
```

图 7-16 显示了语音文件的属性值。

```
Wave Object
	Number of Samples:      16000
	Duration (seconds):     1
	Samplingrate (Hertz):   16000
	Channels (Mono/Stereo): Mono
	PCM (integer format):   TRUE
	Bit (8/16/24/32/64):    16
```

图 7-15 语音文件信息

```
236 200 181 191 198 198

'Sampling rate of the audio: 16000'

'Number of samples in the audio: 16000'

'Duration of audio is: 1 second'

We can plot the oscillogram of the sond wave using oscillo() function from seewave.
```

图 7-16 查看语音文件的属性值

将语音文件的属性值赋值给变量:

```
# 语音文件
wave_data = wav_file@left
# 采样点数
num_samples = length(wav_file@left)
# 采样率
sampling_rate = wav_file@samp.rate
```

可以使用 seewave 包中的 oscillo()函数绘制语音的波形图:

```
# 绘制波形图
oscillo(wave = wav_file,f = sampling_rate)
```

图 7-17 是语音的波形图。

现在,可以绘制波的频谱图。频谱图是信号频率频谱随时间变化的直观表示。图 7-17 是二维频谱图和波形图的组合。

在下面的代码块中,设置频谱图的参数并生成图像。以下代码块中 3 个参数的定义如下:

- 窗口长度(window length)——这是波形上滑动窗口的长度。它是整型变量,代表窗口中的样本数。
- 重叠(overlap)——以百分比的形式定义两个连续窗口之间的重叠。
- 窗口类型(window type)——定义窗口的形状。

使用 seewave 包中的 spectro()函数绘制频谱图:

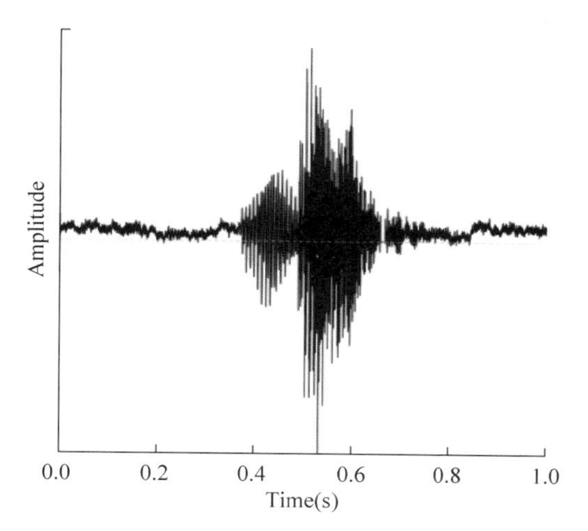

图 7-17 语音的波形图

```
window_length = 512
overlap = 40
window_type = "hanning"
# 绘制频谱图
spectro(wav_file, f = sampling_rate, wl = 512, ovlp = 40,
osc = TRUE,colgrid = "white", colwave = "white", colaxis = "white", collab = "white",
colbg = "black")
```

图 7-18 显示了语音的频谱图。

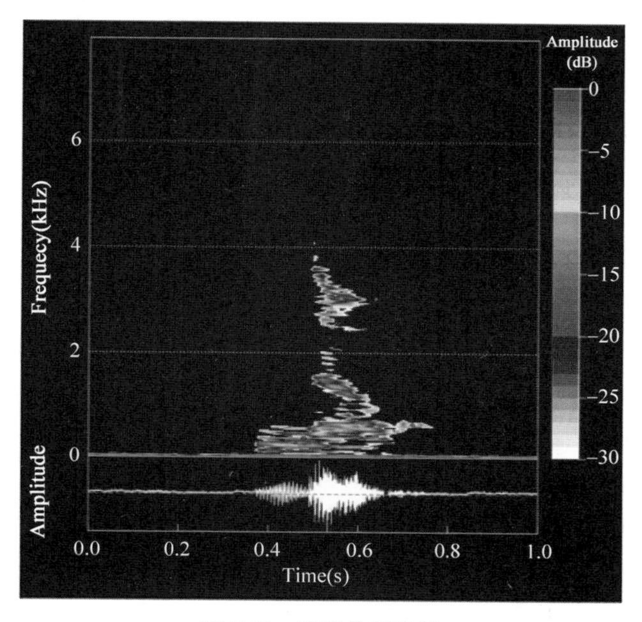

图 7-18 语音的频谱图

spectro()函数返回基于 STFT 时间、频率和振幅等值线的统计信息。如果 complex 参数设置为 true,则函数返回复数值。

```
stft_wave = spectro(wave_data,f = sampling_rate,wl = window_length,ovlp =
overlap,wn = window_type,complex = T,plot = F,dB = NULL,norm = F)
str(stft_wave)
```

图 7-19 显示了 spectro()函数的返回值的结构。

```
List of 3
 $ time: num [1:51] 0 0.02 0.04 0.06 0.08 0.1 0.12 0.14 0.16 0.18 ...
 $ freq: num [1:256] 0 0.0312 0.0625 0.0938 0.125 ...
 $ amp : cplx [1:256, 1:51] 148.8+0i -74.65+6.57i -0.74-4.15i ...
```

图 7-19　spectro()函数的返回值

现在,查看一下振幅等值线的维度:

```
dim(stft_wave$amp)
```

振幅等值线中的行数代表在窗口中采样点数(256)。每列表示 window_length/2 次傅里叶变换,将其存储在变量 fft_size 中。

```
# FFT size
fft_size = window_length/2
```

振幅等值线中的列数代表 FFT 窗口的数目。下面的代码块实现了提取 FFT 窗口数目:

```
# FFT 窗口数目
num_fft_windows = length(seq(1, num_samples + 1 - window_length,
window_length - (overlap * window_length/100)))
```

到目前为止,已经学习了如何提取声波的属性,并熟悉了声波变换。接下来对 wave 数据进行预处理,以构建语音识别系统。

7.3.2　操作步骤

语音命令数据集包含约 65 000 个 WAV 文件。它包含带有标签名称的子目录,每个语音文件都录制了由不同的人发音的 30 个单词。

在 7.3.1 节中,学习了如何通过应用 STFT 读取 WAV 文件并获取其频率幅度表示。本节将扩展相同的概念以编写生成器,然后训练神经网络来识别语音中的单词。

从为生成器准备数据集开始。

(1) 首先,列出 data_speech_commands_v0.01 目录内的所有文件,并创建一个数据框对象:

```
files = list.files("data/data_speech_commands_v0.01",all.files =
```

```
T,full.names = F,recursive = T)
paste("Number audio files in dataset: ",length(files)
file_df = as.data.frame(files)
head(file_df)
```

图 7-20 显示了数据中的一些记录。

可以看到所有文件的标签名称都带有前缀。现在，创建一个包含所有文件名及其对应类标签的数据框对象。本案例只使用 bird、no 和 off 3 个单词的语音文件。

```
file_df$class = str_split_fixed(file_df$files,pattern = "/",n = 2)[,1]
file_df <- file_df[sample(nrow(file_df)),]
rownames(file_df) <- NULL
file_df = file_df[file_df$class %in% c("bird","no","off"),]
file_df$files <- as.character(file_df$files)
file_df$class <- as.numeric(as.factor(file_df$class)) - 1
rownames(file_df) <- NULL
head(file_df)
```

图 7-21 显示了在前面的代码块中创建的数据框的示例。

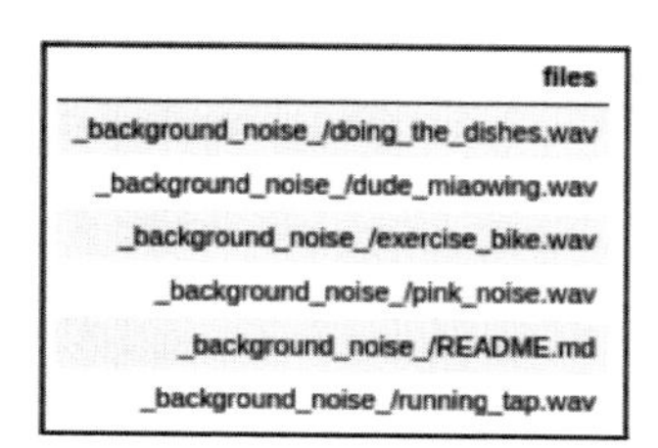

files
_background_noise_/doing_the_dishes.wav
_background_noise_/dude_miaowing.wav
_background_noise_/exercise_bike.wav
_background_noise_/pink_noise.wav
_background_noise_/README.md
_background_noise_/running_tap.wav

图 7-20　语音命令数据集的部分文件列表

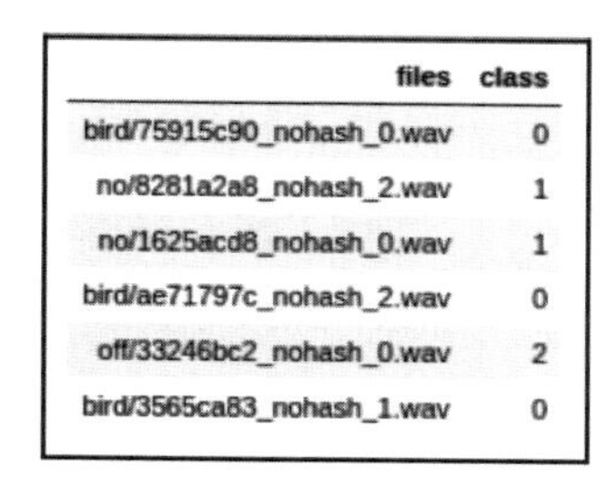

files	class
bird/75915c90_nohash_0.wav	0
no/8281a2a8_nohash_2.wav	1
no/1625acd8_nohash_0.wav	1
bird/ae71797c_nohash_2.wav	0
off/33246bc2_nohash_0.wav	2
bird/3565ca83_nohash_1.wav	0

图 7-21　语音文件和对应的类标签

创建一个代表类标签分类数量的变量：

```
num_speech_labels = length(unique(file_df$class))
```

（2）将数据分为训练集、测试集和验证集。使用 splitstackshape 库中的 stratified()函数执行此操作：

```
# 将数据分割为训练集、测试集和验证集
set.seed(200)
train_index = stratified(file_df,group = "class",.80,keep.rownames = T)$rn
test_index = setdiff(row.names(file_df),train_index)
val_index = stratified(file_df[train_index,],group =
"class",.20,keep.rownames = T)$rn
train_data = file_df[setdiff(train_index,val_index),]
test_data = file_df[test_index,]
val_data = file_df[val_index,]
```

现在,将训练集和测试集的样本进行随机洗牌:

```
# 训练集和测试集进行样本随机洗牌
test_data = test_data[sample(nrow(test_data)),]
train_data = train_data[sample(nrow(train_data)),]
```

(3) 接下来,建立一个 Keras 序贯型模型用于语音分类并编译模型:

```
model <- keras_model_sequential()
model %>%
 layer_conv_2d(input_shape = c(fft_size, num_fft_windows,1),
 filters = 32, kernel_size = c(3,3), activation = 'relu') %>%
 layer_max_pooling_2d(pool_size = c(2, 2)) %>%
layer_conv_2d(filters = 64, kernel_size = c(3,3), activation = 'relu') %>%
 layer_max_pooling_2d(pool_size = c(2, 2)) %>%
 layer_dropout(rate = 0.25) %>%
 layer_flatten() %>%
 layer_dense(units = 128, activation = 'tanh') %>%
 layer_dense(units = num_speech_labels, activation = 'softmax')
```

构建模型后,需要编译并可视化模型摘要信息:

```
# 编译模型
model %>% compile(
 loss = "categorical_crossentropy",
 optimizer = "rmsprop",
 metrics = c('accuracy')
)
summary(model)
```

图 7-22 显示了该模型的摘要信息。

```
Model: "sequential"
Layer (type)                      Output Shape               Param #
=====================================================================
conv2d (Conv2D)                   (None, 254, 49, 32)        320
max_pooling2d (MaxPooling2D)      (None, 127, 24, 32)        0
conv2d_1 (Conv2D)                 (None, 125, 22, 64)        18496
max_pooling2d_1 (MaxPooling2D)    (None, 62, 11, 64)         0
dropout (Dropout)                 (None, 62, 11, 64)         0
flatten (Flatten)                 (None, 43648)              0
dense (Dense)                     (None, 128)                5587072
dense_1 (Dense)                   (None, 3)                  387
=====================================================================
Total params: 5,606,275
Trainable params: 5,606,275
Non-trainable params: 0
```

图 7-22 模型摘要信息

(4) 接下来,需要构建一个数据生成器:

```
data_generator <-
function(data,windowlen,overlap,numfftwindows,fftsize,windowtype,nu
m_classes,batchsize) {
 function(){
 indexes <- sample(1:nrow(data), batchsize, replace = TRUE)
 x <- array(0, dim = c(length(indexes),fftsize,
numfftwindows,1))
 y <- array(0, dim = c(length(indexes)))
 for (j in 1:length(indexes)){
 wav_file_name = data[indexes[j],"files"] %>%
as.character()
 wav_file = readWave(paste0("data/data_speech_commands_v0.01/",wav_file_name))
 # 语音文件属性
 wave_data = wav_file@left
 num_samples = length(wav_file@left)
 sampling_rate = wav_file@samp.rate
 # 适应不同长度的录音
 if(num_samples < 16000){
 zero_pad = rep(0,16000 - length(wave_data))
 wave_data = c(wave_data,zero_pad)
 }else if(num_samples > 16000){
 wave_data = wave_data[1:16000]
 }
 # 频谱图表示
 spectrogram_data = spectro(wave_data,f = sampling_rate
,wl = windowlen,ovlp = overlap,wn = windowtype,complex = T,plot = F,dB = NULL,norm = F)
 spectrogram_data = spectrogram_data$amp
 spectrogram_data = Mod(spectrogram_data)
 # 处理输入数据中的 NaN 和 Inf
 if((sum(is.nan(spectrogram_data))> 0)){
 spectrogram_data[which(is.nan(spectrogram_data))] = log(0.01)
 }else if((sum(is.infinite(spectrogram_data)) > 0)){
spectrogram_data[which(is.infinite(spectrogram_data))] = log(0.01)
 }else if((sum(is.infinite(spectrogram_data)) > 0)){
 spectrogram_data[which(is.na(spectrogram_data))] = log(0.01)
 }
 spectrogram_data = array_reshape(spectrogram_data,dim =
c(fftsize,numfftwindows,1))
 x[j,,,] = spectrogram_data
 y[j] = data[indexes[j],c("class")] %>% as.matrix()
 }
 list(x, to_categorical(y,num_classes = num_classes))
 }
 }
```

设置批处理大小和迭代次数,然后创建训练生成器(train_generator)和验证生成器(val_generator)对象:

```
batch_size = 20
epochs = 2
# 训练和验证生成器
train_generator = data_generator(data = train_data,windowlen =
window_length,overlap = overlap,numfftwindows =
num_fft_windows,fftsize = fft_size, windowtype =
window_type,num_classes = num_speech_labels,batchsize = batch_size)
val_generator = data_generator(data = val_data,windowlen =
window_length,overlap = overlap,numfftwindows =
num_fft_windows,fftsize = fft_size, windowtype =
window_type,num_classes = num_speech_labels,batchsize = batch_size)
```

(5) 定义模型回调函数:

```
# 模型回调
model_name = "speech_rec_"
checkpoint_dir <- "checkpoints_speech_recognition"
dir.create(checkpoint_dir)
filepath <- file.path(checkpoint_dir,
paste0(model_name,"weights.{epoch:02d} -
{val_loss:.2f}.hdf5",sep = ""))
cp_callback <- list(callback_model_checkpoint(mode = "auto",
 filepath = filepath,
 save_best_only = TRUE,
 verbose = 1),
 callback_early_stopping(min_delta = 0.05,patience = 10))
```

(6) 训练模型并在样本上进行测试:

```
# 训练模型
model %>% fit_generator(generator = train_generator,
 epochs = epochs,
 steps_per_epoch =
nrow(train_data)/batch_size,
 validation_data = val_generator ,
 validation_steps =
nrow(val_data)/batch_size,
 callbacks = cp_callback
 # 测试
test =
readWave("data/data_speech_commands_v0.01/no/0132a06d_nohash_2.wav"
)
 # 对应于幅度值的矩阵
test = spectro(test,wl = window_length,ovlp = overlap,wn =
"hanning",complex = T,plot = F,dB = NULL,norm = F)
```

```
test = test$amp
test = array_reshape(test,dim = c(fft_size,num_fft_windows,1))
# 预测测试样本的分类
model %>% predict_classes( array_reshape(test,dim =
c(1,fft_size,num_fft_windows,1)))
```

可以看到,模型正确识别出了语音中的单词。

7.3.3 原理解析

在7.3.2节的步骤(1)中,为生成器训练准备数据集。案例中创建了一个数据框对象(file_df),其中包含文件路径和音频文件的类标签。在下一步中,创建了分层样本,然后将数据框分为训练集,测试集和验证集。在步骤(3)中,创建了卷积神经网络并进行编译。

7.3.2节的步骤(4)构建了一个数据生成器,并创建了训练和验证生成器。生成器功能从硬盘读取音频文件,将每个信号转换成其频率-幅度表示,然后分批输出数据。案例使用的语音命令数据集采样频率是16kHz。也就是说,对于1s的记录,有16 000个样本。数据集还包含一些短于或长于1s的音频文件。为了适应不同长度的录音,需要将音频数据填充/截断为长度为16 000的数组,并应用了STFT算法进行处理。在7.3.1节中,可以看到以16kHz频率采样的1s语音进行STFT后,产生的数组大小为256×51(fft_size * num_fft_windows)。这就是案例代码中为模型的第一个卷积层定义fft_size * num_fft_windows输入尺寸的原因。

在7.3.2节的步骤(5)中,定义了模型回调函数。在最后一步,训练了模型并在测试样本上测试了其预测值。

7.3.4 内容拓展

7.3.1节中使用STFT将声波转换为其频率-幅度表示。为了计算梅尔倒谱系数(Mel-Frequency Cepstral Coefficients,MFCC),可以将进一步的变换应用于波谱图。梅尔倒谱(Mel-Frequency Cepstrum,MFC)用于表示短期功率谱中的声音。梅尔倒谱的梅尔倒谱系数代表了音频信号的频谱能量分布。MFCC在可以被人耳感知的频率上工作。

MFCC的计算方式如下:

(1) 将输入信号分为几帧,帧间隔通常为20～40ms。

(2) 然后,对于每个帧,通过周期图估计来计算功率谱。周期图估计可识别每个帧中存在哪些频率。

(3) 人耳无法在两个紧密间隔的频率之间进行区分,当频率增加时,这变得尤为突出。这就是为什么将某些周期图进行分组和求和的原因,以便了解每个频率区域中的能量分布。

(4) 人类听不到线性范围的响度。因此,一旦获得了不同频率的能量分布,就可以取它们的对数。

(5) 最后一步,涉及计算对数能量分布的离散余弦变换(Discrete Cosine Transform,

DCT)。DCT 将对数梅尔频谱转换为时域。较高的 DCT 系数表示频率区域中能量的快速变化,并导致性能降低。因此,将其丢弃。

R 中的 tuneR 包提供了 melfcc()函数,以便计算 MFCC。

可以使用以下代码来获取 MFCC:

```
melfcc(wav_file)
```

也可以使用 MFCC 构建语音识别系统。

第8章 CHAPTER 8 深度学习之计算机视觉实战

计算机视觉是计算机科学和人工智能研究中一个富有挑战性的重要研究领域，其首要目标是从数字媒体中获取知识。目的是开发出可以训练计算机模拟人类视觉系统理解数字图像和视频内容的技术。随着深度学习（Deep Learning，DL）算法的出现和高性能计算技术的出现，计算机视觉在各种行业（例如，医疗保健、零售、自动驾驶、机器人技术、人脸识别）的应用已显著增加。本章将演示深度学习在计算机视觉领域中的一些有趣且常用的应用。

本章将介绍以下实战案例：

- 目标定位；
- 人脸识别。

8.1 目标定位

深度学习技术广泛应用于目标定位应用中，在自动驾驶汽车、面部检测、目标跟踪等研究领域获得了广泛的关注。目标定位是对图像中感兴趣区域的标识，并用边界框将其标定。在第1章以及第2章中，实现了图像分类案例，其中网络的输出是每个类别的概率。对于目标定位问题，本章将使用与用于图像分类的网络相似的网络模型，不同之处在于目标变量集不同。

在目标定位中，模型输出代表整个输入图像中感兴趣的目标位置，即在图像上绘制边界框标定目标区域。当目标定位同时进行目标分类时，该技术通常称为**目标识别（object recognition）**。本案例将遵循一种简单的通用方法来定位图像中的单个目标类别。

8.1.1 准备工作

本案例使用浣熊数据集（raccoon_dataset），其中包含217张宽度和高度不同的浣熊图像。该数据集由Dat Tran创建，可以从他的GitHub存储库下载数据集：https://github.com/datitran/raccoon_dataset。

从上述 GitHub 存储库的 images 目录下载所有图片，并将它们复制到 chapter8-Deep learning for computer vision/data/raccoon_dataset/images 目录下。从前面的 GitHub 存储库的 data 目录下载 raccoon_labels. csv 文件，并将其复制到 chapter8-Deep learning for computer vision/data/raccoon_dataset 目录下。raccoon_labels. csv 文件包含在每个图像中标注浣熊所在区域的边界框坐标。

本案例将建立一个单个目标识别模型。也就是说，只会在整个图像中定位一个感兴趣的目标区域。首先加载所需的库：

```
library(keras)
library(imager)
library(graphics)
```

加载数据并查看数据：

```
labels <- read.csv('data/raccoon_dataset/raccoon_labels.csv')
# Displaying first 5 rows of data
head(labels)
```

图 8-1 显示了数据集中的部分图片信息。

filename	width	height	class	xmin	ymin	xmax	ymax
raccoon-1.jpg	650	417	raccoon	81	88	522	408
raccoon-10.jpg	450	495	raccoon	130	2	446	488
raccoon-100.jpg	960	576	raccoon	548	10	954	520
raccoon-101.jpg	640	426	raccoon	86	53	400	356
raccoon-102.jpg	259	194	raccoon	1	1	118	152
raccoon-103.jpg	480	640	raccoon	92	54	460	545

图 8-1　浣熊数据集部分图片信息

以下代码绘制一个示例图像，并从给定的坐标绘制一个边界框：

```
# 加载图片
im <- load.image('data/raccoon_dataset/images/raccoon-1.jpg')
# 图片信息
im_info = labels[labels$filename == 'raccoon-1.jpg',]
print(im_info)
plot(im)
rect(xleft = im_info$xmin ,ybottom = im_info$ymin,xright =
im_info$xmax,ytop = im_info$ymax,border = "red",lwd = 1)
```

图 8-2 是来自输入数据集的一张示例图片。

图 8-2 中的边界框显示了感兴趣的目标区域。

图 8-2 浣熊图片示例

8.1.2 操作步骤

预处理浣熊数据集并构建目标定位模型。

(1) 浣熊数据集包含不同大小的图像。将所有浣熊图片处理为固定宽度和高度，并初始化其他一些参数：

```
image_channels = 3
batch_size = 15
image_width_resized = 96
image_height_resized = 96
model_name = "raccoon_1_"
```

(2) 根据新的图像尺寸重新调整边界框的坐标：

```
labels$x_min_resized = (labels[,'xmin']/(labels[,'width']) *
image_width_resized) %>% round()
labels$y_min_resized = (labels[,'ymin']/(labels[,'height']) *
image_height_resized) %>% round()
labels$x_max_resized = (labels[,'xmax']/(labels[,'width']) *
image_width_resized) %>% round()
labels$y_max_resized = (labels[,'ymax']/(labels[,'height']) *
image_height_resized) %>% round()
```

将 8.1.1 节中绘制的示例图片调整大小后进行可视化输出。

```
x <- labels[labels$filename == 'raccoon-1.jpg',]
im_resized <- resize(im = im,size_x = image_width_resized,size_y =
image_height_resized)
plot(im_resized)
rect(xleft = x$x_min_resized,ybottom = x$y_min_resized,xright =
x$x_max_resized ,ytop = x$y_max_resized,border = "red",lwd = 1)
```

图 8-3 显示了在 8.1.1 节中绘制的示例图片在调整大小后的样子。

图 8-3 调整尺寸后的图片

(3) 将数据集划分为训练、验证和测试数据集:

```
X_train <- labels[1:150,]
X_val <- labels[151:200,]
X_test <- labels[201:nrow(labels),]
```

(4) 定义一个函数,计算**交并比**(**Intersection over Union,IoU**)指标。IoU 指两个边界框的并集与交集之比:一个是实际边界框,另一个是模型预测的边界框。

```
metric_iou <- function(y_true, y_pred) {
 intersection_x_min_resized <- k_maximum(y_true[ ,1], y_pred[ ,1])
 intersection_y_min_resized <- k_maximum(y_true[ ,2], y_pred[,2])
 intersection_x_max_resized <- k_minimum(y_true[ ,3], y_pred[ ,3])
 intersection_y_max_resized <- k_minimum(y_true[ ,4], y_pred[ ,4])
 area_intersection <- (intersection_x_max_resized -
intersection_x_min_resized) *
 (intersection_y_max_resized - intersection_x_max_resized)
 area_y <- (y_true[ ,3] - y_true[ ,1]) * (y_true[ ,4] - y_true[,2])
 area_yhat <- (y_pred[ ,3] - y_pred[ ,1]) * (y_pred[ ,4] - y_pred[,2])
 area_union <- area_y + area_yhat - area_intersection
 iou <- area_intersection/area_union
 k_mean(iou)
# c(area_y,area_yhat,area_intersection,area_union,iou)
}
```

(5) 定义模型并进行编译。实例化一个 VGG16 模型,并用 ImageNet 的参数初始化模型的参数(weights = "imagenet")。将 VGG16 模型用于特征提取:

```
feature_extractor <- application_vgg16(include_top = FALSE,
```

```
  weights = "imagenet",
  input_shape = c(image_width_resized, image_height_resized, image_channels)
)
```

接着向 VGG16 模型添加其他层来构建新模型：

```
output <- feature_extractor$output %>%
layer_conv_2d(filters = 4,kernel_size = 3) %>%
layer_reshape(c(4))
model <- keras_model(inputs = feature_extractor$input, outputs = output)
```

查看模型的摘要信息：

```
summary(model)
```

图 8-4 显示了模型的摘要信息。

```
Layer (type)                    Output Shape              Param #
==================================================================
input_3 (InputLayer)            (None, 96, 96, 3)         0
------------------------------------------------------------------
block1_conv1 (Conv2D)           (None, 96, 96, 64)        1792
------------------------------------------------------------------
block1_conv2 (Conv2D)           (None, 96, 96, 64)        36928
------------------------------------------------------------------
block1_pool (MaxPooling2D)      (None, 48, 48, 64)        0
------------------------------------------------------------------
block2_conv1 (Conv2D)           (None, 48, 48, 128)       73856
------------------------------------------------------------------
block2_conv2 (Conv2D)           (None, 48, 48, 128)       147584
------------------------------------------------------------------
block2_pool (MaxPooling2D)      (None, 24, 24, 128)       0
------------------------------------------------------------------
block3_conv1 (Conv2D)           (None, 24, 24, 256)       295168
------------------------------------------------------------------
block3_conv2 (Conv2D)           (None, 24, 24, 256)       590080
------------------------------------------------------------------
block3_conv3 (Conv2D)           (None, 24, 24, 256)       590080
------------------------------------------------------------------
block3_pool (MaxPooling2D)      (None, 12, 12, 256)       0
------------------------------------------------------------------
block4_conv1 (Conv2D)           (None, 12, 12, 512)       1180160
------------------------------------------------------------------
block4_conv2 (Conv2D)           (None, 12, 12, 512)       2359808
------------------------------------------------------------------
block4_conv3 (Conv2D)           (None, 12, 12, 512)       2359808
------------------------------------------------------------------
block4_pool (MaxPooling2D)      (None, 6, 6, 512)         0
------------------------------------------------------------------
block5_conv1 (Conv2D)           (None, 6, 6, 512)         2359808
------------------------------------------------------------------
block5_conv2 (Conv2D)           (None, 6, 6, 512)         2359808
------------------------------------------------------------------
block5_conv3 (Conv2D)           (None, 6, 6, 512)         2359808
------------------------------------------------------------------
block5_pool (MaxPooling2D)      (None, 3, 3, 512)         0
------------------------------------------------------------------
conv2d_4 (Conv2D)               (None, 1, 1, 4)           18436
------------------------------------------------------------------
reshape (Reshape)               (None, 4)                 0
==================================================================
Total params: 14,733,124
Trainable params: 14,733,124
Non-trainable params: 0
------------------------------------------------------------------
```

图 8-4　模型摘要信息

冻结模型的特征提取部分的神经网络层参数，只训练特征提取层之外的其他层：

```
freeze_weights(feature_extractor)
```

采用 adam 作为优化器，mse 作为损失函数，以及在步骤(3)中定义的 metric_iou 作为评价指标来编译模型。

```
model %>% compile(
 optimizer = "adam",
 loss = "mae",
 metrics = list(custom_metric("iou", metric_iou))
)
```

(6) 创建一个自定义生成器函数，在训练过程中即时获取批量的图像数据和相应的调整大小后的边界框坐标：

```
localization_generator <-
function(data,target_height,target_width,batch_size) {
 function(){
 indexes <- sample(1:nrow(data), batch_size, replace = TRUE)
 y <- array(0, dim = c(length(indexes), 4))
 x <- array(0, dim = c(length(indexes), target_height,
target_width, 3))
 for (j in 1:length(indexes)){
 im_name = data[indexes[j],"filename"] %>% as.character()
 im = load.image(file
 = paste0('data/raccoon_dataset/images/',im_name,sep = ""))
 im = resize(im = im,size_x = target_width,size_y = target_height)
 im = im[,,,]
 x[j,,,] <- as.array(im)
 y[j, ] <- data[indexes[j],
c("x_min_resized","y_min_resized","x_max_resized","y_max_resized")]
 %>% as.matrix()
 }
 list(x, y)
 }
 }
```

使用在前面的代码块中创建的 localization_generator()函数为训练数据创建一个生成器。

```
train_generator = localization_generator(data =
X_train,target_height = image_height_resized,target_width
 = image_width_resized,batch_size = batch_size )
```

以类似的方式为验证数据创建一个生成器。

```
validation_generator = localization_generator(data =
X_val,target_height = image_height_resized,target_width
 = image_width_resized,batch_size = batch_size )
```

（7）开始训练模型。首先，指定最大迭代步数：

```
epoch = 100
```

创建一些检查点，以便可以按一定的时间间隔保存训练过程的状态。

```
checkpoint_dir <- "checkpoints_raccoon"
dir.create(checkpoint_dir)
filepath <- file.path(checkpoint_dir,
paste0(model_name,"weights.{epoch:02d} - {val_loss:.2f} -
val_iou{val_iou:.2f} - iou{iou:.2f}.hdf5",sep = ""))
```

在训练过程中，将使用回调函数查看模型的内部状态和统计信息。为了确保模型不会过拟合，还使用**早停法**(**earlystopping**)。

```
cp_callback <- list(callback_model_checkpoint(mode = "auto"
 filepath = filepath,
 save_best_only = TRUE,
 verbose = 1),
 callback_early_stopping(patience = 100))
```

将训练数据拟合到模型并开始训练过程：

```
model %>% fit_generator(
 train_generator,
 validation_data = validation_generator,
 epochs = epoch,
 steps_per_epoch = nrow(X_train) / batch_size,
 validation_steps = nrow(X_val) / batch_size,
 callbacks = cp_callback
)
```

保存最后的模型：

```
model %>%
save_model_hdf5(paste0(model_name,"obj_dect_raccoon.h5",sep = ""))
```

（8）按对训练数据图像所做的操作，对验证集图像进行类似的数据处理。然后，预测边界框坐标。首先，加载验证集图像：

```
test <- X_test[1,]
test_img <- load.image(paste(file =
'data/raccoon_dataset/images/',test$filename,sep = ""))
```

然后，调整验证集图像的大小：

```
test_img_resized <- resize(test_img,size_x =
image_width_resized,size_y = image_width_resized)
test_img_resized_mat = test_img_resized[,,,]
```

接下来,将调整大小后的图像转换为数组:

```
test_img_resized_mat <- as.array(test_img_resized_mat)
```

然后,将数组调整为所需的尺寸:

```
test_img_resized_mat <- array_reshape(test_img_resized_mat,dim =
c(1,image_width_resized,image_width_resized,image_channels))
```

预测测试样本边界框的坐标:

```
predicted_cord <- model %>% predict(test_img_resized_mat)
predicted_cord = abs(ceiling(predicted_cord))
predicted_cord
```

接下来,绘制带有实际边界框和预测边界框的测试图像:

```
plot(test_img_resized)
rect(xleft = x$x_min_resized,ybottom = x$y_min_resized,xright =
x$x_max_resized ,ytop = x$y_max_resized,border = "red",lwd = 1)
rect(xleft = predicted_cord[1] ,ybottom = predicted_cord[2] ,xright
= predicted_cord[3] + predicted_cord[1] ,ytop = predicted_cord[4]
,border = "green",lwd = 1)
```

图 8-5 显示了实际边界框(深灰色)和预测边界框(浅灰色)。

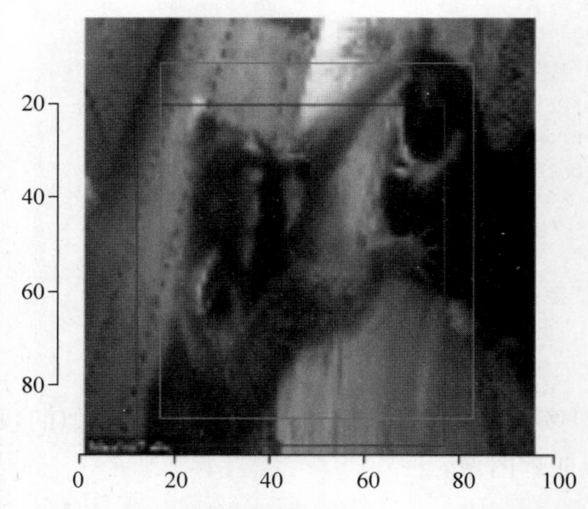

图 8-5 带有实际边界框和预测边界框的图片

模型通过 100 步迭代,获得了 0.10 的 IoU。

8.1.3 原理解析

在 8.1.2 节的步骤(1)中,初始化了一些参数,这些参数将在接下来的步骤中使用。所有的输入图像大小各不相同,需要统一调整大小,然后才能输入模型。

8.1.2 节的步骤(2)将根据新尺寸重新缩放边界框坐标。然后,绘制了一个样本图像以显示该图像调整大小后边界框的变化。在步骤(3)中,根据样本索引将数据划分为训练、验证和测试数据集。步骤(4)定义了一个称为交并比的自定义指标,以评估模型的拟合优度。IoU 指标函数类似于损失函数,但是在训练模型时不使用 IoU 指标。此度量指标是在模型编译期间传递的,需要 y_true 和 y_pred 作为参数,并返回单个张量值。IoU 是衡量计算机视觉问题中目标定位模型性能的常用指标。它能够评估模型预测边界框与真实边界框的接近程度,并将其计算为两个框之间的重叠面积与两个框的合并面积之比。如果预测边界框和实际边界框完全重叠,则 IoU 将为 1,因为交集区域等于并集区域。按照惯例,若模型 IoU 值大于 0.5,则认为该模型性能不错。

在下一步中,配置模型并对其进行编译。利用了 VGG16 模型,该模型是预先训练的模型,在 ImageNet 数据集中实现了 92.7%(前 5 名)的测试准确性。这种方法在深度学习中很普遍,被称为**迁移学习(transfer learning)**。在这种方法中,已经为一个任务训练的模型被重用为另一个模型的初始值。该技术还克服了针对当前问题训练数据不足的限制。

请注意,对于 VGG 模型,输入图像的形状应恰好具有 3 个输入通道(RGB),并且宽度和高度应不小于 32 像素。

在添加 VGG 预训练网络层之后,根据案例样本输出需求,添加一些典型的神经网络层。由于要预测图像的边界框坐标,因此模型在最后一层使用了一个包含 4 个神经元的全连接层。然后,使用 adam 作为优化器,并使用 MSE(平均绝对误差)作为损失函数来编译此模型。并且在编译过程中指定了一个自定义指标 metric_iou。

8.1.2 节的步骤(6)创建了一个自定义生成器函数 localization_generator(),以获取成批调整大小的图像数据和相应的缩放后的边界框坐标。使用此函数为训练集和验证集数据创建生成器。localization_generator()函数以图像数据、图像的目标高度和宽度以及批处理大小作为参数。

8.1.2 节的步骤(7)定义了模型训练的参数。在训练模型时,还创建了检查点并指定了回调函数。检查点包含保存当前状态所需的所有信息,以便可以从此点继续训练。对于运行时间很长的训练进程,检查点是一种容错机制,它使用户能够在发生故障的情况下捕获系统状态。如果在训练模型时遇到任何问题或失败,则检查点可以通过将模型权重保存在该特定状态来使从中断的状态继续进行。使用回调函数定义在哪里检查模型权重。回调函数用于定义在训练过程的给定阶段需要应用的一组函数。使用早停法使得模型的性能在验证数据集上一旦得到改善,就停止训练。

一旦指定了模型的所有配置信息,就可以将训练数据拟合到模型,并将模型的结果保存在变量中。

8.1.4 内容拓展

本案例展示了一种用于目标定位的通用方法。也可以利用其他一些技术以更节省计算时间和成本的方式,对图像中的目标进行可靠的定位和分类。这些技术可用于在一个图像中定位和分类多个对象。这些技术包括：

- **区域卷积神经网络(Regions Convolutional Neural Network,RCNN)**——该技术使用选择性搜索算法为每个输入图像生成大约2000个区域,并将这些区域转换为固定大小。然后将每个区域输入CNN,该CNN用作特征提取器。提取的特征将提供给SVM,该SVM通常是CNN网络的最后一层,用于对特定区域中是否存在对象进行分类,并确定该对象的类别。在区域中找到对象后,RCNN的下一步是使用线性回归模型来预测在该特定区域中检测到的对象的边界框的坐标。RCNN的一个最大缺点是：由于每个区域分别传递到CNN网络,因此模型训练非常慢且计算量大。
- **快速RCNN**——与RCNN不同,快速RCNN将整个图像传递到几个卷积层和池化层以生成特征图,而不是传递在原始图像生成的多个区域。然后,通过使用候选区域方法(region proposal method),生成感兴趣的区域(Regions Of Interest,ROI)。对于每个区域,ROI合并层用于从特征图中提取固定长度的特征向量。ROI最大化池将$h \times w$ ROI窗口划分为$H \times W$个子窗口网格,每个子窗口的大小约为$h/H \times w/W$。然后将最大池化应用于每个子窗口。然后,通过预测每个输出类的softmax概率和边界框的坐标,将这些特征向量传递到用于目标分类的全连接层。
- **更快的RCNN(Faster RCNN)**——与RCNN和快速RCNN相比,更快的RCNN花费的计算时间最少。在更快的RCNN中,使用单个神经网络运行一次即可检测到目标。代替使用选择搜索算法,更快的RCNN使用区域生成网络(Region Proposal Network,RPN)从特征图生成候选区域。RPN对区域框(也称为锚点)进行排名,并生成最有可能包含目标的区域。其余过程(即检测目标的类别并预测每个目标的边界框)与快速RCNN的相同。

参考阅读

- 关于深度学习的图像分割、分类和检测的应用,请读者参阅论文：
  https://arxiv.org/ftp/arxiv/papers/1605/1605.09612.pdf
- 基于回归的目标检测技术(YOLO),请读者参阅论文：
  https://pjreddie.com/media/files/papers/yolo.pdf

8.2 人脸识别

人脸识别是计算机视觉的最具创新性的应用之一,并且近年来取得了许多突破。有很多利用人脸检测和识别的真实应用程序,例如,Facebook公司的图像标注应用。有很多方法可以进行人脸检测,例如,基于Haar特征的cascade分类器、方向梯度直方图(Histogram of Oriented Gradients,HOG)和基于CNN的算法。人脸识别是两个基本步骤的组合：第一个是面部检测,即在图像中定位人脸,而另一个则是识别人脸。

本案例使用R中的image.libfacedetection软件包,该软件包提供了基于卷积神经网络的面部检测实现,然后构建了用于面部识别的分类器/识别器。可以在https://github.

com/bnosac/image 中找到安装软件包的步骤。对于人脸识别，本案例使用称为 FaceNet 的预训练模型，该模型是 Google 在 2015 年开发的人脸识别系统。FaceNet 能够从人脸(也称为人脸嵌入)中提取高质量的特征，它可以用于训练任何人脸识别系统。本案例将使用 Hiroki Taniai 提供的预训练的 Keras FaceNet 模型。

图 8-6 显示了本案例实现的人脸识别系统的中间步骤。首先，在图像中检测到人脸。使用检测到的面部坐标，在面部周围绘制一个边界框。框内的区域将传递给识别算法。识别模型会识别人脸，然后在给定图像中标记人脸。请注意，识别模型是在裁剪后的面部上训练的，如图 8-6 所示。

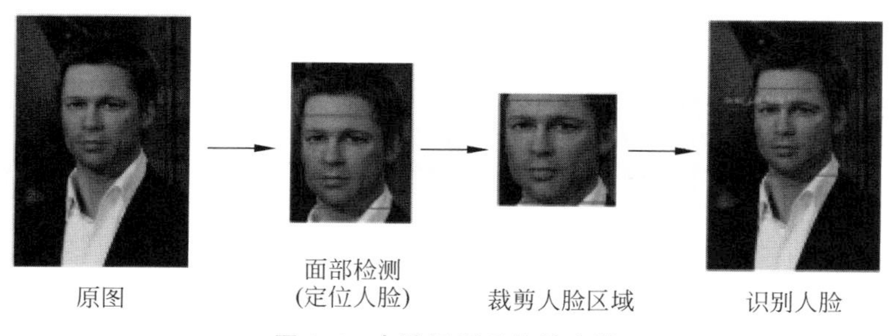

图 8-6　人脸识别系统的步骤

本案例建立一个深度学习模型，用于识别明星的人脸。

8.2.1　准备工作

本案例构建一个自定义的面部识别系统来识别 3 位明星：Brad Pitt、Morgan Freeman 和 Jason Statham。从 Google 图片的搜索结果中使用了每位名人的几张图片来训练模型。

导入所需的编程库：

```
library(magick)
library(image.libfacedetection)
library(keras)
```

下面进行所需的数据操作，以构建基于 FaceNet 的分类器。

8.2.2　操作步骤

数据集中包含不同尺寸的图像。先预处理数据，然后建立一个面部识别模型。

(1) 加载一张图片并调整其大小：

```
width_resized = 500
height_resized = 500
test_img = image_read("data/face_recognition/brad_pitt/brad_pitt_21.jpg")
test_img <- image_scale(test_img,paste0(width_resized,"x",height_resized,sep = ""))
```

(2) 使用 image_detect_faces()函数在图像中定位人脸:

```
faces <- image_detect_faces(test_img)
```

输出并保存人脸定位的属性信息:

```
faces$detections[,1:4]
face_width = faces$detections$width
face_height = faces$detections$height
face_x = faces$detections$x
face_y = faces$detections$y
```

(3) 现在已经实现了在图像中定位人脸,可以在其周围绘制一个边界框。

```
test_img <- image_draw(test_img)
rect(xleft = face_x, ybottom = face_y, xright = face_x +
face_width, ytop = face_y + face_height, lwd = 2, border = "red")
dev.off()
plot(test_img)
```

(4) 为分类器准备训练数据。分类器用于识别给定图像中的人脸。对给定的图像定位其中的每个人脸。之后,从图像中裁剪出人脸,并将其存储到一个名为 faces 的目录下以每个名人命名的目录中。

```
# 输入图片的目录
fold = list.dirs('data/face_recognition',full.names = FALSE,
recursive = FALSE)
fold = grep(paste0("face", collapse = "|"), fold, invert = TRUE,
value = TRUE)
# 训练数据的目录
train_data_dir = "data/face_recognition/faces/"
dir.create(train_data_dir)
# 生成训练图像
for (i in fold){
 files = list.files(path = paste0("data/face_recognition/",i),full.names = FALSE)
 for (face_file in files){
 img = image_read(paste0("data/face_recognition/",i,"/",face_file,sep = ""))
 img <- image_scale(img,paste0(width_resized,"x",height_resized,sep = ""))
 # 检测人脸
 faces <- image_detect_faces(img)
 face_width = faces$detections$width
 face_height = faces$detections$height
 face_x = faces$detections$x
 face_y = faces$detections$y
 face_dim = paste0(face_width,"x",face_height," + ",face_x," + ",face_y)
 face_cropped = image_crop(img,face_dim)
 face_cropped = image_crop(img,face_dim)
 if(nchar(face_dim)<= 3){
```

```
    print(paste("empty face in:",face_file))
    print(face_file)
    }else{
    fold_name = paste0(train_data_dir,"/",i,"_face")
    dir.create(fold_name)
  image_write(face_cropped,paste0(fold_name,"/",face_file))
    }
    }
  }
```

(5) 因为图像大小不同,需要将这些训练图像的大小设置为一致并生成一个生成器。

```
# 训练数据的目录
train_path = "data/face_recognition/faces/"
# 设置图像高度、宽度和通道数
img_size = c(160,160)
img_channels = 3
# 类标签的目录
class_label = list.dirs('data/face_recognition/faces', full.names =
FALSE, recursive = TRUE)[ - 1]
# 具有数据增强功能的生成器
train_data_generator <- image_data_generator(
 rotation_range = 10,shear_range = 0.2,
rescale = 1/255,
 width_shift_range = 0.1,
 height_shift_range = 0.1,
 fill_mode = "nearest")
train_data <- flow_images_from_directory(
 directory = train_path,shuffle = T,
 generator = train_data_generator,
 target_size = img_size,
 color_mode = "rgb",
 class_mode = "categorical",
 classes = class_label,
 batch_size = 10)
```

(6) 接下来,加载 FaceNet 模型。可以从以下链接下载 FaceNet 模型: https://drive.google.com/drive/folders/1pwQ3H4aJ8a6yyJHZkTwtjcL4wYWQb7bn。

```
facenet <- load_model_hdf5("facenet_keras.h5")
print(facenet$input)
print(facenet$output)
```

图 8-7 显示了 FaceNet 的输入和输出层的配置。

```
Tensor("input_1:0", shape=(?, 160, 160, 3), dtype=float32)
Tensor("Bottleneck_BatchNorm/batchnorm/add_1:0", shape=(?, 128), dtype=float32)
```

图 8-7 FaceNet 的输入和输出层的配置

从图 8-7 可以看到，FaceNet 模型期望以尺寸为 160×160 像素的彩色图像作为输入，并产生 128 个元素的输出张量。

(7) 建立人脸识别模型：

```
facenet_out <- facenet$output %>%
layer_dense(units = 128,activation = "relu") %>%
layer_dense(units = 3,activation = "softmax")
facenet_model <- keras_model(inputs = facenet$input, outputs = facenet_out)
```

由于在模型中使用预先实现的 ImageNet 权重，因此要冻结其权重值。

```
freeze_weights(facenet)
```

(8) 定义模型后，进行编译和训练：

```
facenet_model %>% compile(optimizer = 'rmsprop', loss =
'categorical_crossentropy',metrics = c('accuracy'))
facenet_model %>% fit_generator(generator = train_data,steps_per_epoch = 2, epochs = 5)
```

(9) 在样本图像中识别人脸：

```
# 测试图片目录
test_img = image_read("data/face_recognition/brad_pitt/brad_pitt_21.jpg")
# 调整测试图片尺寸
test_img <- image_scale(test_img,paste0(width_resized,"x",height_resized,sep = ""))
# 检测人脸
faces <- image_detect_faces(test_img)
# 标定检测到的人脸区域
face_width = faces$detections$width
face_height = faces$detections$height
face_x = faces$detections$x
face_y = faces$detections$y
# 裁剪检测到的人脸区域
face_dim = paste0(face_width,"x",face_height," + ",face_x," + ",face_y)
face_cropped = image_crop(test_img,face_dim)
# 调整人脸图像尺寸
face_cropped = image_resize(image =
face_cropped,paste0(img_size[1],"x",img_size[2]))
# 将人脸图像转为数组
face_cropped_arr <- as.integer(face_cropped[[1]])/255
face_cropped_arr <- array_reshape(face_cropped_arr,dim = c(1,img_size,img_channels))
# 识别人脸
pred <- facenet_model %>% predict(face_cropped_arr)
pred_class <- class_label[which.max(pred)]
# 在脸周围绘制边界框并标识名字
test_img <- image_draw(test_img)
rect(xleft = face_x,ybottom = face_y,xright = face_x +
face_width,ytop = face_y + face_height,lwd = 2,border = "red")
```

```
text(face_x,face_y,pred_class,offset = 1,pos = 2,cex = 1.5,col = "pink")
dev.off()
plot(test_img)
```

从图 8-8 可以看到，模型可以识别 Brad Pitt。

图 8-8 Brad Pitt 的图片

读者还可以测试 Brad Pitt 和 Morgan Freeman 的图像。通过在训练数据中添加新的人脸，可以扩展该模型识别更多的人脸。

8.2.3 原理解析

在 8.2.2 节的步骤(1)中，加载了示例图像，并将其高度和宽度分别调整为 height_resize 和 width_resize。步骤(2)中使用 image.libfacedetection 库中的 image_detect_faces() 函数在图像中定位人脸。它返回检测到的脸部的左上角 x、y 坐标及其宽度和高度。然后，在步骤(3)中，在脸部周围绘制了一个边界框。rect()函数使用像素坐标在图像上绘制一个矩形。前(3)个步骤实现了在图像中定位人脸。步骤(4)利用了上述步骤的人脸定位技术来准备一个数据集，该数据集将用于训练人脸识别器/分类器模型。

8.2.2 节的步骤(5)中构建了具有数据增强功能的生成器。步骤(6)中加载了 FaceNet 模型并检查了其输入和输出层。步骤(7)构建了人脸识别模型，添加了有 128 个神经元的全连接层。最后一层由具有 softmax 激活函数的 3 个神经元组成。模型的最后一层具有 3 个神经元，因为数据集有 3 个类标签(3 位明星)。定义模型的损失函数和 IoU 度量，然后对其进行编译和训练。步骤(8)在样本图像上测试了人脸识别系统。

8.2.4 内容拓展

在 8.1.4 节中，讨论了基于区域的目标检测技术。还有很多技术被专门用于人脸定位。下面讲解其中一些技术的实现过程。

- **HOG-SVM 模型**：它们用作图像检测的描述符，并在变化的光照背景和姿势变化下无缝工作。在该技术中，将图像划分为 8×8 的单元，然后获得像素上的大小分布、局部强度和梯度的方向。渐变负变化较大的像素将为黑色，正变化较大的像素将为白色，而变化很小或没有变化的像素将为灰色。每个像元都分为与梯度方向相对应的角元（无符号梯度为 0～180 度，有符号梯度为 0～360 度），因此将大小为 64（8×8）的向量压缩为 9 个值（例如 0～180 度）。HOG 使用滑动窗口为图像中的每个单元计算 HOG 描述符，并通过图像金字塔（image pyramid）处理缩放问题。然后将这些 HOG 函数与 SVM 分类器结合使用，以识别人脸。
- **基于 Haar 特征的 cascade 分类器**：当检测图像中的一种特定类型的对象（例如，图像中的脸部、图像中的眼睛等）时，基于 Haar 特征的 cascade 分类器效果很好。该模型可以并行的检测脸部、眼睛和嘴巴。该算法针对大量正图像（包含人脸的图像）和负图像（不包含人脸的图像）进行训练，然后在给定的基本窗口尺寸（对于 Viola-Jones 算法来说是 24×24 像素）。Haar 特征就像卷积核一样，因为它们可以检测给定图像中特定特征的存在，并且每个特征都代表人脸的一部分。每个特征结果用于通过从黑色矩形下的像素总和中减去白色矩形下的像素总和来计算值。在此过程中计算出数千个特征。但是，并非所有这些特征都可用于人脸检测。

积分图像（integral image）这种新的图像表示方法可用于减少特征的数量。然后，使用 AdaBoost 算法排除多余的特征，仅选择相关的特征。然后，使用所有这些特征的加权组合来确定给定窗口是否具有人脸。cascade 分类器将特征分为不同的阶段，而不是使用所有选定的特征在图像上滑动，其将所有相关特征以线性方式抽样到不同的阶段中。如果阶段 i 能够检测到窗口中的人脸，则将图像传递到下一个阶段 $i+1$；否则，将其丢弃。阶段分类器减少了许多计算复杂度。通过这种方法，可以在特征提取后使用任何监督学习技术进行面部识别训练。

图 8-9 显示了基于 Haar 特征的 cascade 分类器的一些特征。

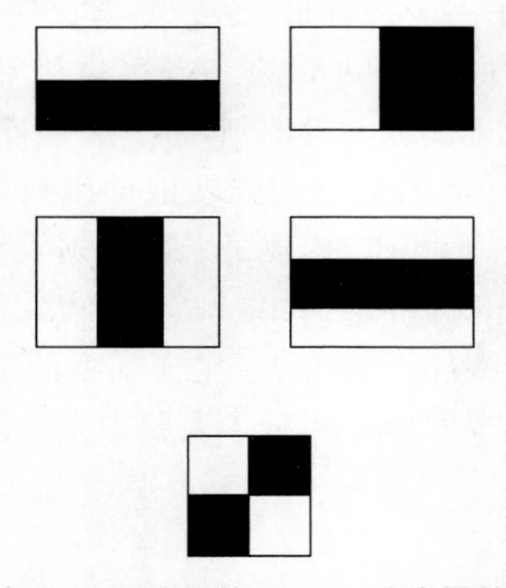

图 8-9　基于 Haar 特征的 cascade 分类器的一些特征

- **最大间隔目标检测(MMOD)**：使用非极大值抑制(non-maximum suppression)技术时，有时重叠的窗口会被拒绝并导致报错。通过使用新的目标函数替换此技术，可以实现最大间隔。与其他分类器不同，MMOD不执行任何子采样。相反，它优化了图像的整个子窗口。在这种技术中，采用了最大间隔方法，该方法要求以大的间隔正确预测每个训练样本的标签。

8.2.5 参考阅读

- 有关FaceNet模型的更多知识，请参阅论文：https://arxiv.org/pdf/1503.03832.pdf
- 有关MMOD的更多知识，请参阅论文：https://arxiv.org/pdf/1502.00046.pdf

第 9 章

CHAPTER 9

实现强化学习

强化学习(Reinforcement Learning,RL)近年来获得了广泛的关注。它是与传统机器学习和深度学习技术不同的人工智能方法。在诸如《反恐精英：全球攻势》(*CS*：*GO*)和《魔兽争霸》等对战游戏应用中,强化学习的能力已经达到了人类水平。强化学习是一个人工智能框架,在该框架中,智能体(agent)从与环境的交互中不断学习,是一种模仿人类学习基本方式的学习过程。本章的总体目标是介绍强化学习的基础知识,以及如何使用 R 中的各种包来实现强化学习。

本章将介绍以下案例：

- 使用 MDPtoolbox 实现有模型强化学习；
- 无模型强化学习；
- 使用强化学习求解悬崖寻路问题。

9.1 使用 MDPtoolbox 实现有模型强化学习

强化学习是用于解决顺序决策问题的一种通用人工智能框架。在强化学习中,为计算机指定了要实现的目标,并且通过与环境的交互中学习如何实现该目标。典型的强化学习模型包含 5 个组件,称为智能体、环境、操作、状态和奖励。

在 RL 中,智能体在一组动作集(A)中选择一个动作与环境进行交互。根据智能体采取的动作,环境从初始状态过渡到新状态,环境的各种状态(state)在状态集中定义。环境的状态转换会生成一个反馈奖励(reward)信号。奖励是对智能体性能的评估,奖励值的大小取决于当前状态和执行的动作。智能体选择一个动作作用于环境,环境反馈新的状态并给予动作奖励值,这一过程直到智能体学习到从任何初始状态到达最终状态的最佳动作序列为止,从而使累积奖励 G_t 最大化。

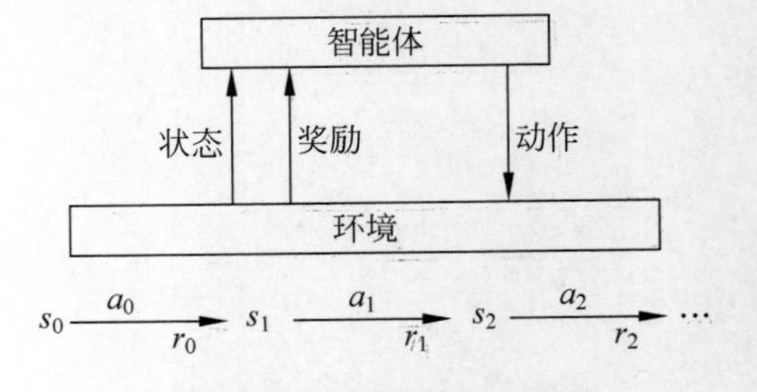

图 9-1 强化学习原理图

强化学习原理图如图 9-1 所示。

G_t 的计算公式如下：

$$G_t = \sum_{t=0}^{T} \gamma^t r_t$$

其中，G_t 是累计奖励值，γ 是折扣因子，t 是时间步幅。

强化学习遵循特定的假设。首先，智能体顺序地与环境交互；其次，时空是离散的；最后，状态转移遵循马尔可夫性质(Markov property)，也就是说，环境的未来状态仅仅取决于当前状态 s。马尔可夫过程是无记忆的随机过程。也就是说，它是具有马尔可夫性质的一系列随机状态。它是用于建模决策过程的框架。马尔可夫决策过程(Markov Decision Process，MDP)指定了一种数学结构来查找 RL 问题的解决方案。

强化学习模型由包含 5 个元素的元组存储——(S, A, P, R, γ)：

- S：状态集合，$s \in S$；
- A：动作集合，$a \in A$；
- P：转换概率，$T^a_{s's}$ 表示从状态 s 执行动作 a 进入状态 s' 的概率；
- R：奖励函数，$R^a_{s's}$ 表示从状态 s 执行动作 a 进入状态 s' 的奖励；
- γ：折扣因子。

使用马尔可夫过程，可以找到一个策略 $\pi(s)$ 使预期的长期回报 $E[G_t]$ 最大化，折扣因子 γ 定义了未来奖励的适用折扣。策略根据当前状态定义智能体应采取的最佳动作，它将动作映射到状态。价值函数是智能体从状态 s 开始并遵循策略 $\pi(s)$ 后估计其长期回报值。

价值函数有两种类型：

- 状态价值函数 $V_\pi(s)$：对于 MDP，它是智能体从状态 s 开始，遵循策略 $\pi(s)$ 的预期奖励；

$$V_\pi(s) = E[G_t], \quad \forall s \in S$$

- 动作价值函数 $Q_\pi(s, a)$：对于 MDP，它是智能体从状态 s 开始，遵循策略 $\pi(s)$，执行动作 a 的预期奖励。

$$Q_\pi(s, a) = E[G_t], \quad \forall s \in S$$

在所有可能的价值函数中，存在一个最优价值函数 $V^*(s)$，该函数为所有状态产生最高的预期回报。与最优价值函数相对应的策略称为最优策略。

$V^*(s)$和 $Q^*(s)$的公式如下：

$$\text{最优状态价值函数 } V^*(s) = \max_\pi V_\pi(s), \quad \forall s \in S$$

$$\text{最优动作价值函数 } Q^*(s) = \max_\pi Q_\pi(s), \quad \forall s \in S$$

可以找到最佳策略来最大化 $Q^*(s, a)$。最佳策略可以描述如下：

$$\pi^* = \arg\max_a Q^*(s, a)$$

使用 Bellman 方程，可以找到最佳值函数。Bellman 期望方程式定义了一个值函数，该函数是当前状态 s 采用动作 a 取得的立即奖励与过渡到下一个状态 s' 所获得的期望奖励之和。

$$V_{\pi}(s)=E_{\pi}[R_{ss'}^{a}+\gamma V(s')]$$

$$Q_{\pi}(s,a)=E_{\pi}[R_{ss'}^{a}+\gamma Q(s',a')]$$

Q^* 和 V^* 的 Bellman 最优性方程式如下：

$$Q^*(s,a)=R_{ss'}^{a}+\gamma\sum_{s'\in S}T_{ss'}^{a}V^*(s')$$

$$V^*(s)=\max_{a}R_{ss'}^{a}+\gamma\sum_{s'\in S}T_{ss'}^{a}V^*(s')$$

同样，最佳状态价值函数和动作价值函数通过 Bellman 最优性方程递归相关，如下所示：

$$V^*(s)=\max_{a}Q^*(s,a)$$

由此，可以推导出以下公式：

$$Q^*=R_{ss'}^{a}+\gamma\sum_{s'\in S}T_{ss'}^{a}\max_{a'}Q^*(s',a')$$

求解 Bellman 最优性方程的方法有很多，例如值迭代、策略迭代、SARSA 和 Q-Learning。RL 技术可以分为基于有模型(model-based)方法和无模型(model-free)方法。有模型方法取决于环境的显式模型，该模型提供状态转换概率以及以 MDP 形式表示的环境。这些 MDP 可以通过各种算法来求解，例如值迭代和策略迭代。

另一方面，无模型算法不依赖于代表问题的环境的任何显式知识。相反，它们尝试基于智能体与环境的动态交互来学习最佳策略。本案例将使用有模型的策略迭代算法解决强化学习问题。

9.1.1 准备工作

本案例将解决网格寻路问题。图 9-2 是网格寻路的图形表示，它是一个导航矩阵，其中为每个状态分配了一个标签。矩阵中的每个单元代表一个状态，总共 4 个状态。智能体应该从任何随机的开始状态导航到最终目标状态 4。智能体只能在状态之间通过网格中的开口移动，而不能从网格壁上穿过。在每种状态下，智能体都可以执行一组可用动作中的任何动作。也就是说，它们可以向上、向下、向左或向右移动。进入目标状态时，将获得 100 的奖励，其他每增加一个步骤便会受到 −1 的惩罚。

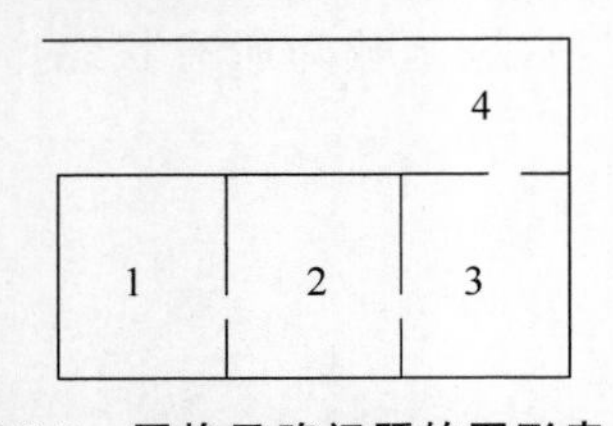

图 9-2　网格寻路问题的图形表示

在图 9-2 中，可能的状态为{1,2,3,4}，可能的操作集为{上,下,左,右}。

使用 MDPtoolbox 库来实现有模型的强化学习模型。

首先导入 MDPtoolbox 库：

```
library(MDPtoolbox)
```

MDPtoolbox 库包含许多求解离散时间 Markov 决策过程有关的函数。

9.1.2 操作步骤

9.1.1 节中定义了要求解的强化学习问题。要解决有模型强化学习问题，需要一个转移概率矩阵和一个奖励矩阵。

(1) 从定义转移概率矩阵开始。首先定义每个状态下所有动作的概率。每行的概率之和总计为 1。

```
# 上
up = matrix(c( 0.9, 0.1, 0, 0,
 0.2, 0.7, 0.1, 0,
 0, 0, 0.1, 0.9,
 0, 0, 0, 1),
 nrow = 4,ncol = 4,byrow = TRUE)
# 下
down = matrix(c(0.1, 0, 0, 0.9,
 0, 0.8, 0.2, 0,
 0, 0.2, 0.8, 0,
 0, 0, 0.8, 0.2),
 nrow = 4,ncol = 4,byrow = TRUE)
# 左
left = matrix(c(1, 0, 0, 0,
 0.9, 0.1, 0, 0,
 0, 0.8, 0.2, 0,
 0, 0, 0, 1),
 nrow = 4,ncol = 4,byrow = TRUE)
# 右
right = matrix(c(0.1, 0.9, 0, 0,
 0.1, 0.2, 0.7, 0,
 0, 0, 0.9, 0.1,
 0, 0, 0, 1),
 nrow = 4,ncol = 4,byrow = TRUE)
```

现在，将所有操作放到一个列表中：

```
actions = list(up = up, down = down, left = left, right = right)
actions
```

```
$up
0.9 0.1 0.0 0.0
0.2 0.7 0.1 0.0
0.0 0.0 0.1 0.9
0.0 0.0 0.0 1.0
$down
0.1 0.0 0.0 0.9
0.0 0.8 0.2 0.0
0.0 0.2 0.8 0.0
0.0 0.0 0.8 0.2
$left
1.0 0.0 0.0 0
0.9 0.1 0.0 0
0.0 0.8 0.2 0
0.0 0.0 0.0 1
$right
0.1 0.9 0.0 0.0
0.1 0.2 0.7 0.0
0.0 0.0 0.9 0.1
0.0 0.0 0.0 1.0
```

图 9-3　每种状态下动作的概率矩阵

图 9-3 显示了每种状态下动作的概率矩阵。

(2) 定义奖励和惩罚。唯一的奖励是进入状态 4；其他状态的每步动作将产生 −1 的罚款。

```
rewards = matrix(c( -1, -1, -1, -1,
 -1, -1, -1, -1,
 -1, -1, -1, -1,
```

```
 100, 100, 100, 100),
 nrow = 4, ncol = 4, byrow = TRUE)
rewards
```

图 9-4 显示了奖励矩阵。

(3) 可以使用 mdp_policy_iteration()函数求解问题。此函数以转移概率和奖励矩阵以及折扣因子作为输入。

```
solved_MDP = mdp_policy_iteration(P = actions, R = rewards, discount = 0.2)
solved_MDP
```

图 9-5 显示了求解问题的结果。

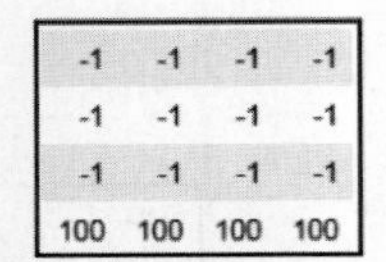

-1	-1	-1	-1
-1	-1	-1	-1
-1	-1	-1	-1
100	100	100	100

图 9-4 奖励矩阵

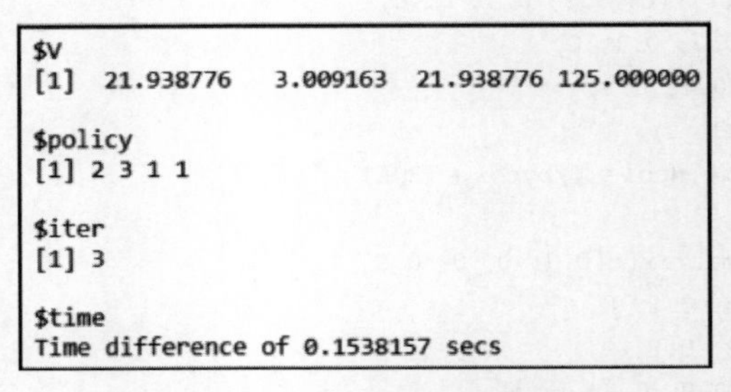

```
$V
[1]  21.938776   3.009163  21.938776 125.000000

$policy
[1] 2 3 1 1

$iter
[1] 3

$time
Time difference of 0.1538157 secs
```

图 9-5 网络寻路问题求解结果

查看策略迭代算法给出的策略:

```
solved_MDP$policy
names(actions)[solved_MDP$policy]
```

图 9-6 显示了解决问题的策略。

图 9-6 中描述的策略可以在相应的状态 1、2、3、4 中采取最佳措施。例如,状态 1 中的最佳操作是向下移动,状态 2 中的最佳操作向左移动,状态 3 是向上移动,状态 4 是向上移动。可以使用以下代码在每个步骤中获取值:

```
solved_MDP$V
```

图 9-7 显示了策略中每个步骤的值。

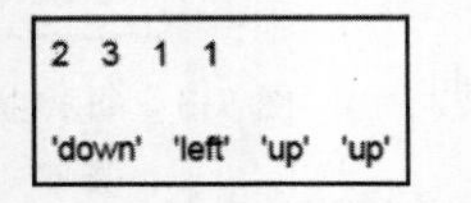

图 9-6 网络寻路问题解决策略

21.9387755102041	3.009162848813	21.9387755102041	125

图 9-7 策略的每步操作后的累积奖励值

可以看到在最后一步,策略的价值是 125。

9.1.3 原理解析

在 9.1.2 节的步骤(1)中,为每个动作定义了动作概率矩阵。可以将其解释为使用动作从当前状态转换到下一个状态的概率。假设如果智能体处于状态 2 并尝试向左移动,则该智能体有 90%的可能性将转换为状态 1。图 9-8 表示向左动作的转移概率矩阵。

9.1.2 节的步骤(2)中定义了奖励矩阵;也就是说,为从当前状态转换到下一个状态对智能体提供的标量奖励。图 9-9 表示奖励矩阵。

前一步状态 \ 下一步状态	1	2	3	4
1	1.0	0.0	0.0	0.0
2	0.9	0.1	0.0	0.0
3	0.0	0.8	0.2	0.0
4	0.0	0.0	0.0	1.0

图 9-8　向左动作的转移概率矩阵

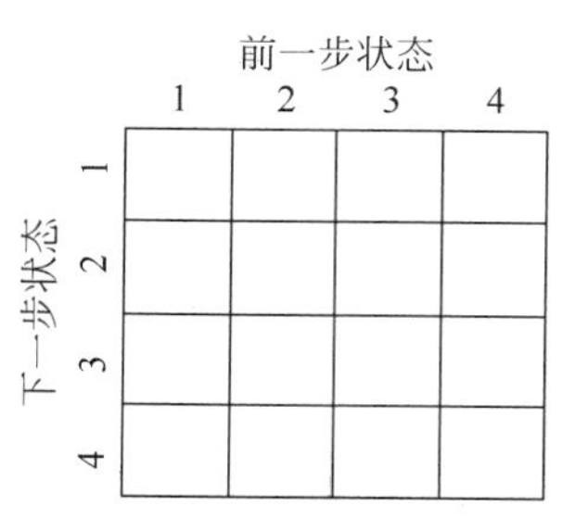

图 9-9　奖励矩阵

在最后一步中,通过应用策略迭代算法来求解折扣 MDP(discounted MDP),从而解决了 RL 问题。mdp_policy_iteration()函数返回 V,这是最优价值函数;该策略是最佳策略;变量 iter 是迭代次数;变量 time 是程序占用的 CPU 时间。当两个连续的策略相同时,策略迭代算法将停止。还可以通过将值传递给 max_iter 参数来指定迭代次数。

9.1.4　内容拓展

MDPtoolbox 软件包还提供了值迭代算法的实现,以便求解 MDP。以下代码块演示了相同的内容:

```
mdp_value_iteration(P = actions, R = rewards, discount = 0.2)
```

图 9-10 显示了最佳策略的详细信息。

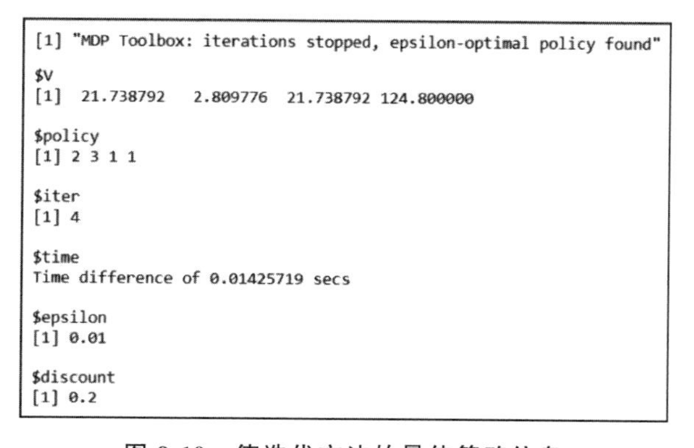

```
[1] "MDP Toolbox: iterations stopped, epsilon-optimal policy found"

$V
[1]  21.738792   2.809776  21.738792 124.800000

$policy
[1] 2 3 1 1

$iter
[1] 4

$time
Time difference of 0.01425719 secs

$epsilon
[1] 0.01

$discount
[1] 0.2
```

图 9-10　值迭代方法的最佳策略信息

值迭代方法给出的最佳策略是{2,3,1,1}。最后一步的值接近我们在策略迭代方法中获得的值。

9.2 无模型强化学习

在9.1节中,采用有模型的方法来解决RL问题。随着状态和动作空间的增长,有模型的方法变得不切实际。而无模型的强化学习算法的优势在于只依赖于智能体与环境之间进行不断的交互试错来学习。在案例中将使用R中的ReinforcementLearning包使用无模型方法来实现强化学习模型。该包利用了一种流行的无模型算法,即Q-Learning。由于它探索环境并同时利用当前知识,因此它是一种过程策略算法(off-policy algorithm)。

Q-Learning算法可保证收敛到最优策略,但是要实现这一点,它依赖于智能体与其环境之间的持续交互,这使它在计算上变得繁重。该算法等待下一个状态,并观察该状态下所有可能动作的最大可能回报。然后,它利用该知识以特定的学习率 α 更新当前状态下各个动作的动作值信息。该算法尝试学习一种称为 Q 函数的最佳评估函数,该函数将每个状态和动作对映射到一个值。它表示为 $Q: S\times A => V$,其中 V 是在状态下执行的动作的未来奖励的值,$s\in S$。

以下是Q-Learning算法的伪代码:

1. 将Q(s,a)表中的所有状态动作对(s,a)的值初始化为0。
2. 观察当前状态,s。
3. 重复下述操作直到算法收敛:
- 选择动作a,并执行该动作;
- 获得即时奖励 $R_{ss'}^{a}$;
- 移动到新状态s′;
- 依据以下公式更新Q(s,a);

$$Q(s,a)\leftarrow Q(s,a)+\alpha[R_{ss'}^{a}+\gamma\max_{a'}Q(s',a')-Q(s,a)]$$

- 移动到新状态s′,现在的s′是当前状态s。

9.2.1 准备工作

本案例使用ReinforcementLearning软件包,该软件包实现无模型强化学习。

首先,导入ReinforcementLearning包:

```
library(ReinforcementLearning)
```

本案例将使用与9.1节相同的导航实例。在本案例中,没有任何预定的输入数据,使用无模型方法解决该问题。智能体将与代表问题的环境动态交互,并生成状态动作转换元组。环境的结构特定于当前的问题。环境通常是随机的有限状态机,它表示在任何特定问题中的操作规则。它根据奖励和惩罚向智能体提供有关其动作的反馈。

以下是环境的一些通用伪代码:

```
environment <- function(state, action) {
```

```
...
return(list("NextState" = newState,"Reward" = reward))
}
```

下面将创建导航网格的环境，并训练智能体使用无模型强化学习算法在网格中导航。

9.2.2　操作步骤

用代码为求解的问题创建一个环境。

(1) 首先定义状态和动作集。

```
states <- c("1", "2", "3", "4")
actions <- c("up", "down", "left", "right")
cat("The states are:",states)
cat('\n')
cat("The actions are:",actions)
```

(2) 定义一个函数为实例创建一个自定义环境。

```
gridExampleEnvironment <- function(state, action) {
 next_state <- state
 if (state == state("1") && action == "down") next_state <- state("4")
 if (state == state("1") && action == "right") next_state <- state("2")
 if (state == state("2") && action == "left") next_state <- state("1")
 if (state == state("2") && action == "right") next_state <- state("3")
 if (state == state("3") && action == "left") next_state <- state("2")
 if (state == state("3") && action == "up") next_state <- state("4")
 if (next_state == state("4") && state != state("4")) {
 reward <- 100
 } else {
 reward <- -1
 }
out <- list("NextState" = next_state, "Reward" = reward)
return(out)
}
print(gridExampleEnvironment)
```

图 9-11 显示了环境的描述信息。

(3) 使用 sampleExperience()函数以状态转换元组的形式生成一些示例数据。此函数将状态、动作、迭代和环境作为输入参数。

```
# Let us generate 1000 iterations
sequences <- sampleExperience(N = 1000, env =
gridExampleEnvironment, states = states, actions = actions)
head(sequences,6)
```

图 9-12 显示了示例数据的前几条记录。

```
function(state, action) {
  next_state <- state
  if (state == state("1") && action == "down") next_state <- state("4")
  if (state == state("1") && action == "right") next_state <- state("2")
  if (state == state("2") && action == "left") next_state <- state("1")
  if (state == state("2") && action == "right") next_state <- state("3")
  if (state == state("3") && action == "left") next_state <- state("2")
  if (state == state("3") && action == "up") next_state <- state("4")
  if (next_state == state("4") && state != state("4")) {
    reward <- 100
  } else {
    reward <- -1
  }

  out <- list("NextState" = next_state, "Reward" = reward)
  return(out)
}
```

图 9-11　环境的描述信息

(4) 使用在上一步中生成的样本数据,可以使用 ReinforcementLearning()函数求解问题。

```
solver_rl <- ReinforcementLearning(sequences, s = "State", a =
"Action", r = "Reward", s_new = "NextState")
print(solver_rl)
```

图 9-13 显示了状态操作表,以及针对问题的策略和总体奖励。X1、X2、X3、X4 分别表示状态 1、2、3、4。

State	Action	Reward	NextState
2	up	-1	2
4	right	-1	4
3	left	-1	2
4	up	-1	4
4	left	-1	4
1	up	-1	1

图 9-12　示例数据的前几条记录

```
State-Action function Q
         right        up       down       left
X1 -0.1346275  8.8664569 99.7125910  8.8115487
X2  8.8556876 -0.1296954 -0.1346798  8.7847591
X3  8.9162933 99.7623845  8.9042606 -0.1348055
X4 -1.1064408 -1.1080549 -1.0974611 -1.1062077

Policy
     X1      X2      X3      X4
 "down" "right"    "up"  "down"

Reward (last iteration)
[1] 11423
```

图 9-13　状态操作表

由图 9-13 可以看到,在最后一次迭代中,总体奖励为 11423。

9.2.3　原理解析

9.2.2 节的步骤(1)定义了此问题的可能状态和动作集。要使用无模型强化学习,需要创建一个模拟环境的动作的函数。步骤(2)通过创建一个名为 gridExampleEnvironment()的函数来阐述问题,该函数将状态-动作对作为输入,并生成下一个状态和相应的奖励的列表。步骤(3)中使用 sampleExperience()函数通过查询在步骤(2)中创建的环境来生成动态的状态-动作转换元组。此函数的输入参数是样本数、环境函数以及状态和操作集。此函数返回一个数据框,其中包含来自环境的大量观察序列。

一旦生成观察序列数据，智能体就会根据该数据学习最佳策略。为此，在 9.2.2 节的步骤(4)中，使用了 ReinforcementLearning()函数。可以向该函数传递更多参数，以自定义智能体的学习行为。参数如下：

- alpha：学习率 α，在 0 到 1 之间变化。此参数的值越大，学习速度越快。
- gamma：折扣因子 γ，可以将其设置为 0 到 1 之间的任何值。它确定未来奖励的重要性。较低的 γ 值将使智能体仅通过考虑即时奖励而成为近视，而较大的 γ 值将使智能体为争取更大的长期奖励而努力。
- epsilon：参数 epsilon 决定贪心动作选择中的探索机制，可以设置为 0 到 1。
- iter：此参数表示智能体通过训练数据集的重复学习迭代的次数。默认情况下设置为 1。

可以看到学习过程的结果包含状态动作表。也就是说，每个状态动作对的 Q 值和在每个状态下具有最佳动作的最佳策略。此外，还获得了该策略的总体奖励。

9.2.4 参考阅读

要了解有关街机学习环境(arcade learning environment)下的强化学习算法(例如 SARSA 和 GQ)的更多信息，请参阅论文 https://arxiv.org/pdf/1410.8620.pdf。

9.3 使用强化学习求解悬崖寻路问题

到目前为止，读者应该已经了解了强化学习的框架。本案例将在 gridworld 环境下实现强化学习的实际应用程序。此问题可以表示为大小为 4×12 的网格。初始状态从左下角开始，目标状态在网格的右下角。在任何状态下，向左、向右、向上和向下走都是唯一可能的操作。网格下部标记为 C 的状态是悬崖。进入这些状态的任何动作都会产生－100 的惩罚，并立即将位置初始化回初始状态 S。对于目标状态 G，奖励为 0，而对于除目标和悬崖状态之外的所有动作，惩罚为－1。

图 9-14 显示了悬崖寻路问题的导航矩阵。

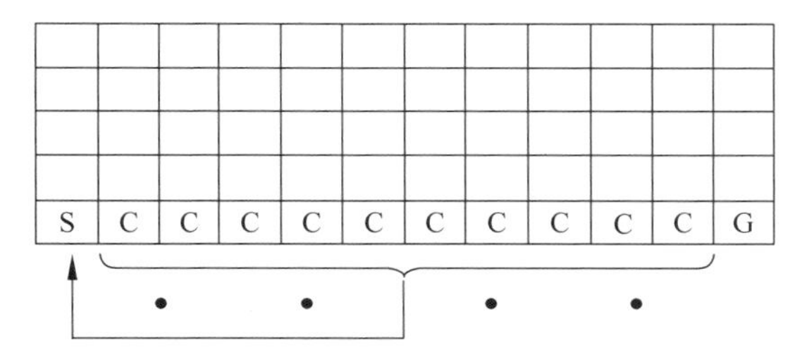

图 9-14　悬崖寻路问题的导航矩阵

继续使用强化学习解决此寻路问题。

9.3.1 准备工作

本案例将使用 reinforcelearn 包从称为悬崖寻路的内置环境中获取数据。该环境是从 gridworld 环境继承而来的。

将使用 ReinforcementLearning 包执行无模型强化学习算法：

```
library(reinforcelearn)
library(ReinforcementLearning)
```

下面将创建一个代表悬崖寻路问题的环境。

9.3.2 操作步骤

创建一个代表悬崖寻路问题的环境。

(1) 使用 makeEnvironment()函数加载悬崖寻路环境。

```
env = makeEnvironment("cliff.walking")
env
```

图 9-15 显示了悬崖寻路环境的描述。

```
<CliffWalking>
  Inherits from: <Gridworld>
  Public:
    action.names: 0 1 2 3
    action.space: Discrete
    actions: 0 1 2 3
    clone: function (deep = FALSE)
    discount: 1
    done: FALSE
    episode: 0
    episode.return: 0
    episode.step: 0
    initial.state: 36
    initialize: function (...)
    n.actions: 4
    n.states: 48
    n.step: 0
    previous.state: NULL
    reset: function ()
    resetEverything: function ()
    reward: NULL
    rewards: -1 -1 -1 -1 -1 -1 -1 -1 -1 -1 -1 -1 -1 -1 -1 -1 -1 -1 -1 ...
    state: 36
    state.space: Discrete
    states: 0 1 2 3 4 5 6 7 8 9 10 11 12 13 14 15 16 17 18 19 20 21  ...
    step: function (action)
    terminal.states: 47
    transitions: 1 1 0 0 0 0 0 0 0 0 0 0 0 0 0 0 0 0 0 0 0 0 0 0 0 0 0 0 0  ...
    visualize: function ()
  Private:
    reset_: function (env)
    step_: function (env, action)
    visualize_: function (env)
```

图 9-15 悬崖寻路环境的描述

(2) 创建一个函数,该函数将使用随机动作查询环境并获取观测序列数据。

```
# 创建使用随机动作查询环境的函数
sequences <- function(iter,env){
 actions <- env$actions
 data <- data.frame(matrix(ncol = 4, nrow = 0))
 colnames(data) <- c("State", "Action", "Reward","NextState")
 env$reset()
 for(i in 1:iter){
 current_state <- env$state
 current_action <- floor(runif(1,0,4))
 current_reward <- env$step(current_action)$reward
 next_state_iter <- env$step(current_action)$state
  iter _ data <- cbind ( " State" = current _ state,"
Action" =
current_action,"Reward" = current_reward,"NextState" =
next_state_iter)
 data <- rbind(data,iter_data)
 if(env$done == "TRUE"){
 break;
 }
 }
 return(data)
}
```

从前面的代码块中定义的函数中获取数据。

```
iter <- 1000
observations = sequences(iter,env)
cols.name <- c("State","Action","NextState")
observations[cols.name] <-
sapply(observations[cols.name],as.character)
sapply(observations, class)
# Displaying first 20 records
head(observations,20)
```

State	'character'
Action	'character'
Reward	'numeric'
NextState	'character'

State	Action	Reward	NextState
36	1	-1	36
36	3	-1	36
36	0	-1	36
36	0	-1	36
36	2	-1	12
12	3	-1	36
36	2	-1	12
12	3	-1	36
36	2	-1	12
12	1	-1	14
14	3	-1	38
38	3	-100	36
36	1	-1	36
36	1	-1	36
36	3	-1	36
36	1	-1	36

图 9-16 悬崖寻路的一个求解过程

图 9-16 显示了从生成的数据中获取的一些记录。

使用上一步中生成的样本数据,可以使用 ReinforcementLearning()函数求解问题。通过指定一个控制对象来自定义智能体的学习行为,在该对象中,为学习率 alpha、折扣因子 gamma 和探索贪心值 epsilon 设置参数选择。

```
control <- list(alpha = 0.2, gamma = 0.4, epsilon = 0.1)
# 执行强化学习
model <- ReinforcementLearning(data = observations, s = "State", a = "Action", r = "Reward",
s_new = "NextState", iter = 1, control = control)
```

输出学习到的状态-动作表,其中包含每个状态-动作对的 Q 值。

```
print(model)
```

图 9-17 显示了每个状态-动作对的 Q 值表。

```
State-Action function Q
             0           1           2           3
X36 -1.5953639  -1.5952462  -1.4948993  -1.5949936
X37  0.0000000   0.0000000 -20.0000000   0.0000000
X38  0.0000000 -20.0000000 -36.1893567 -49.0059376
X24 -1.4648553  -1.3324273  -1.4812546  -1.4917518
X26 -1.3897756  -0.9741327  -1.3121494  -1.5148258
X28 -0.8636740  -0.8293248  -0.7959076  -1.3823701
X0  -1.5642927  -1.4662367  -1.5676150  -1.5102539
X2  -1.5380473  -1.2780173  -1.4251813  -1.3349818
X12 -1.4644123  -1.2590694  -1.5630369  -1.5862153
X30 -0.9595646  -0.2000000  -0.2288000  -0.5727028
X4  -1.3953639  -0.9776434  -1.3279273  -0.9610399
X14 -1.2198423  -0.8657823  -1.1166604  -0.7378560
X32  0.0000000   0.0000000   0.0000000  -0.3169141
X6  -1.0338219  -0.5904000  -0.7425920  -0.6064000
X16 -0.7560023  -0.3600000  -0.4278656   0.0000000
X8  -0.6791040   0.0000000  -0.6723200   0.0000000
X18 -0.2000000   0.0000000  -0.2288000   0.0000000

Policy
X36 X37 X38 X24 X26 X28  X0  X2 X12 X30  X4 X14 X32  X6 X16  X8 X18
"2" "0" "0" "1" "1" "2" "1" "1" "1" "1" "3" "3" "0" "1" "3" "1" "1"

Reward (last iteration)
[1] -1693
```

图 9-17 每个状态-动作对的 Q 值表

最佳策略在 Q 值表中给出。

9.3.3 原理解析

9.3.2 节的步骤(1)中使用了来自 reinforcelearn 库的 makeEnvironment()函数创建了悬崖寻路环境。该环境属于 gridworld 类。步骤(2)中创建了一个自定义函数来查询悬崖寻路环境并获取样本观测数据。env()函数的 step()方法将操作作为输入参数,并返回带有状态、奖励和完成的列表作为输出。生成观察序列数据后,在最后一步中,使用 ReinforcementLearning()函数使智能体根据此数据学习最佳策略。

9.3.4 内容拓展

在许多强化学习问题中,探索制定最佳策略的措施可能会非常耗时。**经验回放(experience replay)**是一种用于使智能体重用过去经验的技术。通过将已观察到的状态转换作为环境中的新观察值进行回放,此技术可以实现快速收敛。经验回放需要由状态、动作和奖励组成的样本序列作为输入数据。这些转换使智能体能够了解状态作用函数和针对输入数据中所有状态的最佳策略。该策略还可以用于验证目的或迭代地改进当前策略。要在 R 中实现经验回放,需要将现有的强化学习模型作为参数传递给 ReinforcementLearning()函数。

从悬崖寻路环境中获取 100 个新的数据样本：

```
new_observations = sequences(100,env)
cols.name <- c("State","Action","NextState")
new_observations[cols.name] <-
sapply(new_observations[cols.name],as.character)
sapply(new_observations, class)
head(new_observations)
```

图 9-18 显示了来自新观测数据的一些记录。

State	'character'
Action	'character'
Reward	'numeric'
NextState	'character'

State	Action	Reward	NextState
36	2	-1	12
12	2	-1	0
0	1	-1	2
2	2	-1	2
2	0	-1	0
0	2	-1	0

图 9-18 实现经验回放方法的一个求解过程

使用 9.3.2 节中训练的强化学习模型作为更新现有策略的参数。

图 9-19 显示了实现经验回放后每个状态-动作对的 Q 值表。

```
State-Action function Q
            X0          X1          X2          X3
24  -1.1096681  -1.0985934  -1.1113893 -1.1124119
26  -1.0924338  -1.0325305  -1.1120072 -1.1123957
28  -0.9840692  -0.7796008  -1.1051685 -1.0663833
29   0.0000000   0.0000000   0.0000000 -0.7325490
30  -0.5651880  -0.8773772   0.0000000 -1.0066913
0   -1.1109654  -1.1101782  -1.1109736 -1.1097649
32  -0.8393290  -0.5748472  -0.8657922 -0.6671089
2   -1.1129358  -1.1059532  -1.1101509 -1.1022497
10  -0.2995810  -0.2972000   0.0000000 -0.6556262
33   0.0000000  -0.6556262   0.0000000  0.0000000
11  -0.6556262  -1.0067198  -1.0423613 -0.7520509
34  -0.5449394  -0.6900636   0.0000000  0.0000000
4   -1.1084350  -1.0618690  -1.1059733 -1.0732534
12  -1.1073482  -1.0750293  -1.1110217 -1.1108705
35  -0.6556262   0.0000000  -0.9214708 -0.3520000
5    0.0000000  -0.6556262   0.0000000 -0.6556262
6   -1.0792958  -0.9430099  -0.9793951 -0.6938900
14  -1.1012670  -1.0530209  -1.1042439 -0.7551120
36  -1.1107382  -1.1107402  -1.1074477 -1.1107363
37   0.0000000 -77.6845798 -66.1043617  0.0000000
7   -0.8814067   0.0000000   0.0000000  0.0000000
38 -28.1128567   0.0000000 -66.0891457  0.0000000
8   -0.3107360  -0.8214766  -0.7964146 -0.9617286
16  -0.8003083  -0.6900636  -0.9445578 -0.8828708
9   -0.6556262   0.0000000   0.0000000  0.0000000
18  -0.6850296   0.0000000  -0.1065988  0.0000000
40 -65.6268120 -65.9877760   0.0000000  0.0000000

Policy
  24   26   28   29   30    0   32    2   10   33   11   34    4   12   35    5
"X1" "X1" "X1" "X0" "X2" "X3" "X1" "X3" "X2" "X0" "X0" "X2" "X1" "X1" "X1" "X0"
   6   14   36   37    7   38    8   16    9   18   40
"X3" "X3" "X2" "X0" "X1" "X1" "X0" "X1" "X1" "X1" "X2"

Reward (last iteration)
[1] -95
```

图 9-19 实现经验回放后每个状态-动作对的 Q 值表

从图 9-19 可以看到，与之前的策略相比，更新后的策略产生了更高的总体奖励。